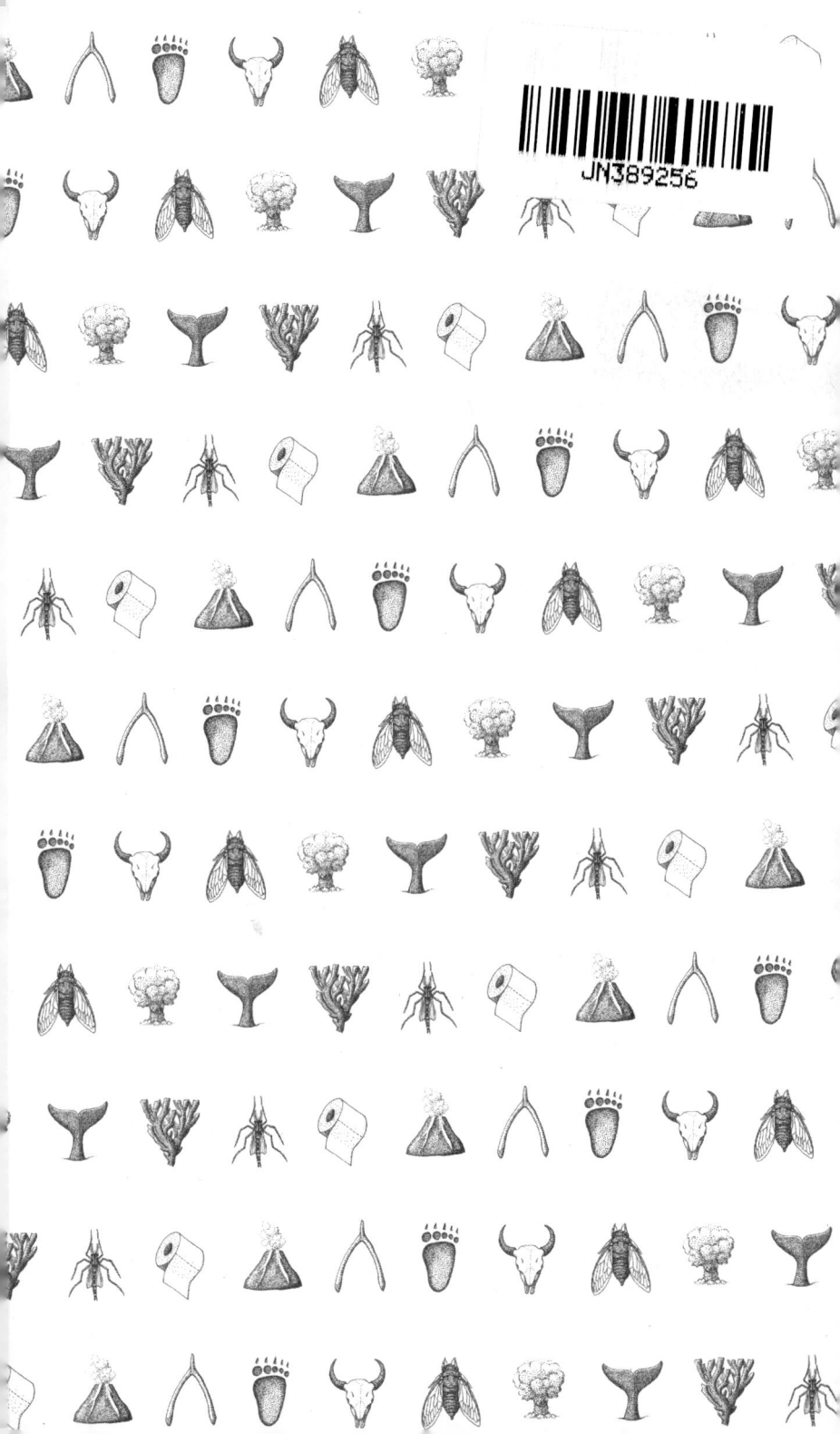

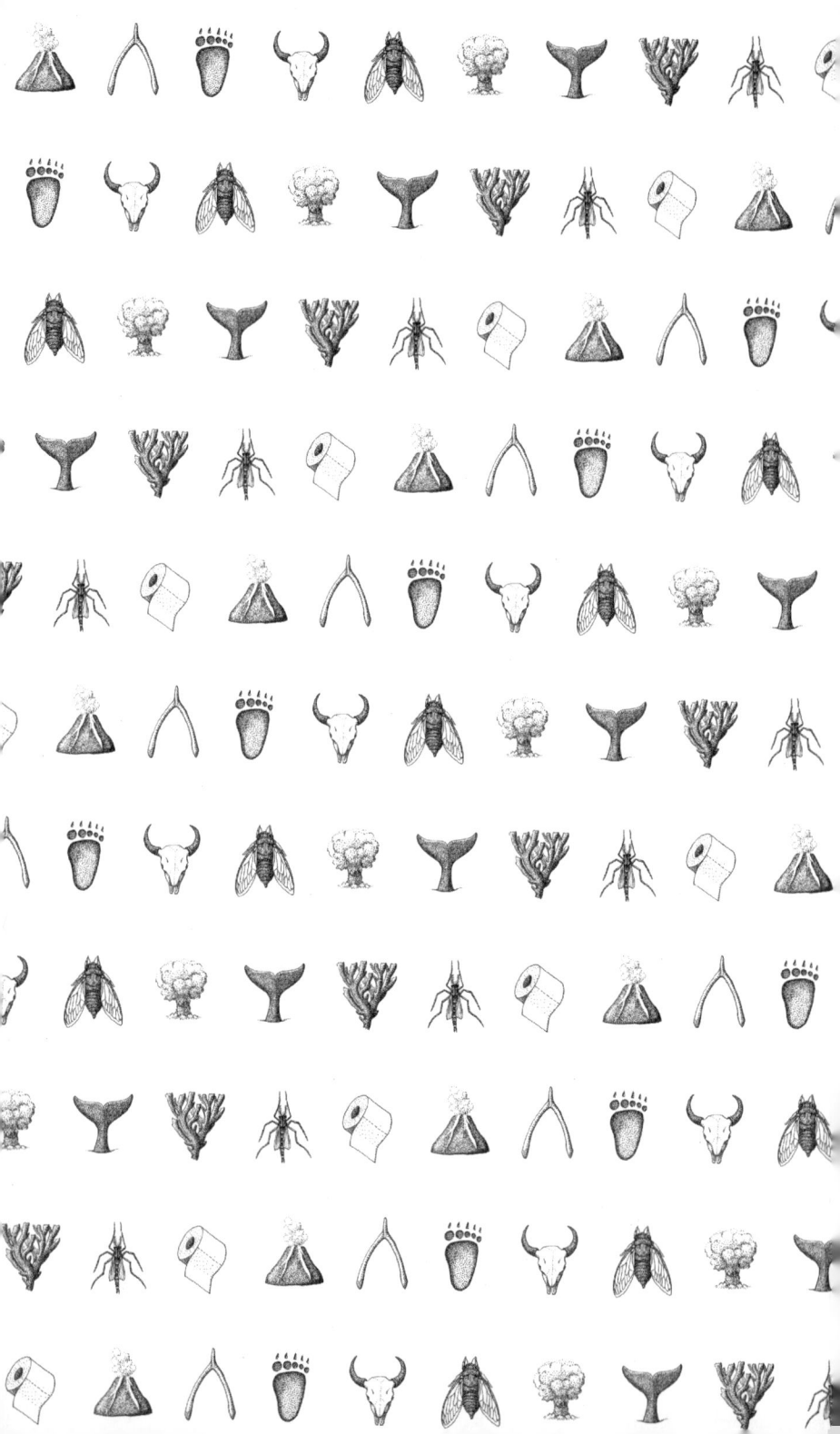

EAT, POOP, DIE

EAT, POOP, DIE: How Animals Make Our World by Joe Roman
Copyright © 2023 by Joe Roman
All rights reserved.
This Korean edition was published by Slobbie Books in 2025 by arrangement with
Joe Roman c/o CALLIGRAPH, LLC through KCC(Korea Copyright Center Inc.), Seoul.

이 책은 (주)한국저작권센터(KCC)를 통한 저작권자와의 독점계약으로
도서출판 슬로비에서 출간되었습니다. 저작권법에 의해 한국 내에서
보호를 받는 저작물이므로 무단전재와 복제를 금합니다.

EAT, POOP, DIE

먹고, 싸고, 죽고

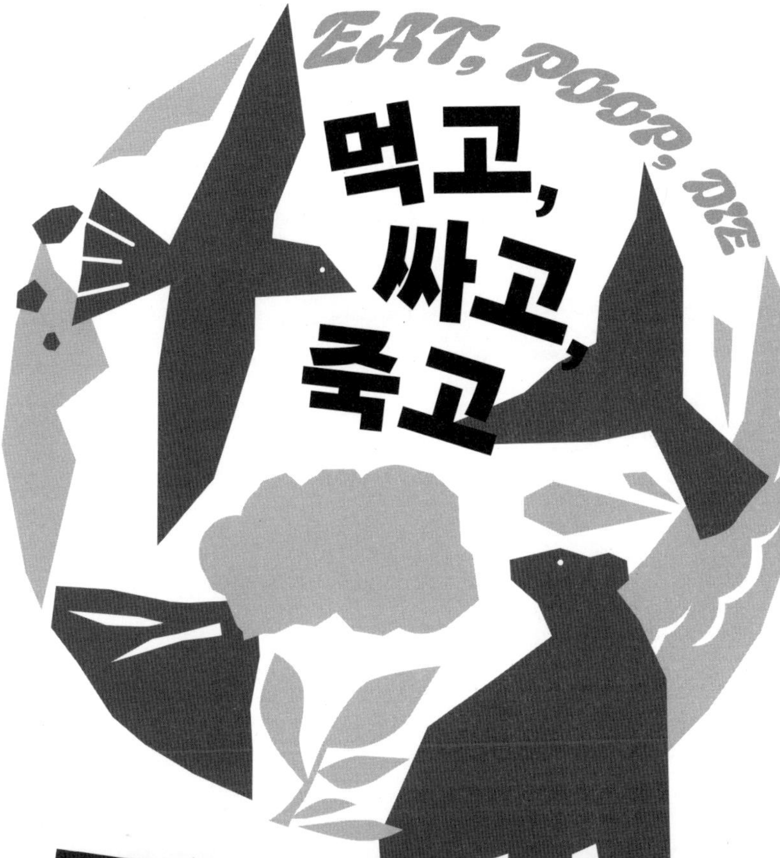

지구는 어떻게 순환하는가, 동물의 일생이 만드는 생명의 고리

조 로먼 지음
장상미 옮김

슬로비

아버지 호세 로먼
삼촌 조 스위니
그리고 친구이자 동료였던 짐 매카시

이제 우주 어딘가에서
새로운 별이 되어 빛나고 있을 이들에게
바칩니다.

이야기하는 생태학자,
조 로먼을 소개합니다

최재천

이화여대 에코과학부 석좌교수
생명다양성재단 이사장

이 세상 모든 동물은 다 먹고 싸고 죽는다. 우리가 동물이라서 동물이 주로 눈에 띄지만, 사실 이 지구라는 행성의 주인은 식물이다. 식물 전체의 무게와 동물의 무게는 비교조차 되지 않는다. 식물이 광합성을 통해 지구 생명계에 에너지를 공급하며 온전히 떠받치고 있는 줄 알았는데, 그 순환 시스템을 상당 부분 동물이 능동적으로 담당하고 있다는 사실을 이 책을 통해 확실하게 배웠다.

동물은 지구의 심장이다. 쉼없이 뛰며 영양을 지구 곳곳으로 옮겨준다. 우리 몸에서는 그 역할을 주로 피가 담당하지만, 자연 생태계에서는 미국의 추상표현주의 화가 잭슨 폴록의 그림처럼 흩뿌려지는 똥과 오줌이 감당한다. 식물과 달리 동물은 먹고 움직이는 행위만으로도 생태계의 다양성과 화학 구성을 뒤바꾼다. 식물을 뜯고, 초식동물을 사냥하고, 때로는 존재 자체만으로도 공포 분위기를 조성하며 지구화학적 순환을 견인한다. 죽은 뒤에도 그야말로 사체 기증을 통해 생명의 그물망에 풍요를 더한다.

육지의 양분은 산에서 시내를 따라 결국 바다로 흘러든다. 바닷물은 결코 오르막을 오를 수 없지만, 가끔 바다에서 상류로 흐르는 거대한 영양의 물결이 있다. 바로 연어의 회귀다. 개울에서 태어나 무척추동물의 약충과 유충을 먹으며 2~3년을 자라다가 바다로 내려가 새우, 크릴, 멸치, 청어 등을 먹으며 몸무게를 95퍼센트 이상 불린 다음, 물의 흐름을 거스르며 해양과 육상 사이의 에너지 순환을 이끈다.

바다의 심연은 육지에 솟아 있는 산보다 더 깊다. 그 깊은 곳에서 양분을 끌어 올리는 역할은 이 행성에서 몸집이 가장 큰 동물인 고래가 맡는다.

"수면을 뚫고 올라와 몇 차례 숨을 들이쉬고 나서 까맣고 널찍한 꼬리를 들어 올렸다. 그러고는 다시 물속으로 파고들기 직전, 벽돌색 띠 모양의 거대한 덩어리를 뿜어냈다. 어마어마한 짠내와 썩은 내가 우리를 덮쳐 왔다." (본문 중에서)

'고래 펌프' 덕분에 심해에 묻혀 있던 인산염과 질소, 그리고 철이 듬뿍 함유된 양분이 수면 가까이 올라올 수 있다. 그러면 그걸 식물성플랑크톤이 흡수하고, 또 그걸 먹은 동물성플랑크톤과 물고기가 다시 고래의 먹이가 되는 '양의 되먹임' 과정이 일어난다. 고래는 지구 곳곳을 누비며 깊은 바다와 얕은 바다, 극지방과 열대 지역을 연결한다. 죽어서 해안에 떠밀려오면 육상동물의 요긴한 양분이 되기도 한다.

화산 활동으로 인해 새롭게 생겨난 섬에 생명체는 바다를 타고 오거나 하늘에서 내린다. 바람을 타고 오는 씨앗은 가벼워야 하므로 양분을 거의 갖고 있지 않지만, 물에 떠서 도달하는 씨앗들은 초기 정착에 필요한 양분 정도는 챙겨 온다. 1963년 아이슬란드 남동쪽 바다에 솟아오른 화산섬 쉬르트세이는 신이 생태학계에 내려준 귀한 선물이었다. 완벽한 생명 진공 상태에서 어떻게 자생적인 생태계가 만들어지는지를 관찰할 수 있는 유일한 자연 실험실이었다. 처음에는 한 해 한두 종씩 새로운 식물이 당도하더니 시간이 흐르며 갈매기 같은 새들의 날개와 배 속에 담겨, 혹은 깃털과 다리에 붙어 대거 진입하기 시작했다. 식물이 뿌리를 내리자 곤충이 날아들고 그 뒤를 곤충을 잡아먹는 새들이 나타나 둥지를 틀더니 드디어 물범까지 해안에 자리를 잡았다. 태초부터 생명은 아마 이렇게 불모의 땅을 개척했을 것이다.

이 책의 저자는 나와 같은 대학, 같은 학과에서 박사 학위를 받았다. 아쉽게도 내가 떠난 후에 대학원에 입학해서 함께 연구하는 행운을 누리지는 못했지만 그가 하버드대 학부생 시절에는 어쩌면 내가 조교로 일하던 수업을 듣지 않았을까 기대해본다. 박사 학위를 한 다음 그는 일찌감치 교수가 된 나와는 달리 참으로 다양한 현장 연구 경험을 쌓았다. 그런 다양한 경험은 고스란히 책에 배어난다.

동물이 태어나서 먹고 싸고 죽으며 지구 생태계의 구성과 기능을 변화시키는 과정을 이처럼 흥미진진한 이야기로 들려준 책은 일찍이 없었다. 레이첼 카슨 환경도서상은 자연에 관한 책이 받을 수 있는 최고의 영예이다. 최고의 이야기꾼이 들려주는 환경 이야기에는 환경과 문화의 동시 소멸을 막아야 한다는 묵직한 경고가 담겨 있다. 인간의 탄소발자국을 야생동물의 발자국으로 바꿔 놓아야 한다.

일러두기

- 본문의 가독성을 고려해 인명과 생물명에는 원어를 표기하지 않았으며
 책 뒤에 '인명·생물명 목록'을 수록하였습니다.
- 인명, 지명, 작품명 등의 외래어는 국립국어원 외래어 표기법을 따랐으나
 몇몇 경우는 관용적 표현을 참고했습니다.
- 본문에서 저자의 설명( )과 구분되는 역주는 ( )⁺로 표시하였습니다.
- 본문에 사용된 미국식 도량형 단위는 독자의 이해를 돕기 위해
 한국에서 통용되는 미터법으로 환산해 표기하였습니다.
 단, 오차 우려로 단위면적의 에이커와 표의 파운드는 원문 표기를 따랐습니다.

차례

이야기하는 생태학자, 조 로먼을 소개합니다   최재천

1. 처음의 땅에서　　　　　　　　　　　　　　13
2. 깊은 바닷속으로　　　　　　　　　　　　　61
3. 먹고, 산란하고, 죽다　　　　　　　　　　111
4. 심장부 – 동물이 지구를 움직이는 방식　　149
5. 닭의 행성 – 지구를 뒤덮은 깃털　　　　　183
6. 모두 똥을 싼다, 그리고 죽는다　　　　　211
7. 해변에서 책 읽기　　　　　　　　　　　241
8. 노래하는 나무　　　　　　　　　　　　265
9. 흐리고 깔따구가 내릴 것으로 보입니다　289
10. 해달과 수소폭탄　　　　　　　　　　　315

이 책을 함께 걸어온 사람들에게   조 로먼　　354
살아 있는 모든 것과 다시 만나기 위하여   장상미　358
참고자료　　　　　　　　　　　　　　　　　363
인명·생물명 목록　　　　　　　　　　　　　370

1963년 11월 14일 새벽녘, 대구잡이 어선 이슬레이푸르 2호의 선원들이 아이슬란드 남동쪽 해안에서 어구를 드리우고 있었다. 선원 대부분은 본격적인 작업에 앞서 선실에서 휴식을 취하는 중이었다. 그때 갑판에서 홀로 커피를 마시던 기관사가 코를 찌르는 유황 냄새를 맡았다. 그는 혹시 하수가 새어 나온 것은 아닌지 즉시 배의 항적을 살폈다. 그러나 이상 징후가 보이지 않자 별일 아니라고 판단하고 선실로 내려갔다.

반 시간쯤 흘렀을까, 당직을 서던 조리사는 배가 소용돌이에 휘말린 듯 흔들리는 것을 느꼈다. 동시에 청록색 바다 위로 거무스름한 연기 기둥이 치솟았다. 그는 다급히 선장을 불렀고 놀란 선원들이 모두 갑판으로 뛰쳐나왔다. 혹시 근처에 조난당한 배가 있는지 주변을 살폈지만 그들의 시야에 들어온 것은 커다란 연기 기둥뿐이었다.

그 순간, 수면 아래 약 120미터 깊이에서 진동이 일더니 이내 테프라tephra(화산재, 잿더미, 자잘한 돌 조각)가 작은 어선을 집어삼킬 듯 솟구쳤다. 바다는 푸른색에서 회녹색으로 변했고 폭발로 인한 연기 기둥은 해수면 위로 150미터 넘게 치솟았다. 테프라 기둥이 3킬로미터를 넘는 높이에 이르자 모두가 깨달았다. 분화가 틀림없었다. 선원들은 뱃머리를 열극 근처로 돌리기로 했다.

그날, 끓어오르는 바다에서 걷어 올린 어구에는 물고기가 단 한 마리도 걸려 있지 않았다.

다음 날 아침, 북대서양 해수면 위로 새로운 섬이 모습을 드러냈다. 마그마와 화산재가 하루에 약 60미터씩 계속 솟구치며 이미 10미터 넘게 솟은 섬의 몸집을 불려나갔다. 낮에는 하얗고 밤에는 분홍빛을 띠는 분연 기둥은 일주일 만에 고도 10킬로미터에 도달했고 하늘에는 번개가 번쩍였다.

아이슬란드 베스트만나에이야르Vestmannaeyjar제도의 유일한 마을인 헤이마에이Heimaey 주민들은 새로 생긴 분화구 안으로 바닷물이 쏟아져 들어가며 이글거리는 불꽃이 치솟는 광경을 목격했다. 강한 지진도 여섯 차례나 마을을 뒤흔들었다. 12월 6일에는 프랑스 기자 세 명이 헤이마에이에서 쾌속정을 타고 신생 섬으로 다가갔다가 15분 만에 다시 분출이 시작되자 황급히 섬을 빠져나왔다.

아이슬란드 안팎에서 쏟아지는 언론의 관심 속에 사람들은 이 새로운 지형에 어떤 이름이 걸맞을지 궁금해하기 시작했다. 처음으로 섬을 목격한 조리사 올라푸르 베스트만의 이름을 딴 '올라프세이Olafsey(올라프의 섬)'라고 부르자는 의견도 나왔다. 헤이마에이 주민들 사이에서는 '베스터레이Vesturey(서쪽 섬)'라는 이름이 더 낫다는 말도 돌았다.

아이슬란드인들은 이름을 매우 중요하게 여긴다. 지금도 아기에게 지어줄 수 있는 이름을 정하는 권한이 정부에 있다. 이에 따라 아이슬란드 정부는 지명위원회를 소집해 회의를 진행했다. 마침내 라디오를 통해 섬의 이름이 발표되었을 때, 한 선원이 조리실에서 행주를 쥔 채 눈물을 글썽이며 웅얼거리고 있는 올라푸르를 발견했다.

"끔찍한 이름을 붙였어. 쉬르트세이Surtsey라니."

북유럽 신화에서 비롯한 이름이었다. 위원회는 라그나뢰크Ragnarök, 즉 세계 종말의 날에 불의 힘으로 신과 싸우는 거인 '쉬르트르Surtur'에 주목했다. 사방에서 물이 끓어오르고, 용암 분출구에서 치명적인 붉은빛이 솟구치는 그 땅을 쉬르트르의 땅이라 여겨 쉬르트세이라 붙인 것이다.

상의도 없이 이름을 지은 데 분개한 주민들은 배를 타고 쉬르트세이 해안에 다가가 베스테레아라는 이름이 적힌 팻말을 세웠다. 쉬르트르는 그들에게 화답이라도 하듯 화산석과 진흙을 내뿜었으나 목숨까지 앗아가지는 않았다. 섬 이름은 쉬르트세이로 확정되었다.

쉬르트세이는 첫해에 초당 23세제곱미터씩 몸집을 키웠다. 하루에 쌓이는 용암의 양이 기자Giza의 대피라미드와 맞먹을 정도였다. 검은 용암 평원 위로 뜨거운 용암 줄기들이 바다를 향해 천천히 흘러나갔다. 첫 분화가 시작된 지 석 달쯤 뒤, 아이슬란드 대학의 교수이자 지질학자인 시구르두르 토라린손이 화산학자 중 최초로 쉬르트세이에 발을 디뎠다. 그가 동료들과 함께 해안선을 따라 지질 시료를 채취하고 있을 때 갑자기 바다에서 물기둥이 솟구쳤다. 곧이어 하늘에서 '용암 폭탄'이 쏟아졌다. 지름이 1미터에 이르는 불덩이들이 해안선의 젖은 화산 모래 위에 쿵쿵대며 떨어졌다. 그런 상황에서 할 수 있는 일은 단 하나뿐이었다고 토라린손은 훗날 회상했다.

"도망치고 싶은 본능을 억누르고, 최대한 침착하게 머리를 들어 하늘을 바라보는 거예요. 폭탄이 정말 머리 위에 떨어질 것 같을 때까지는 피하지 않고 버텨야 해요."

그렇다고 한 자리에 너무 오래 서 있어도 안 된다. 까딱하면 신발 밑창에 불이 붙을 테니까. 연구진이 그렇게 용암 폭탄과 마주하는 사이에 해안에서 대기하던 조사선은 조용히 먼바다로 물러났다. 이윽고 그들을 감싼 건 '따뜻하고 아늑한' 화산재 구름이었다. 공중에 부유할 만큼 가벼운 입자가 사방에 떠다녔다. 숨 쉬는 것도 힘들었고 한 치 앞도 보이지 않았다. 다행히 용암 폭탄은 더 이상 떨어지지 않았다. 바람이 불어오면서 화산재 구름이 걷히자 연구진은 간신히 보트로 되돌아가 조사선을 향해 노를 저었다.

그 후 분화가 완전히 멈출 때까지 아무도 쉬르트세이로 돌아가지 않았다.

~~~

용암 폭탄이 잦아들자 쉬르트세이는 생물학자들에게 특별한 선물을 안겨주었다. 섬이 처음 형성되는 순간부터 생명이 깃드는 과정을 관찰할 수 있는 매우 드문 기회였다. 워싱턴주 세인트헬렌

스산을 1980년 분화 이후 꾸준히 연구해 온 생태학자 찰리 크리사풀리는 이 섬을 "생태학자의 꿈의 무대"라고 표현하며 그 가치를 높이 평가했다. 세인트헬렌스의 경우 숲과 초지를 뒤덮은 화산재 아래 기존 생명체가 일부 남아 있었던 반면, 쉬르트세이는 망망대해 한가운데에 완전히 새로 떠오른 땅이었다. 초기에는 접근하기도 어려웠고, 생명체가 살아가는 데 필요한 최소한의 여건조차 갖춰지지 않은 곳이었다. 헬기에서 내리는 순간, 그는 직감했다. 이 섬은 생태계가 '맨 처음부터' 어떻게 형성되는지를 연구하기에 더없이 완벽한 장소였다.

몇 년 후 크리사풀리는 통화 중에 내게 이렇게 설명했다. 화산활동으로 분출되는 가스, 용암, 화산재에는 동식물에게 치명적인 황, 염소, 불소 화합물이 섞여 있다. 쉬르트세이에는 이런 해로운 물질이 많은 데다 탄소와 질소 같은 영양소도 거의 없어 생명이 깃들기 어려웠다. 그는 다만, 갓 생성된 암석에는 인이 풍부하다는 사실을 덧붙였다.

"로먼 씨가 살고 있는 버몬트의 그린산맥이나 뉴햄프셔의 화이트산맥, 뉴욕의 애디론댁산맥 같은 오래된 산지에서는 암석 속 인이 이미 오래전에 풍화되어 거의 남아 있지 않을 겁니다. 하지만 화산 지형은 이야기가 다르죠. 막 생성된 암석에는 생물이 당장 활용할 수 있는 인이 듬뿍 들어 있거든요."

실제로 쉬르트세이에는 인이 풍부했지만 생물이 이용할 수 있는 형태의 질소는 매우 드물었다. 그러나 두 원소 모두 DNA와 단백질을 구성하는 데 필요하다. 또 세포의 동력 기관인 미토콘드리아를 움직이는 데도 필수적인 생명의 핵심 요소다.

생성 후 10년이 지나도록 쉬르트세이에는 식생이라 할 만한 것이 거의 나타나지 않았다. 비가 내릴 때면 빗물은 구멍이 숭숭 뚫린 용암층을 지나 바다로 빠져나갔고, 비가 오지 않을 때는 황무지나 다름없었다. 한때 NASA에서 우주 비행사의 훈련장으로 활용했던 아이슬란드 고원지대처럼 말이다. 어쩌다 식물이 나타나도 흙 속에 질소가 거의 없어 살아남지 못했다.

하지만 변화는 조용히 시작되고 있었다. 아무도 모르는 사이에, 심지어 분화구가 아직 활동 중이던 그 시점에 질소 문제를 해결할 실마리가 나타났다. 아이슬란드 본섬에 흔한 세가락갈매기 한 쌍이 검은 바위로 뒤덮인 해안에 내려앉은 것이다. 그 뒤를 따르듯 갈매기와 풀머가 날아들었고, 이내 끈적한 똥을 하나둘 떨어뜨리기 시작했다. 바로 그 분변 속 요산이 척박한 섬에 처음으로 고농도 질소를 공급해 주었다.

새로 생겨난 땅에 처음 찾아드는 생명체는 바다를 타고 오거나 하늘에서 떨어져 내렸다. 버드나무, 난초, 양치류 등 바람을 타고 퍼지는 식물의 조그만 씨앗들이 섬에 사뿐히 내려앉았다. 이들 씨앗은 멀리 날기 위해 짐을 최소화한다. 먹이도 양분도 없이 황량한 해안에 날아든 씨앗은 아예 싹을 틔우지 못하거나, 틔우더라도 금세 시들어 사라졌다.

한편, 물에 잘 뜨는 커다란 씨앗들은 해류를 따라 해안가로 밀려왔다. "바다를 타고 오는 여행자라면 정착용 양분 정도는 챙길 여유가 있죠." 쉬르트세이에서 오랫동안 관찰을 이어온 동식물학자 보르그토르 마그뉘손의 말이다. 기록상으로 새 섬에 나타난 최초의 식물은 다육식물 서양갯냉이였다. 그 씨앗은 코르크 껍질에 둘러싸여 있어 바닷물에도 잘 뜨고 염분에도 강했다. 문제는 용암이 계속 바다로 흘러들고 있었다는 점이다. 마그마와 잿빛 바다, 부서지는 파도, 피어오르는 증기가 뒤엉킨 현장은 소란했다. 근처 분화구에서 터져 나오는 화산재와 화산암 조각이 섬 끄트머리 모래밭에 갓 발아한 서양갯냉이를 그대로 덮어버렸다.

그래도 이 연약한 개척자들은 끊임없이 밀려들었고 섬은 점차 식어갔다. 그즈음 바닷가를 떠다니던 갯별꽃과 갯지치 씨앗이 섬 기슭에 다다랐다. 이들은 육지에 뿌리내릴 영양분을 씨앗 안에 잔뜩 싣고 도착했다. 바람과 추위에 강한 갯별꽃은 다른 생물이 거의 살아남지 못한 척박한 모래밭에 바짝 붙어 자리를 잡았다. 땅 위로는 종 모양의 밝은 다육성 잎을 내고, 아래로는 가늘고 긴 뿌리를 뻗어 모래와 암석 틈 사이의 수분과 양분을 흡수했다. 단면을 보면 작은부레관해파리를 닮았다. 수십 년이 지난 지금도 쉬르트세이 곳곳을 무리 지어 덮고 있는 매력적인 식물이다.

갯지치는 '마리티마maritima'(바닷가에서 자란다는 뜻)[+]라는 별칭에서 알 수 있듯 바다를 건너는 데 적합한 특성을 지녔다. 아마도 북대서양에서 새로운 섬을 그보다 더 잘 찾아내는 탐험가는 없을 것이다. 갯지치 씨앗은 차가운 바닷물에 노출되어 자극을 받아야 휴면 상태에서 깨어나 자라기 시작한다. 섭씨 0도에 가까운 낮은 온도는 발아를 촉진하는 조건이 된다. 쉬르트세이에 도착했을 당시 씨앗들은 성장할 준비가 된 상태였다. 어린 갯지치 개체는 바람을 피하기 위해 섬 기슭의 바위 근처에 자리를 잡았다. 낮게 매달린 갯지치 꽃들은 섬이 생겨난 후 약 10년간 단조롭기만 했던 쉬르트세이의 풍경에 푸른빛을 더했다.

이렇듯 초기에는 생명체가 드물었다. 가혹한 환경을 견딜 체력과 출발지에서부터 챙겨 온 자양분이 있어야만 생존이 가능했다. 유령거미나 개미, 귀뚜라미처럼 흔한 보행성 절지동물조차 보이지 않았다. 간혹 몇몇 곤충이 날아들었는데, 기록에 남은 최초의 벌레는 이주성 나방 한 마리였고 깔따구 몇 마리가 뒤를 이었다. '날아든 동물fallout fauna'로 불리는 이 곤충들 대부분은 도착한 뒤 탈진하거나, 바짝 말라 죽거나, 추위를 견디지 못해 생을 마감했다(한 동물학자는 화산섬에 처음 도착하는 벌레들을 "흩뿌려진 유기물"이라 표현했다).

그래도 생명은 느리지만 분명하게 섬으로 스며들었다. 곤충이 날아들고 새가 찾아오며 마침내 물개까지 모습을 드러내기 시작했다.

얼마 전까지만 해도 과학계에서는 동물을 지구에서 특별한 역할을 하는 존재로 보지 않았다. 오히려 식물과 미생물이 생태계의 중심을 이룬다고 여겼다. 그러나 지난 10여 년 사이, 세상을 포식자와 초식동물로만 구분해 바라보던 우리의 인식에 대전환이 일어났다. 바닷새·고래·해달·연어·누·들소·거미·메뚜기·매미 등 다양한 동물에 관한 기념비적 연구를 통해, 이들이 육지와 바다의 경관을 바꾸고 생태계의 기능에 깊은 영향을 미친다는 사실이 밝혀졌다. 이러한 발견은 아직 널리 알려지지 않아, 오늘날에도 하와이나 열대지방의 백사장에서 일광욕을 즐기는 이들 대부분은 자신이 산호를 먹는 비늘돔의 배설물 위에 누워 있다는 사실조차 알지 못한다.

동물은 중요한 존재다. 털이나 비늘, 발톱, 날개를 지니고 자연을 누비며 살아가는 이들은 생명을 유지하는 데 필수적인 영양소를 공급하는 근본 기제이자 생태계 순환을 이끄는 핵심 동력이다. 인류가 수천 년에 걸쳐 지속적으로 자원을 고갈시킨 이후에야 과학자들은 에너지 전달 과정이 이렇게 서로 연결되어 있음을 이해하기 시작했다.

영양소의 흐름을 따라가 보자. 탄소, 질소, 인 같은 필수 원소들은 지질학적 시간 속에서 중력, 바람, 해류를 따라 이동한다. 아래로, 바람을 따라 하류를 향해. 이 원소들이 깊은 바다에 도달하면, 인과 질소의 주 공급원인 인산염과 암모니아 분자는 길게는 수백 년 동안 심해에 갇혀 있을 수 있다. 도달한 곳이 상승류 지역이라면 다시 떠오를 수도 있겠지만, 그런 곳은 드물다. 그런데 이 필수 영양소들이 수천 미터 깊이에서 벗어날 수 있는 또 다른 경로가 있다. 바로 고래의 몸을 통해서다.

먹이 활동을 하는 향유고래는 대왕오징어 같은 심해 생물을 사냥하지만, 적어도 한 시간에 한 번은 해수면으로 올라와 숨을 쉬어야 한다. 이들은 물 위에서 쉬며 먹이를 소화하는데 그 과정에서 인산염과 질소, 철이 풍부하게 함유된 거대한 분변 덩어리를 배출하기도 한다. 이 배설물 속 영양분을 식물성플랑크톤('미세조류'라고도 한다)이 흡수하고, 이를 다시 크릴이나 소형 요각류 같은 동물성플랑크톤이 섭취한다. 그다음은 물고기 차례다. 동물성플랑크톤을 먹고 자란 물고기는 갈매기, 풀머, 제비갈매기, 펭귄, 바다제비, 슴새, 알바트로스, 부비새 등 다양한 바닷새들의 먹이가 된다. 둥지로 돌아간 새들은 바다에서 먹은 것을 토해 새끼에게 먹이고, 질소가 풍부한 요산을 땅 위에 남긴다. 바로 새똥에서 흘러 나오는 새하얀 점성 물질이다.

이렇듯 우리는 심해에서 출발한 원소들의 발자취를 따라 해안으로, 강으로, 숲과 사바나를 지나 산악 지대에 이르기까지 지구 곳곳을 함께 여행할 수 있다. 수천 년, 아니 어쩌면 수백만 년이 걸릴 지질학적 여정도 단 한 번의 잠수와 척박한 암반을 향한 짧은 비행, 그리고 잭슨 폴록의 그림처럼 흩뿌려지는 배설물 관찰로 대신할 수 있다. 아이슬란드 지하의 지각판이 1년에 약 4센티미터씩 손톱이 자라는 속도만큼 천천히 움직인다는 사실을 떠올려 보면 그 차이는 더욱 선명해진다.

동물은 지구의 순환을 이끄는 심장이다. 나무가 이산화탄소를 흡수하고 산소를 방출하여 지구의 허파로 기능하듯 동물은 심해 협곡에서 질소와 인을 퍼 올려 산꼭대기로, 극지로, 열대로 펌프질하며 순환시킨다. 지구 곳곳에서 수많은 동물이 날고 달리고 헤엄치고 걷고 땅을 파며 이동한다. 고래·코끼리·들소·연어·바닷새와 같은 중대형동물은 영양분을 바다와 강, 산과 계곡, 초원과 외딴 화산섬까지 수백수천 킬로미터씩 옮긴다. 이런 장거리 여행자들은 세계를 잇는 동맥과 같다. 더 나아가 매미, 깔따구, 크릴 등의 무척추동물은 지구의 세포 조직에 영양을 공급하는 모세혈관이다.

똥과 사체 또한 중요하다. 초식동물을 잡아먹은 육식동물의 배설물과 사체는 세상의 화학적 구성을 바꾼다. 때로는 존재만으로도 공포심을 자극해 환경을 변화시키는 동물도 있다.

생태계는 태어나 자라고 죽는 하나의 생명체이며, 죽은 뒤에도 생명의 그물망에 풍요를 더한다. 동물은 이 체계에 깊이 관여하며, 인류를 포함한 모든 생명이 의존하는 지구화학적 순환을 이끌어간다. 이 순환을 관찰하는 여정의 출발점으로 한때 완전히 척박했던 쉬르트세이만큼 적절한 곳도 없을 것이다.

~~~

나는 트레킹화의 끈을 풀고 낡은 칫솔로 신발에 붙은 진흙을 긁어냈다. 내가 사는 버몬트주나 아이슬란드 본섬에서 묻어온 씨앗이 남아 있으면 안 되니까.

쉬르트세이 현장 책임자인 보르그토르가 한 해에 열 명 정도만 출입이 허용되는 섬 탐사대에 나를 초대했다. 그는 혹여 내 몸에 묻혀 왔을지 모를 '밀항자'를 모두 제거해야 한다고 신신당부했다. 섬에 접근하는 식물이나 벌레는 새나 해초 뗏목을 통해서만 유입되어야 했다.

전날 나는 아이슬란드 베스트만제도의 가장 큰 섬인 헤이마에이에서 엘드펠Eldfell화산에 올라 쉬르트세이를 바라보았다. 남서쪽으로 약 15킬로미터 떨어져 있는 그 섬은 회색 바다에서 기어 나오는 데본기 네발짐승처럼 보였다.

쉬르트세이에서 생태학 연구를 주도하고 있던 학자 비야르니 시구르드손과 그가 지도하는 대학원생 에스테르 카핑가가 나를 데리러 호텔로 왔다. 우리는 함께 보급품을 구입하러 주유소에 들렀는데, 주유소 위쪽 절벽에 세가락갈매기 서식지가 있었다. 새끼에게 먹일 작은 물고기를 입에 문 세가락갈매기가 수백 마리씩 날아들었다. 새들이 싼 똥이 횡단보도 줄무늬처럼 암벽 위로 줄줄이 흘러내렸다.

우리는 공항에 도착해 장비를 내려놓았다. 이미 섬에 가 있는 탐사대원들과 함께 쓸 휘발유와 식수도 챙겨두었다. 우리를 쉬르트세이로 실어다 줄 아이슬란드 해안경비대 헬기를 기다리는 동안 비야르니와 에스테르는 우비를 입고 오래된 석조 농가주택 주변의 식물을 관찰했다.

탐사를 마치고 공항으로 돌아왔을 때는 안개가 너무 짙어서 해양경비대 헬기가 착륙할 수 없었다. 조종사가 무전으로 섬에서 그나마 기상 상태가 나은 골프장으로 이동할 것을 제안했다. 우리는 대서양이 내려다보이는 골프장 끄트머리에 주차했다. 안개가 북쪽의 화산 절벽을 휘감고 있었다.

잔디 위로 안개가 스며드는 모습을 바라보던 비야르니가 "아직 연락이 없네요"라고 말하는 순간, 두 개의 바다 절벽 '하에나Heana와 하니Hani'(각각 암탉과 수탉을 뜻함) 위로 다가오는 헬기가 보였다. 하지만 헬기는 낮게 깔린 구름 위를 잠시 맴돌더니 다시 날아가 버렸다.

조종사가 돌아오기를 기다리던 중 비야르니가 전화를 받더니 헬기가 가버렸다고 했다. "젠장!" 에스테스가 아이슬란드어로 욕을 했다. 그날, 어쩌면 아예 쉬르트세이에 가지 못할 수도 있겠다는 생각이 들기 시작했다. 우리는 공항에서 물과 휘발유를 다시 챙겨 차에 실었다.

비야르니는 여러 대안을 제시했다. 레이캬비크까지 차로 이동하는 방안도 논의했지만, 해안경비대는 당분간 도움을 줄 수 없을 것이라고 했다. 작은 나라에 너무 많은 것을 요구하다가는 연구 자체가 어려워질 수 있었다. 사실 이 비행 자체가 원래 연구팀에 대한 일종의 배려이기도 했다.

우리는 항구 근처의 식당을 찾아 점심을 먹었다. 그때 비야르니가 식당 아래 정박된 고무보트를 발견했다. 평소 여행자들을 싣고 다니며 고래와 퍼핀puffin(바다오리의 일종)을 보여주는 관광용 보트였다. 저걸 타고 쉬르트세이까지 갈 수 있을까? 해안경비대의 지원이 무산될 경우를 대비해, 배를 탈 수 있을지 주변 사람들에게 물어보았지만 선장을 만나지는 못했다.

점심 식사를 마칠 무렵 안개가 걷히기 시작했다. 항구에 떠 있는 어선들을 본 비야르니는 대학 시절 학비를 벌기 위해 일했던 배와 비슷하다고 했다. 금발에 다부진 체격, 두툼한 뿔테 안경, 소년 같은 미소와 왕성한 식욕까지 그는 이름처럼 정말 곰 같은 사람이었다('비야르니'는 아이슬란드어로 '곰'을 뜻한다). 그의 아버지는 어부였다.

"그 시절엔 마을에 배가 75척 있었는데, 해마다 못해도 두 척에서 네 척은 뒤집히는 바람에 선원들이 전부 다 물에 빠지곤 했어요. 배를 탈 때마다 뽑기를 하는 셈이었죠. 5퍼센트는 죽을 각오를 하고 일하는 거예요. 그땐 다 그렇게 살았어요."

생과 사는 결국 좋을 수도, 나쁠 수도 있는 운에 달린 일이었다.

"아버지는 늘 같은 선장과 일했는데, 한번은 무슨 이유에서인지 배에 타지 못했어요. 그래서 그해 겨울에는 다른 배를 탔죠. 그런데 아버지가 원래 타던 배가 선원들을 태운 채 가라앉았어요. 아버지는 운이 좋았던 거예요."

처음의 땅에서

항구 너머로 풀로 뒤덮인 헤이마클레투르Heimaklettur산이 보였다. 바닷새의 하얀 똥으로 얼룩진 산비탈은 먼바다에서 돌아오는 어부들에게도, 우리처럼 바다로 나가려는 이들에게도 반가운 풍경이었다. 비야르니가 해안경비대에 연락했다. "안개가 걷혔는데 오후에 다시 와주실 수 있을까요?"

경비대 측에서 한 번 더 시도해 보겠다는 답이 돌아왔다. 우리는 다시 공항으로 가서 텅 빈 터미널 안을 초조하게 서성이며 기다렸다. 그런데 또다시 악몽처럼 안개가 몰려와 축축한 잿빛 활주로를 뒤덮었다. 이윽고 "두두두" 하는 헬기 소리가 들렸지만, 그 무렵에는 터미널 창 너머로 활주로도 제대로 보이지 않았다. "활주로 끝 쪽으로 착륙을 시도한답니다." 비야르니는 여전히 전화를 붙잡은 채 상황을 전했다. 안개 너머로 희미하게 프로펠러 소리가 들리더니 곧 조용해졌다. 공항 직원이 엄지손가락을 아래로 내려 보였다. "행운을 빈다고 하네요." 비야르니가 말했다.

이제 우리가 스스로 헤쳐나가야 했다. 가슴이 내려앉았다. 쉬르트세이에 방문할 기회는 다시 오지 않을 터였다. 섬에 머물던 생태학자들도 주말에 철수할 예정이어서 비야르니와 에스테르는 1년치 연구를 날릴 위기에 처했다. 게다가 섬에서의 상황도 곧 어려워질 것이 분명했다. 기지에 남아 있는 연구자 다섯 명이 쓸 식수와 연료 대부분이 공항 활주로에 있었기 때문이다. 차 뒷좌석에 앉아 있던 에스테르가 이렇게 말했다.

"헤엄을 쳐서라도 쉬르트세이에 갈 거예요."

공중으로 갈 수 없다면 바다를 통해 가면 되지 않을까. 마침

BBC에서 섬을 촬영하러 온 팀이 있었다. 다음날 그 팀이 대여한 고무보트에 편승할 수 있을까 싶어 비야르니가 여행사에 문의했다. 선장은 한 사람당 1000달러를 요구했다. 연구팀 예산에 그만한 여유가 있을지는 확실하지 않았다.

우리는 축 처진 상태로 저녁을 먹고 호텔로 발길을 돌렸다. 나는 좌석 유리창 너머로 안개가 걷히며 밝아지는 하늘을 올려다보았다. 아래쪽에는 마을 동쪽에 위치한 엘드펠화산이 우뚝 솟아 있었다. 검은색과 황갈색이 뒤섞인 풍경이 꼭 추상표현주의 화가 클리퍼드 스틸의 작품처럼 보였다. 평소라면 창밖으로 보이는 화산이 반가운 풍경이었겠지만, 길고 지친 하루를 보낸 그날 저녁의 엘드펠은 마치 나를 조롱하는 것처럼 느껴졌다.

다음 날 아침, 에스테르와 비야르니가 식물을 채집하고 있을 때 해안경비대에서 전화가 왔다. "저희 어업 순찰하러 나가는데, 한 시간 안에 공항으로 올 수 있나요?"

나는 세탁해 둔 옷들을 더플백에 던져 넣었다. 누가 먼저랄 것도 없이 우리는 차에 짐을 싣고 공항으로 달려갔다. 드디어 헬기에 올라타자 이게 꿈인가 생시인가 싶었다. 인생과 여행은 행운과 잃어버린 기회의 연속이다. 마침내 우리에게 운이 찾아온 것 같았다. 가방 여러 개에 커다란 캐리어까지 챙긴 나를 본 조종사는 연료통 뚜껑을 잠그다 말고 이렇게 물었다. "어디 런던이라도 가시는 모양이죠?"

헬기에서 내려 바닥이 갈라진 작은 착륙장에 발을 디디자 마치 달 위를 걷는 듯한 기분이 들었다. 선구식물 몇 포기와 이따금 나타나는 갈매기, 그리고 갓 생성된 표면보다 더 나이 많은 과학자 몇 명이 내려앉은, 그런 달이었다.

쉬르트세이 현장 책임자 보르그토르가 우리를 맞이했다. 선장처럼 잘 다듬은 흰 수염에 딱 붙는 집업 카디건과 우비를 걸친 그는 스물세 살이던 1975년에 처음 이 섬에 발을 들였다고 했다. 바닷새 번식지로 함께 걸어가다가 그에게 처음 이곳을 찾았을 때 어떤 느낌이었는지 물었다.

"그냥 화산재와 자갈, 용암 더미였죠. 이따금 식물이 보이면 하나하나 다 기록해 두었어요."

보르그토르는 여전히 그 식물들 대부분을 기억하고 있었다. 웬만한 식물은 다 알아보는 그를 따라 섬을 돌아다니다 보니 어쩐지 식물학자의 사교 모임에 끼어든 듯한 분위기가 되었다. 관동, 검은사초 등 새로운 얼굴이 몇 종류 있었고 이미 정착한 식물도 많았다.

"홍케뉘아와 뤼무스 아레나리우스가 제일 자리를 잘 잡은 것 같아요."

전자는 갯별꽃, 후자는 북대서양 해안에 흔히 분포하는 갯그령이다. 이 같은 쐐기돌 식물 keystone plant은 척박한 테프라와 화산모래 위로 퍼져 나갔다. 갯그령 주변으로는 모래언덕이 형성되었다.

"이 섬에서 가장 큰 식물인 갯그령은 큰검은등갈매기가 둥지를 틀고 새끼를 숨겨 두기 좋은 피난처가 되어주죠." 보르그토르는 모든 식물을 일일이 세심하게 알려주었다.

초원의 끝, 현무암 절벽 위에서는 큰검은등갈매기 몇 마리가 우리를 경계하듯 바라보고 있었다. 그날 만난 식물들 가운데는 뜻밖의 존재도 있었다. 보르그토르는 번식지 가장자리에 홀로 서 있는 두껍고 긴 줄기의 식물을 가리켰다. 제비난초속의 플라란테아 휘페르보레아였다. 그는 쉬르트세이에서 난초가 자란다는 것은 상당히 주목할 만한 일이라고 말했다. 난초가 자라려면 뿌리에 양분을 공급하는 데 필수적인 공생균, 즉 균근mycorrhizae이 있어야 하기 때문이다.

이후 조간대에서 숙소로 향하던 길에 용암 모래 속에서 바람에 깎여 나간 얇은 팻말 수십 개를 발견했다. 쉬르트세이에 처음 나타난 식물은 대개 이웃 섬에서 바다와 대기를 타고 찾아와 섬의 동쪽 끄트머리에서 가장 먼저 자라기 시작했다. 초기 몇 년 동안 보르그토르와 동료 연구자들은 여름마다 섬에 자생하는 모든 식물을 낱낱이 기록했다.

우리가 발견한 팻말 중에는 그 시절 그들이 식물 이름을 표시하는 데 사용했던 것도 섞여 있었을 것이다. 팻말은 1968년에 처음 설치된 뒤 1980년대까지 활용되다가 이후 GPS 기술로 대체되었다. 세월이 흐른 지금, 팻말들은 마치 이 섬에 처음 발을 디딘 이들을 기리는 묘비처럼 보였다.

1963년 어느 가을날 아침, 당시 열네 살이던 엘링 올라프손은 동쪽 산 너머로 솟아오르는 회색 기둥을 목격했다. 마그마가 바다와 맞닿자, 하늘은 거대한 콜리플라워 모양의 수증기 구름으로 뒤덮였다. 짙은 화산재 장막이 바다로 쏟아져 내렸다.

"하프나르피외르뒤르Hafnarfjordur에 있는 우리 집 욕실 창문에서 그 연기를 봤어요. 오랫동안 지켜보았죠. 아무것도 하지 않고,

움직이지도 않고요."

엘링은 쉬르트세이가 분출하던 그날의 감각을 잊지 못했지만, 얼마 지나지 않아 화산재 구름보다 훨씬 더 가까운 세계로 시선을 돌렸다. 바로 곤충학이었다.

그는 어린 시절 할머니가 선물한 덴마크어판 《세계의 동물들 Averdens Dyr》 전집에 빠져들었다. 그림 속 이야기가 궁금해 스스로 덴마크어까지 익혔으며, 특히 조그마한 무척추동물에 푹 빠진 덕분에 대학 진학 무렵에는 아이슬란드의 곤충에 관해서라면 누구보다도 다양한 지식을 갖추고 있었다. 마침 그 무렵 스웨덴의 저명한 곤충학자가 쉬르트세이에서 연구 프로젝트를 시작하면서 엘링의 재능을 한눈에 알아보고 연구진으로 발탁했다.

1970년, 엘링은 작은 고무보트를 타고 처음으로 쉬르트세이에 도착했다. 회색 화산재 모래 위에 초기 식물 정착지를 표시하는 팻말을 세운 이도 그였다. 계곡 형태를 띤 섬의 상부는 갈색 테프라와 넓은 평야, 작은 하구, 깎아지른 절벽으로 이루어져 있었다. 엘링은 금세 쉬르트세이를 어린 동생처럼 느끼게 되었다. 지구 위에 막 태어난 이 땅덩어리는 지질학적으로 유아기에 있었다. 그는 당시를 회상하며 말했다.

"거의 때 묻지 않은 이런 땅이 우리 과학자들의 손에 들어온 건 처음이에요."

우연히도 엘링이 처음 섬을 방문한 그 무렵 쉬르트세이에서는 역사상 가장 중요한 조류학적 사건이 벌어지고 있었다. 몸집이 작고 붉은 발을 가진 검은 바다쇠오리 한 쌍이 바닷새 가운데 최초로 쉬르트세이에 둥지를 틀고 새끼를 낳은 것이다. 북극권에

서식하는 이들에게 이제 막 생겨난 이 섬은 여러모로 이상적인 보금자리였다. 인근 바다에서 물고기와 크릴을 쉽게 구할 수 있었고, 육지에는 북극여우나 쥐 같은 포식자가 없었다. 인간도 없었다. 엘링 일행이 오기 전까지는. 그들은 새들이 조심스럽게 일구어가는 생태계를 방해하지 않기 위해 각별히 주의를 기울였다.

바다쇠오리들이 둥지를 튼 이후 다른 바닷새들도 하나둘 모습을 드러내기 시작했다. 먼저, 풀머가 찾아왔다. 풀머는 바다에서 작은 물고기와 오징어, 갑각류 등을 주로 먹고 사는 전형적인 바닷새다. 높은 곳에 둥지를 트는 습성이 있어, 절벽 위의 용암 모래 구덩이를 들여다보면 커다란 골프공처럼 생긴 알이 눈에 띈다. 하지만 쉬르트세이에서는 달랐다. 비야르니는 이렇게 설명했다. "아이슬란드를 통틀어 풀머가 땅 위에 둥지를 트는 곳은 쉬르트세이뿐이에요."

아마도 포식자나 인간에게 위협받지 않기 때문일 것이다.

그다음은 큰검은등갈매기와 검은등갈매기였다. 이들은 레이캬비크에서 흔히 볼 수 있는 종으로, 큰검은등갈매기는 절벽 위를 선회하며 물고기나 다른 새, 해양 무척추동물, 해변에 떠밀려 온 사체를 재빨리 낚아챈다. 검은등갈매기는 초지와 농지를 누비며 곤충의 유충을 파고든다. 풀머에 이어 이들까지 쉬르트세이에 자리를 잡으면서 새들의 번식지도 확장되었다. 그에 따라 깃털과 똥을 포함한 생물량이 크게 늘었고, 초록 풀밭도 점차 넓어졌다.

이 새들은 모두 섬에 양분을 공급하는 존재다. 둥지 주변에 하얗게 흘러내린 구아노guano(굳은 새똥)⁺에는 탄소와 인, 그리고 섬에 꼭 필요한 질소가 풍부하게 함유되어 있다. 게다가 이곳에는 똥 쉬르트세이의 풍경. 바닷새가 없는 모래밭(위)과 갈매기 번식지 내의 초지(아래).
(보르그토르 마그뉘손)

뿐 아니라 사체와 알도 있다. 엘링은 쉬르트세이를 처음 방문했을 때 발견한 모든 새를 하나하나 기록해, 최초 도래 시기를 정리한 연표를 만들었다. 1980년대 중반에 이르자 갈매기와 풀머의 개체 수가 크게 늘어 섬의 풍경을 바꿔놓을 정도가 되었다. 둥지를 튼 수백 마리의 새들은 저마다 하루에 약 85그램씩 똥을 남겼다. 매일 질소가 풍부한 구아노를 '더블샷'으로 쏟아낸 셈이었다.

바닷새 번식지에 형성된 드넓은 풀밭에 다다랐을 때는 마치 전혀 다른 세상에 들어선 듯했다. 단단한 땅을 밟고 서자 마음이 놓였다. 용암 모래 속 오아시스 같던 그곳은 희미한 암모니아 냄새를 풍기며 우주에서도 보일 만큼 환한 초록빛을 터뜨리고 있었다. 무릎까지 자란 풀밭 가장자리에는 잎이 넓은 루멕스가 거의 나무처럼 크고 풍성하게 퍼져 있었다. 불과 20~30년 전만 해도 풀 한 포기 없던 곳이었다는 사실이 믿기지 않을 정도였다. 새똥이 없었다면 지금도 마찬가지였을 것이다.

그렇다면 질소가 대기가 아닌 바닷새에서 비롯되었다는 사실은 어떻게 알 수 있을까? 토양과 식물에 함유된 질소의 화학적 지문chemical signature, 곧 동위원소 구성을 분석한 결과, 식물과 토양에 포함된 질소의 약 90퍼센트가 바닷새에서 유래했으며, 나머지 10퍼센트만이 대기를 통해 들어온 것으로 나타났다. 바닷새들은 번식지 한가운데에 에이커당 연간 약 27킬로그램의 질소를 배출했다. 반면, 새가 머물지 않는 지역의 질소 유입량은 에이커당 연간 0.5킬로그램에 불과했다. (참고로 일반적인 농경지에는 에이커당 약 45킬로그램의 질소 비료가 투입되며, 방목지나 건초 생산용 영년초지permanent grassland에는 에이커당 9~14킬로그램 정도 사용된다.)

한때 선원들의 비타민C 공급원이었던 괴혈병풀과 유럽 및 아이슬란드 토착종인 왕포아풀은 질소가 풍부한 구아노를 흡수하며 빠르게 번성하기 시작했다. 새들이 남긴 구아노와 알, 사체 덕분에 푸른 초원으로 변모한 쉬르트세이의 바닷새 번식지는 주변의 검은 용암 벌판과 극명한 대비를 이루었다. 이 지역의 영양분

함량은 주변보다 약 30배 높았고 생물량도 50배 이상 증가했다.

"이제 소를 키워도 되겠어요. 매일 신선한 우유도 얻고요."

엘링이 이런 농담을 던질 정도로 번식지에는 생명이 넘쳐 났고 토양도 비옥해졌다.

새들이 찾아오면서 식물과 그 위치를 기록한 팻말이 남서쪽으로 펼쳐진 용암 모래 위로 퍼져나갔다. 식물들은 씨앗을 퍼뜨리기 위해 다양한 전략을 고안해 왔다. 씨앗은 날거나 물에 떠서 이동하는가 하면, 새의 깃털이나 다리에 달라붙거나 뱃속을 지나 영양이 풍부한 똥과 함께 땅에 내려앉기도 한다.

보르그토르와 함께 번식지 가장자리를 따라 걸었다. 붉은 테를 두른 듯한 눈으로 우리를 응시하는 검은등갈매기 떼가 사방을 에워쌌다. 매끈하고 하얀 머리들이 암벽과 대비를 이루며 또렷이 드러났다. 마치 흰 파도 속을 표류하는 기분이었다. 이 새들은 모두 쉬르트세이의 바다를 먹고 자란 존재였다.

갈매기 한 마리가 "투투구" 소리를 내며 머리 위로 날아갔다. 그 소리가 내게는 아이슬란드어로 '20'을 뜻하는 말로 들렸다. 이번 여행에서 아이슬란드어를 많이 익히진 못했지만, 새와 식물의 언어는 조금씩 이해하게 되었다. 덕분에 도시에서는 천덕꾸러기 취급을 받는 검은등갈매기와 재갈매기가 점점 더 좋아졌다.

쉬르트세이로 떠나기 전, 밥 먹을 곳을 찾느라 레이캬비크 해안을 따라 걷던 때였다. 재갈매기 한 마리가 카페 탁자에 내려앉더니 남겨진 피자 조각을 낚아챘다. 곧 여러 갈매기가 몰려들었지만 결국에는 검은등갈매기가 승리했다. 지나던 여행객 중 한 명이 새들을 향해 발을 구르며 일행과 함께 웃음을 터뜨렸다. 갈매기들은 멀리 날아가 버렸다. 피자는 잊지 않고 챙겨 갔다.

    저녁을 먹고 나서 초원 가장자리에 앉아 풀머들이 날아드는 모습을 지켜보았다. 우리가 머무는 동안에는 결코 저물지 않을 것만 같은 밤이었다. 나는 한동안 새똥이 빚어낸 추상표현주의 세계에 빠져 있다가, 문득 갈매기 날개와 푸르른 갯별꽃, 까만 용암 모래 위에 놓인 하얀 풀머 알이 어우러진 정물화에 사로잡혔다. 화산에서 바다로 이어지는 연한 황갈색 팔라고나이트palagonite(현무암이 변형되어 형성된 화산 유리의 일종)[*] 능선은 우리보다 훨씬 젊은데도 마치 오랜 세월을 견뎌온 것처럼 보였다.

    풀밭을 걷던 중 발밑에서 낮게 깩깩대는 소리가 들렸다. 풀머 한 마리가 자기 둥지에서 떨어지라며 경고하는 소리였다. 쉬르트세이에서 번식하는 풀머는 200~300쌍에 이른다. 아이슬란드 본섬에서는 여름철이면 200만 쌍 가까이 번식하며, 전 세계의 둥지 중 절반 이상이 이곳에 분포해 있다. 다만 본섬에서는 여우 같은 포식자를 피해 주로 암벽 위나 틈새에서만 머문다. '풀머'라는 이름은 고대 노르웨이어로 '악취 나는 갈매기'를 뜻한다. 썩은 생선 간을 즐겨 먹는 이 새들은 어선에서 나오는 가공 폐기물까지 거리낌 없이 먹으며, 변화하는 환경에도 잘 적응하고 있다.

    한때 기름과 깃털 공급원으로 귀하게 여겨졌던 어린 풀머는 스트레스를 받으면 밝은 오렌지색 기름 띠를 토해내 자신을 방어한다. 토사물에서는 썩은 생선 간유 냄새가 나며 질감 또한 비슷하다고 보르그토르가 알려주었다. 그들은 이런 물질을 몇 걸음 떨어진 곳까지도 뱉어낼 수 있어, 풀머를 공격한 새는 악취 나는 점액질에 뒤덮인 채 날지 못하고 결국 익사할 위험에 처한다. 엘링은 혹여 그 토사물이 몸에 묻는다면 탐사를 마칠 때까지, 어쩌면 그보다 더 오랫동안 냄새가 지워지지 않을 수 있다고 주의를 주었다.

바다에서 둥지로 돌아온 풀머 한 마리가 신선한 물고기를 토해냈다. 새끼는 애를 썼지만 전부 다 먹지는 못했다. 서툴게 먹다 흘린 먹이도 분명 쑥쑥 자라나는 풀밭에 양분을 더해주었을 것이다. 나는 그들에게서 멀찍이 떨어져 있었다. 번식지 중심지인 이곳은 영양분이 풍부하다. 하지만 식물종 수는 보르그토르와 동료들이 다양성과 생산성을 측정하기 시작했던 1990년보다 오히려 감소했다. 선구식물 중 상당수가 무릎 높이로 자라는 네 가지 우점종 식물에 밀려 사라졌다. 지금은 열 가지 품종이 한꺼번에 생장하는 빽빽한 풀밭이 되었다.

생태계의 흥미로운 변화는 언제나 가장자리에서 일어난다. 척박한 용암과 풍성한 초지가 맞닿는 경계, 검은등갈매기와 재갈매기 같은 새들이 처음 자리를 잡는 그 지점에서 가장 역동적인 생물학적 과정이 펼쳐진다. 지금까지 쉬르트세이에서 확인된 식물은 모두 78종이며, 이 가운데 용암 지대에서 발견된 것이 가장 적었다. 하지만 영양분이 풍부한 번식지에서도 식물종 수는 그리 많지 않았다. 몇몇 종이 풀밭을 지배한 결과, 가장 무성한 지역은 사실상 단일종으로 구성되어 있었다. 오히려 황폐한 용암에 풀이 밀려나는 가장자리에서 더 다양한 식물이 자라고 있었다.

이 경계 지역을 바라보며 나는 생태학자들이 열대우림의 나무와 조간대에 사는 동물을 설명하기 위해 제시한 '중간 교란 가설'

을 떠올렸다. 쉬르트세이의 초지처럼 영양분이 풍부하고 안정된 지역에서는 일부 종만 번성할 가능성이 크다. 반면, 생태 환경이 끊임없이 변하는 곳에서는 동식물이 버텨내지 못한다. 구르는 돌에는 이끼가 끼지 않듯, 용암 바위가 계속 생성되고 부서져 나가는 쉬르트세이의 바위투성이 해안은 너무나 역동적이라 생물종이 오래 자리잡기 어렵다. 생물다양성이 가장 높은 곳은 대개 그 중간 지대다. 지나치게 안정된 지역은 우점종만 살아남고, 지나치게 불안정한 곳은 생물이 정착하지 못한다. 반면, 새로 들어온 종도 어느 정도 생존할 수 있는 적당한 교란 상태의 지역에서는 환경이 급변하더라도 새로 유입된 개체군이 다 쓸려 나가지 않고 어느 정도는 살아남는다. 이런 생각을 하고 있자니, 아이슬란드 바이킹에서 전해 내려오는 이야기가 떠올랐다.

태초에 혼돈이 있었다.
북쪽에는 눈과 얼음이, 남쪽에는 열기와 불이 있었다.
생명은 그 사이에서 탄생했다.

몇 년 전 탐사선을 타고 캐나다 북극의 청정 지역인 배핀만을 조사하던 과학자들이 고농도의 암모니아가 검출된 지점을 발견하고 깜짝 놀랐다. 암모니아는 보통 산업화로 오염된 해안 지역에서 발견되는 물질인데, 이곳은 그런 오염원과는 거리가 먼 외딴 지역이었다. 콜로라도주립대학 제프 피어스를 비롯한 대기 과학자들이 구축한 모델에 따르면, 그 지역에는 암모니아가 존재해서는 안 되는 것이었다. 과학자들은 창밖을 내다보기도 하고 도표를 들여다보기도 하며 혼란스러운 마음을 감추지 못했다. 피어스는 당시 상황을 이렇게 설명했다.

"암모니아 농도가 치솟은 지점은 여름철에 바닷새 번식지가 형성되는 지역으로 알려진 곳이었어요."

그도 그럴 것이, 대규모 번식지에 바닷새 똥이 쌓이면 질소가 풍부한 가스가 방출되기 마련이다. 피어스와 동료들은 연구 모델에 철새 항목을 추가했다.

"북극에 암모니아를 방출하는 숨은 근원은 분명 바닷새일 거라고 판단했어요."

이 자극적인 가스는 현지의 풍부한 황산과 결합해 입자를 형성할 수 있다. 이 입자가 작은 물방울이 되고, 물방울이 많아지면 구름의 밀도가 높아지며 더욱 희고 밝게 보인다. 피어스는 이 현상을 까만 탁자에 놓인 물컵을 위에서 내려다보는 장면으로 비유했다.

"물컵에 얼음 세 조각을 넣으면 빛이 약간 반사되긴 하겠지만 탁자의 검은색이 거의 그대로 보일 거예요. 이제 그 얼음을 부순 다음 잘게 조각내면, 위에서 내려오는 빛을 더 많이 반사하게 되죠. 부서진 얼음이 담긴 컵을 내려다보면 얼음 양이 같아도 훨씬 하얗게 보일 겁니다."

바닷새 번식지에서 방출된 암모니아도 작은 물방울을 형성했다. 구름 속에 포함된 물의 양은 동일했지만, 물방울이 많아지면서 전체 표면적이 넓어졌고 얼음을 잘게 부술 때처럼 햇빛을 우주로 더 잘 반사하게 되었다. 피어스는 덧붙였다.

"이런 변화가 결과적으로 기후에 영향을 미치는 거죠."

번식지 위에 생긴 구름이 더 밝아지면서 지구의 온도가 내려가고, 새가 많은 지역일수록 이 효과는 더욱 두드러진다. 대규모 번식지가 가장 많이 집중되는 곳은 캐나다 북쪽의 북극제도Arctic Archipelago에서 아이슬란드에 이르는 지역이다. 이들 바닷새 번식지에서 방출된 암모니아는 수백 킬로미터까지 퍼져나간다. 새들은 이런 식으로 북극의 기온을 서늘하게 유지하는 데 기여한다. 새들이 배설할 때마다 저마다의 방식으로 기후 변화에 맞서고 있는 셈이다.

기록에 따르면 쉬르트세이가 탄생한 이후 해마다 한두 종씩 새로운 식물이 등장했다. 섬에 질소가 축적되면서, 바다를 통하거나 바람을 타고 도달한 식물들이 뿌리를 내리기 시작했다. 특히 정착한 식물 70여 종 중 4분의 3은 갈매기 같은 새들의 날개와 깃털, 다리 또는 소화기관을 통해 유입되었다.

바람을 타거나 새 다리에 붙어 들어온 벌레들도 터를 잡기 시작했다. 지금까지 쉬르트세이에서 딱정벌레를 비롯한 육상 무척추동물terrestrial invertebrate이 300종 넘게 발견되었는데, 그중 하나인 바구미는 (이후 스코틀랜드 해안에서 다시 발견되기 전까지는) 지구상에 처음 등장한 종으로 여겨졌을 정도로 희귀한 존재였다. 이 곤충들은 핀셋이나 붓, 빨대, 풀밭 위에 펼친 흰 천 등으로 어렵게 채집되었으며, 이 가운데 적어도 143종이 영구 정착종으로 간주된다. 개체 수나 생태적 지위에 관계없이 새로운 종이 발견되면 그 자체로 주목할 만한 일이었다.

시간이 흐르면서 섬에는 곤충을 잡아먹는 조류(흰멧새, 발종다리, 할미새 등)도 날아들었다. 아이슬란드 본섬 깊숙한 지역에서 날아온 회색기러기 무리도 관찰되었다. 갈매기들에게는 달갑지 않은 일이었다. 그들은 서로 소리를 지르며 꾸르륵댔다. 이를 두고 한 조류학자는 내게 이렇게 말했다. "갈매기와 거위가 평화롭게 지내기란 쉽지 않죠." (가축화된 기러기는 흔히 '거위'로 불린다.)✦

해가 갈수록 섬의 생태는 더욱 풍요롭고 다양해졌다. 1980년대에는 회색물범이 나타났다. 이들은 섬 북쪽 곶을 따라 모습을 드러내고 그곳에서 번식하며 새하얀 털을 지닌 새끼들을 돌보았다. 새끼들도, 다 자란 성체들도 똥을 쌌다. 여기에 태반이 보태지고 이따금 사체까지 더해지면서, 바다에서 육지로 영양분을 전달하는 '해양 보급처'가 형성되었다. 이곳은 에이커당 질소가 5킬로그램씩 축적되는 바닷새 번식지보다 규모가 작았지만, 바다와 훨씬 가까운 곳에 자리 잡아 쉬르트세이에서 동물 사체를 섭취하는 조류와 식물에게 해마다 안정적으로 영양분을 공급해 주었다. 회색물범은 절벽보다 해안의 평지를 선호했다. 덕분에 갯지치, 서양갯냉이, 갯는쟁이 같은 식물들이 이들의 번식기 동안 저지대 해변에 뿌리를 내릴 수 있었다. 그렇게 회색물범은 척박한 해안에 또 다른 생명의 오아시스를 만들어냈다.

쉬르트세이의 회색물범은 바닷새와 마찬가지로, 동물이 어떻게 척박한 땅에 양분을 옮겨 하나의 완결된 생태계를 만들어 가는지를 보여주는 대표적 사례다. 캐나다 노바스코샤 해안에서 160킬로미터 넘게 떨어진 세이블섬에서도 그랬다. 지난 50년 동안 이 섬에서 새끼를 낳은 회색물범의 수는 수천 마리에서 9만 마리로 늘어나, 세계 최대 규모의 번식지가 형성되었다. 물범이 배설한 질소 덕에 섬의 모래언덕에 풀이 무성해져 수많은 야생마의 서식지가 되었다. 쉬르트세이의 바닷새 초원을 바라보며 소를 키워도 되겠다고 말했던 엘링의 상상이 현실이 된 셈이다.

물범의 똥에 담긴 질소는 세이블섬 인근 바다를 넘어 바람을 맞는 반대편 해역까지 흘러 들어가 그곳의 플랑크톤 양을 최대 20퍼센트까지 증가시킨다. 미세한 조류는 맨눈으로 식별하기 어렵지만, 우주에서 내려다보면 바닷새가 남긴 흔적처럼 물범의 영향도 초록빛 엽록소의 물결로 선명하게 드러난다.

"저희 세대는 악몽을 꾸면 꼭 화산을 피해 달아나는 꿈을 꿨어요." 쉬르트세이의 열기가 완전히 식은 1980년대 베스트만제도에서 태어난 바닷새생물학자 프레이디스 비그푸스도티르는 이렇게 말했다.

"그전에도 여러 용암 지대를 걸어봤지만 쉬르트세이의 용암대는 달랐어요. 발밑에서 바위가 떨어지는 소리가 들리더라고요. 파도 소리도 들렸죠. 분명 바로 아래에 동굴이 있었던 거예요. 그 틈에 빠지면 아무도 못 찾겠구나 싶었어요."

나는 쉬르트세이뿐 아니라 아이슬란드에서 접근성이 더 좋은 스네이펠스네스반도Snæfellsnes Peninsula에서도 때때로 경외감에 사로잡히곤 했다. 강풍이 몰아치는 붉은빛 산맥 너머로 달이 떠오르는 황량한 풍경을 바라볼 때면 숭고함에 대한 낭만적인 감상이 밀려왔다. 아름다움과 두려움이 뒤섞인 감정이었다.

쉬르트세이에 가기 몇 달 전, 프레이디스는 나와 대화를 나누다 어깨를 으쓱하며 이렇게 말했다.

"자연이 때가 왔다고 정하면 그걸로 끝인 거예요."

하지만 대부분의 아이슬란드인은 자연의 순리에 따를 생각이 없었다. 헤이마에이에서 비야르니는 내게 이런 말을 했다.

"예전부터 용암은 아주, 아주 추한 것으로 여겨졌어요. 정말 심리적인 문제죠. 관리할 권한만 주어지면 주민들은 용암을 전부 밀어버리고 잔디밭으로 바꿔놓을 겁니다."

아니면, 적어도 가는잎미선콩이라도 심어둘 것이다. 알래스카에서 유입된 이 식물은 보라색 꽃이 피는 속씨식물로, 뿌리에 사는 공생 미생물을 통해 스스로 질소를 생성한다.

쉬르트세이에 머무는 동안 비야르니와 에스테르는 풀이 무성한 조류 번식지부터 순수 화산석 지대까지 전 구간에 걸쳐 토양과 미생물의 차이를 조사하는 데 집중했다. 한번은 시료 채취장에 가는 두 사람을 따라가 보았다. 비야르니는 땅속에서 2년 묵은 티백을 꺼내며 말했다.

"제가 미생물들에게 물었죠. '녹차와 루이보스차 중에 뭐가 좋아?'"

티백지수TBI: tea bag index는 전 세계에서 쓰이는 표준 분석법으로, 실험의 일관성을 위해 립톤 티백만을 사용한다 다들 립톤이 루이보스차 생산을 중단할까 봐 떨고 있다고 비야르니가 농담처럼 말했다. 한편 에스테르는 새 사체에서 핵심 시료를 채취하고 있었다.

횡단 조사를 하던 날, 비야르니는 흰죽지꼬마물떼새 한 마리가 자신과 에스테르를 주시하고 있다는 사실을 눈치챘다. 똑바로 마주 보자 새는 금세 달아나는가 싶더니, 달리듯 낮게 날며 주변을 맴돌았다. 이전에도 물떼새가 나타난 적은 있지만 지금껏 둥지를 본 사람은 없었다.

"물떼새가 저렇게 지면 가까이에서 뛰거나 날면 반대쪽으로 가 보세요. 둥지를 찾을 확률이 높아요." 비야르니가 말했다.

물떼새는 몸집이 작아, 둥지도 화산 모래가 긁힌 자국으로 보일 만큼 작다. 비야르니는 자신을 다른 쪽으로 유인하려는 물떼새의 시도를 무시하고, 용암 위에서 얼룩무늬가 박힌 알 세 개를 찾아냈다. 쉬르트세이에서 처음으로 발견한 물떼새 둥지였다. 번식 조류 중에서는 열일곱 번째였다.

인간의 흔적을 남기지 않으려면 세심한 관리가 필요하다. 1969년, 쉬르트세이에서 활동하던 한 연구원이 서양갯냉이와 풀 사이에서 톱니 모양 잎을 지닌 키 큰 식물을 발견했다. 섬에 새로 나타난 종으로 보였기에 전문가가 투입되었고, 바위를 들춰보자 용암 틈새에서 이례적으로 기름진 흙이 드러났다. 문제의 식물은 솔라눔 뤼코페르시쿰, 즉 토마토였다. 방문자의 대변에서 나온 씨앗이 싹을 틔운 것으로 추정된다. 식물과 똥은 모두 봉투에 담겨 섬밖으로 옮겨졌다.

우리는 같은 실수를 되풀이하지 않으려고 파도가 닿는 해안가에서 용변을 본다. 안개가 걷히면 하늘이 부쩍 높아 보이고 멀찍이 떨어진 절벽 사이로 베스트만제도의 전경이 펼쳐진다. 부비새 똥으로 하얗게 덮인 이곳은 아이슬란드에서 가장 근사한 화장실이다. 물을 내릴 수 있지만 주의할 점이 하나 있다. 되도록 썰물 때를 잘 맞춰 둥근 용암 바위 위에 자리를 잡아야 똥이 바다로 잘 씻겨 내려간다. 간혹 바위가 해변으로 굴러떨어지며 큰 소리를 내기도 한다.

화산 생태학자 찰리 크리사풀리는 화산 폭발 이후의 군집 형성 과정을 '의자 뺏기' 게임에 비유한다. 육지에서는 대개 운과 시기에 따라 화산 지형을 차지할 생물이 결정된다. 용암을 피해 살아남은 수목 군락이나 동물 무리가 있다면, 분출이 끝난 뒤 씨앗을 퍼뜨리거나 피난처에서 나와 주변으로 퍼져나갈 수 있다. 용암의 경계에 있던 메뚜기나 딱정벌레 등 이동이 가능한 곤충은 뛰거나 날거나 기어서 새로운 터전을 향해 움직였다.

하지만 쉬르트세이에서 이 과정은 바다에서 벌어지는 룰렛 게임에 더 가깝다. "거대하고 차가운 바닷속 아주 작은 목표물을 맞춰야 하는 데다 인근 육지조차 대부분 척박한 상태거든요." 크리사풀리는 이렇게 말했다.

아이슬란드 본섬은 대서양 중앙 해령을 따라 고립되어 있어 동식물의 종류가 매우 적다. 소빙하기 Little Ice Age에 해빙을 건너온 북극여우 외에는 자생하는 육상 포유류가 없고 양서류와 파충류, 모기도 없다. 혹여 주변 지역에서 쉬르트세이에 무사히 도달한 동물이 있더라도 이곳에서 살아남기란 쉽지 않다. 담수가 고이는 장소가 거의 없어, 오리나 섭금류 wader(도요새, 물떼새 등 물가를 거닐며 먹이 활동을 하는 조류)✝ 같은 새들도 번식하기 어렵다. 추위와 강풍, 안개 또한 생존을 위협하는 요소다. 그 열악한 상황은 우리도 헤이마에이 활주로에서 직접 경험했다.

우리가 섬에 무사히 도착할 수 있었던 이유는 비야르니의 결단과 아이슬란드 해안경비대의 배려도 한몫했지만 무엇보다 헬기 이륙 당시 운 좋게 날씨가 조금 나아졌기 때문이었다. BBC 촬영 쉬르트세이 연표. 섬에 제일 먼저 정착한 식물은 바다를 통해 이동해 온 종이었다. 검은등갈매기를 비롯한 여러 새들이 찾아온 뒤로 구아노에서 배어 나온 질소 덕분에 왕포아풀이 정착할 환경이 조성되었다. 지표면이 점차 풍화하면 미래의 쉬르트세이는 퍼핀의 구역이 될 것이다. (보르그토르 마그누손 외, 2009 참고)

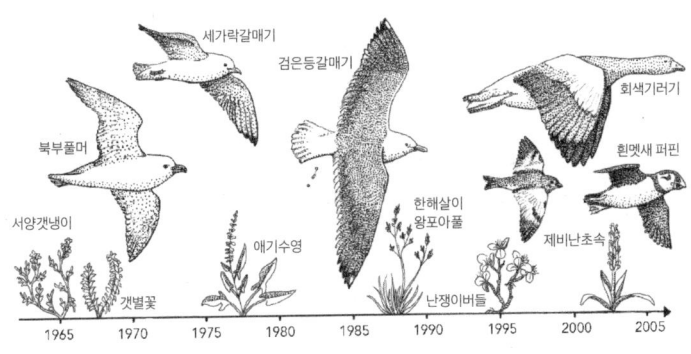

팀도 우리 못지않게 애를 썼다. 하지만 배가 섬 북쪽의 곶에 도착했을 때는 바람과 파도, 그리고 바위 때문에 착륙 환경이 몹시 위험했다. 비야르니는 몇 년 전 쉬르트세이에서 촬영된 사진 한 장이 당시 아이슬란드 '올해의 사진' 중 하나로 선정된 사연을 들려주었다. "도착해서 배에서 내리던 중에 한 박사과정생이 바다로 떨어지는 장면이었죠."

결국 BBC 촬영팀은 철수해야 했는데, 자칫하면 우리도 같은 운명에 처했을지도 모른다. 쉬르트세이로 찾아든 새와 식물, 곤충 대부분이 도중에 죽거나 방향을 바꾸었고, 보금자리에 머물러 있느라 아예 도달하지 못한 경우도 많았다. 우리 연구자들도 다르지 않은 처지였다.

쉬르트세이가 생성되고 얼마 지나지 않아 아이슬란드의 식물학자, 지질학자, 조류학자들이 섬의 자연 상태를 보존하기로 뜻을 모았다. 이들은 매년 방문자 수를 제한하고 소수의 연구자에게만 출입을 허용하기로 했다. 인원이 꽉 찬 상태에서 탐사가 진행될 때조차 섬에 머무는 과학자는 극소수였다. 한 해에 350일은 사람이 아예 없는 상태가 유지된다.

이 섬의 진정한 주인은 새와 곤충, 식물이다. 겨울이 되면 새들조차 섬을 떠난다. 일조 시간이 하루 여섯 시간에도 미치지 못하는 11월에서 1월 사이, 쉬르트세이는 완전히 어둠에 잠긴다. 이따금 헤엄쳐 지나가는 해양 포유류 말고는 아무도 찾지 않는 적막한 섬을 식물들이 묵묵히 지킨다.

바다에는 무수히 많은 바위섬이 있지만, 쉬르트세이는 그중에서도 가장 젊고 인간의 손길이 거의 닿지 않은 곳이다. 엘링의 말에 따르면, 이곳은 탄생 첫날부터 면밀히 연구된 유일한 화산섬이기도 하다. 이러한 보호 조치와 그 안에서 수행된 생물학적 연구 덕분에 쉬르트세이는 2008년 유네스코 세계유산으로 등재되었다.

아이슬란드 본섬에서도 화산 분출은 자주 일어나지만, 일정한 영역이 용암에 뒤덮인다고 해서 생명체가 완전히 사라지지는 않는다. 폭발을 피해 살아남은 동식물이 생태계 회복에 중요한 역할을 하기 때문이다. 하지만 쉬르트세이처럼 갓 생성된 섬에서는 다르다. 엘링은 이렇게 말했다. "쉬르트세이를 연구하면서 바닷새가 둥지를 틀기 위해 가져오는 재료에 영양분, 씨앗, 곤충이 함께 딸려 올 수 있다는 사실을 알게 되었어요."

실제로 섬에는 둥지를 짓는 새를 통해 유입된 것으로 보이는 무척추동물이 아주 많다.

나는 풀밭 가장자리에 앉아 청년 시절에 지구 반대편의 화산섬에 첫발을 디딘 한 과학자가 그 섬을 묘사한 글귀를 떠올렸다.

"가차 없는 파도에 내던져져 부서진 새까만 현무암 벌판"

그 섬, 갈라파고스제도는 "낯선 존재들이 이 땅 위에 최초로 출현하는 지극한 신비"로 다윈을 사로잡았다. 그가 관찰한 생물 가운데 적어도 몇 종은 바닷새 똥이 넘쳐 나는 섬에서 기원을 찾을 수 있었을 것이다.

엘링은 훗날, 쉬르트세이에서 첫 여름을 보내고 떠나던 때의 기분을 잊을 수 없다고 말했다. 이미 화산 폭발과 생물 군집 형성 과정을 거친 헤이마에이로 돌아가 보니 풀이 무성한 언덕이 오히려 낯설게 느껴졌다고 한다. "석 달 동안 초록색을 못 봤거든요."

레이캬비크로 돌아간 뒤에도 쉬르트세이는 늘 그의 곁에 있었다. 갈색 언덕과 잿빛 모래는 그의 인생을 물들인 색이 되었다.

"제 마음의 고향이 되었죠. 그렇게나 단조로운 풍경이."

미국의 자선가 폴 바우어의 이름을 딴 연구 기지 '팔스바르Pálsbær'는 어두운 북대서양 겨울 바다를 떠도는 어선처럼, 어둑한 용암 지대 가장자리에 자리 잡고 있다. 7월, 저녁이라기엔 애매한 긴 어스름이 깔린 쉬르트세이에서 연구원들은 건물 중앙에 놓인 나무 탁자에 둘러앉아, 두 개의 촛불이 내는 희미한 빛에 의지한 채 이야기를 나누고 있었다. 창밖으로는 베스트만제도가 내다보였다. 흰부비새가 점점이 앉아 있고 구아노로 하얗게 뒤덮인 백악질 암벽 하나는 마치 등대 불빛처럼 환히 빛나고 있었다. 실내에는 자축하는 분위기가 감돌았다. 번식지를 둘러보다 돌아온 보르그토르가 불쑥 꺼낸 말이 모두를 들뜨게 했다.

"한 시간 전에 섬에서 새로운 종을 발견했어요."

초지와 용암 벌판 사이에서 자라고 있던 파란 사초였다. 이름은 카렉스 플라카. 아이슬란드에 흔한 식물이지만 이 섬에서는 놀라운 발견이었다. 아마도 기러기 같은 새의 몸에 붙어 들어와 수년째 자생해 온 것으로 보인다. 이로써 쉬르트세이에서 확인된 식물종은 총 79종이 되었고, 여전히 새들이 섬의 생물다양성을 확장하는 데 중요한 역할을 하고 있음을 알 수 있었다.

보르그토르는 '스툴라'를 기념하는 갈색 머그잔에 와인을 따라 내게 건넸다. (스툴라 프리드릭슨은 쉬르트세이에 관한 책을 여러 권 펴냈으며, 나 역시 섬에 도착하기 전 그의 책을 참고했다.) 저녁 식사로는 아이슬란드 양고기가 나왔다. 다들 식물과 새, 가느다란 해초 가닥을 세며 하루를 보낸 탓에 자연스럽게 바닷새 요리가 화제에 올랐다.

아이슬란드의 인구는 40만 명도 채 되지 않지만 섬 전역에 다양한 조리법이 전해 내려온다. 어떤 지역에서는 어린 풀머를, 또 다른 지역에서는 어린 검은등갈매기를 선호한다. 우리가 창밖으로 시선을 돌리면 보이는 하얗고 가파른 절벽에는 흰부비새 새끼들이 모여 있었다. 번식지 주변에 그물을 쳐서 새를 잡는 헤이마에이 주민들은 머리를 통째로 넣어 끓인 퍼핀 수프를 즐겨 먹는다. 동부 피오르 지역에서는 가마우지를 굽거나 절이거나 훈연해 먹는 풍습이 있다. 누군가 조용히 귀띔했다. "가마우지는 갈색 살코기가 특히 맛있어요."

영화 〈조스〉에서 퀸트 선장의 배에 탄 어부와 해양생물학자가 한밤중에 설전을 벌이듯, 저물 줄 모르는 황혼 속에서 연구원들은 공감과 반박을 주고받으며 이야기를 나누었다. 우리의 대화 속에서 바닷새는 때때로 반격하는 존재로 언급되기도 했다. 비야르니는 그의 삼촌이 '해적질'에 능한 큰도둑갈매기에게 공격받은 적이 있다고 말했다. "삼촌은 덩치가 컸는데도 그 전투기 같은 새 앞에서는 맥을 못 추고 그대로 나가떨어졌어요."

보르그토르는 풀머를 식재료가 아닌 생존력이 강한 생명체로 평가했다. 비전문가인 내 눈에는 갈매기처럼 보였지만, 풀머는 거대한 알바트로스에 가까운 새다. "제 멘토인 조지 더닛이 젊었을 때 풀머에게 꼬리표를 달던 모습이 담긴 사진이 있어요. 풀머는 열 살이 될 때까지 번식하지 않다가 그 뒤로는 해마다 한 마리씩 새끼를 낳죠." 보르그토르가 이렇게 말하며 흑백사진 두 장을 보여주었다. 1951년에 찍힌 사진에는 풀머 한 마리와 머리색이 짙고 피부가 매끈한 남자가 있었다. 1986년에 찍힌 다른 한 장에는 풀머와 머리숱이 적고 주름이 깊게 팬 얼굴의 남자가 함께 있었다. 보르그토르가 말했다. "같은 새, 같은 사람입니다."

풀머에게서는 세월의 흔적이 거의 느껴지지 않았다.

탐사 마지막 날, 연구자 전원이 새벽 6시에 일어나 곤충 채집기를 점검하고 토양 시료 채취를 마무리한 뒤, 북쪽 곶 상공에 드론을 띄웠다. 그런 다음 오전 8시에 새 둥지를 조사하기 위해 다시 모였다. 1000제곱미터의 면적을 표시하기 위해 보르그토르가 약 18미터짜리 밧줄을 준비했다. 우리는 그 밧줄을 단단히 잡고 번식지 중심부에서 출발해 보르그토르를 중심으로 원을 그리며 걸었다.

누군가 "흐레이두르Hreidur!" 하고 외쳤다. 아이슬란드어로 "둥지"를 뜻하는 말이다. 첫 번째 원 안에는 빽빽이 자란 갯그령과 갯별꽃 사이, 풀이 동그랗게 시든 자리에 갈매기 둥지가 하나 있었다. 바닷새가 깃든 지 20년이 흐르는 동안, 발 아래 깔린 용암 지대는 틈새가 느껴지지 않을 만큼 부드럽고 폭신해져 트램펄린 위를 걷는 기분이 들었다. 허리까지 닿는 풀숲에서는 이따금 하얀 깃털이 흩날렸다.

우리는 최대한 소란을 일으키지 않으려 조심하며 새의 수를 세었다. 발밑에서 깍깍거리는 소리가 나서 내려다보니, 풀머 한 마리가 금방이라도 악취 나는 생선 내장을 뱉어낼 태세로 서 있었다. 나는 얼른 몇 걸음 뒤로 물러섰다. 갈매기들이 떠난 둥지는 마치 삐쭉 솟은 머리카락처럼 보였다. 작은 지푸라기 더미 위에는 깃털 몇 장과 아마도 알껍데기였을 잔해 몇 조각만이 남아 있었다. 뼛속 깊이 동식물학자인 나는 밧줄을 놓치지 않으려 애쓰며 풀밭을 통과했다. 풀밭 아래 감춰진 구불구불한 용암 지대는 마치 거센 바람을 맞으며 얼어붙은 바다처럼 단단하고 거칠게 느껴졌다.

"흐레이두르!"

그날 우리는 모두 34개의 둥지를 기록했다. 대부분은 초지 끝부분에 자리 잡아 서식지를 넓혀가고 있었다. 연구자들도 마치 바닷새처럼 날개에 의지해 흩어졌다. 헬기를 기다리던 중 내가 호텔 방을 예약할까 한다고 말하자 사진작가가 몸을 내 쪽으로 기울이며 말했다. "저 같으면 좀 더 기다려 보겠어요."

여기는 아이슬란드였고, 계획을 세우기에는 아직 이른 때였다. 헬기가 도착하기까지는 아직 20분가량이 더 남아 있었다.

이윽고 수평선을 가르며 다가온 헬기가 작은 착륙장에 내려앉았다. 우리가 머물던 연구 기지를 차지할 지질학자들이 내리는 모습을 지켜본 다음, 우리는 헤드폰을 쓰고 장비를 실었다. 헬기가 다시 이륙했다. 나는 목적지가 어디인지 전혀 알 수 없었다. 헤이마에이로 돌아가는걸까, 아니면 레이캬비크일까?

아이슬란드에는 "타훗타 랏다스트Thetta reddast"로 발음되는 비공식 좌우명이 있다. 간단히 말해 '다 잘될 거야'라는 뜻이다. 북대서양 상공으로 날아오르자 나는 헬기에 올라탄 히치하이커가 된 기분이었다. 마치 새의 배 속에 담겨 이곳에서 저곳으로 옮겨지는 씨앗처럼 말이다.

섬에 머문 시간은 고작 72시간 남짓이었지만, 밤이 찾아오지 않으니 영영 끝이 오지 않을 것 같았다. 곧 쉬르트세이가 시야에서 사라졌다. 해안경비대원 한 명이 내게 쪽지를 건넸다.

레이캬비크 18:15.

2019년, 우리가 처음 만났을 때 엘링은 막 일흔 번째 생일을 맞은 참이었다. 그는 마치 쉬르트세이처럼 북대서양의 바닷새와 물개가 빚어낸 사람 같았다. 아이슬란드에서 일흔은 일과 은퇴의 갈림길에 서는 미묘한 시기다. 하지만 마지막 탐사에서도 엘링은 희끗한 은발을 휘날리며 내게 이렇게 말했다. "늘 똑같이 설레죠. 배나 헬기에서 내리면 제일 먼저 모래를 한 움큼 퍼서 입을 맞춘답니다."

2020년 엘링이 마지막 여행을 마무리할 즈음, 쉬르트세이는 그와의 이별을 준비하지 못한 듯 보였다. 궂은 날씨 탓에 연구팀의 철수 일정이 하루 미뤄졌다가 며칠 더 연기되었다. 해안경비대의 헬기가 착륙장에 내리지 못했고 배편은 아예 고려할 수도 없었다. 보급품이 떨어지고 다음 탐사팀의 일정도 줄줄이 밀렸다. 결국 해안경비대가 밧줄을 내려 엘링과 팀원들을 섬에서 들어 올려야 했다.

 내가 용암 벌판과 주차장 사이에 자리한 건물 안 연구실로 그를 찾아갔을 때, 엘링은 수십 년간 아이슬란드 곳곳에서 직접 채집하고 박제한 딱정벌레, 파리, 거미 등 수천 마리의 곤충이 담긴 상자에 둘러싸여 있었다. 그는 다음 세대 곤충학자들을 위해 평생의 연구 성과를 정리하고 있었는데, 그 모습이 어쩐지 망명자처럼 보였다. 쉬르트세이를 떠나려니 마음이 무거운 모양이었다. 엘링은 눈물을 글썽이며 말했다. "목이 턱 막히더군요." 옆에 있던 보르그토르가 덧붙였다. "엘링은 이 섬에서 태어난 거나 다름없어요. 최소한 여기서 자랐다고는 할 수 있죠."

 엘링은 이번 해에도 탐사에 참여할까 고민했지만, 또다시 이별의 아픔을 겪을 용기가 나지 않는다며 아쉬워했다. 기지를 떠나기 전 들른 화장실 벽에는 바닷가에서 배변 중인 가마우지의 사진이 걸려 있었다. 엘링이 아끼는 사진 중 하나였다.

 먹고 싸고, 또 먹고 싸고.

 그러는 사이에 구아노 효과는 쉬르트세이를 넘어 멀리멀리 퍼져나간다. 바닷새는 북극과 남극을 비롯해 세계 곳곳의 섬에서 번식한다. 펭귄·슴새·알바트로스를 떠올려 보면 알 수 있듯, 전 세계 바닷새 배설물에 담긴 질소와 인산의 약 80퍼센트는 바닷새가 가장 많이 서식하는 남극해Southern Ocean에 집중되어 있다. 쉬르트세이에서 벌어진 일은 사실 전 세계의 섬에서 수백수천 년간 이어져 왔다. 남반구에 엄청나게 쌓인 구아노는, 전 세계가 페루에서 남태평양의 구아노 제도guano islands에 이르는 지역에 몰려들어 쟁탈전을 벌였을 정도로 귀중한 천연자원이다.

19세기, 유럽과 북미에서 출발한 범선들은 세계 곳곳의 외딴섬에 정박했다. 그 무렵은 고래기름과 새똥의 인기가 치솟던 시대였다. 고래기름은 북반구 대도시에서 조명 연료와 윤활제로 쓰였고, 새똥 즉 구아노는 양분이 고갈된 들판과 농경지에 질소와 인을 공급하는 귀한 자원이었다. 차차 설명하겠지만 당시 구아노는 세계 최고의 비료로 손꼽혔다. 그러나 채취 과정에서 섬의 은신처와 번식지가 파괴되면서 수많은 바닷새가 위험에 처했다. 채취자들은 토착종 바닷새를 먹고 사는 안데스콘도르나 매 같은 포식자를 쫓아냈고, 항구와 번식지를 오가며 새로운 포식자를 침투시키기도 했다. 그중에서도 가장 악명 높은 존재는 애급쥐였다.

랭커스터대학의 닉 그레이엄은 쥐가 있는 섬과 없는 섬은 하늘과 땅 차이라고 했다. 우리가 대화를 나눌 당시 그는 코로나19 사태가 끝나기를 기다리며 세 아이와 영국에 머물고 있었지만, 그 전에는 10년 넘게 인도양의 차고스제도Chagos Archipelago를 연구했다. 그레이엄의 설명에 따르면 난파선에서 탈출한 쥐가 상륙한 섬을 제외한 이 군도의 섬들은 생태적 특성이 대체로 비슷했다. 쥐와 같은 새로운 포식자의 등장은 토착 야생동물에게 바다에서 벌이는 룰렛 게임이나 다름없었다. 침입당한 섬에서는 바닷새 알과 새끼는 물론이고 성체까지도 먹잇감이 되었다. 이 설치류가 일으킨 파장은 생태계 전체로 번져나갔다.

"쥐가 살지 않는 섬에 들어서면 하늘에 바닷새가 가득합니다. 새들이 일으키는 불협화음으로 시끄럽고요. 비가 온 직후에는 특히 구아노와 암모니아 냄새가 진동하죠. 사방이 정말 풍요롭고 자극적이면서 소란스러워요." 그레이엄의 설명이 이어졌다. "하지만 쥐가 있는 섬에 들어가 보면 바닷새가 거의 보이지 않아요. 하늘이 텅 비어 있죠."

냄새도 나지 않고, 들리는 것은 그저 해변에 부딪히는 잔잔한 파도 소리뿐이었다. 이런 차이가 섬의 산호초와 식생에 어떤 영향을 줄까? 그레이엄은 그 답을 찾기 위해 호주연구위원회Australian Research Council로부터 받은 지원금 잔액을 탈탈 털어 모험을 감행했다. 그는 동료들과 함께 쥐가 유입된 섬과 쥐가 침입하지 않은 섬에서 토양 시료와 해안 관목의 새잎을 채취하고, 스노클링을 하며 산호초 평원으로 나가 대형조류macroalgae와 독립 해면동물solitary sponge을 채집했다. 조사 초기부터 바닷새의 개체 수는 뚜렷한 차이를 보였는데, 쥐가 없는 섬의 경우 바닷새가 750배 더 많았다. 새가 많다는 것은 똥도 많다는 뜻이다. 그리고 그 똥은 질소라는 형태로 섬에 축적되어 토착 동식물에 막대한 자원이 된다. 실제로 쥐가 없는 섬의 토양에는 그렇지 않은 섬보다 질소가 250배 더 많이 쌓여 있었다.

연구팀은 산호가 심해로 떨어져 내리는 능선 지점까지 잠수해 물고기 수를 세고, 떼조류와 해초를 먹고 사는 보석자리돔을 채집했다. '산호초의 정원사'로 알려진 보석자리돔은 조류에 양분을 공급하는 물새우와 그 똥을 관리하며 사실상 조류 농장을 돌보는 역할을 한다. 바닷새가 서식하는 섬 주변의 산호초 지대에는 바닷새가 없는 섬보다 어류 생물량이 50퍼센트 더 많았다. 산호초들은 낚시꾼의 침입을 받은 적이 없고 형태도 이미 안정된 상태였다는 점을 고려하면 더욱 놀라운 결과였다.

그레이엄과 동료들은 이제 바닷새가 어류 번식에 미치는 영향에 관심을 기울이고 있다. 영양분이 풍부한 환경에서는 어류의 번식율이 높아지고, 그렇게 늘어난 개체들이 인근 섬으로 퍼져나가면서 그 어류를 먹고 사는 새들의 발자국, 즉 '새똥 발자국poop-print'도 함께 늘어날 것으로 본다.

그런데 양분이 지나치게 많으면 산호에 해가 되지 않을까? 하수 처리가 부실한 도시 해안에서 산호초가 사라졌듯이 말이다. 그레이엄은 실제로 양분 과잉이 산호초에 해로울 수 있다고 지적하는 연구자들이 있다고 했다. 주로 비료나 하수 등 인간의 활동에서 유래하는 물질이 문제인데, 특히 하수에는 인보다 질소가 훨씬 많이 포함되어 있다. 이런 물질이 바다로 흘러 들어가 산호가 질소에 과도하게 노출되면 공생 조류를 내쫓게 되고, 그 결과 스트레스를 받아 백화 현상을 겪는다. 산호의 백화 현상은 보통 수온 상승 때문에 발생하지만 질소 과잉으로 인한 대사 불균형도 원인이 된다.

"하지만 바닷새의 구아노처럼 질소와 인이 적절히 섞인 양분이 더 많이 공급되면, 산호는 오히려 더 빠르게 자라요." 그레이엄의 설명이다. 이러한 조건에서는 수온이 다소 높더라도 산호가 공생 생물을 유지한 채 건강하게 생존할 수 있으며, 결과적으로 기후 변화에 따른 열 스트레스에 대한 저항력도 높아질 수 있다.

새의 똥, 알, 사체가 식물 생장을 돕는다는 사실은 쉬르트세이를 포함한 여러 지역의 연구를 통해 이미 잘 알려져 있다. 하지만 이러한 자연의 보조 양분에 해양 어류도 반응한다는 사실은 최근에야 밝혀졌다.

조류 조사를 마친 뒤, 나는 보르그토르와 함께 쉬르트세이 남쪽 절벽 끝자락에 앉았다. 아래쪽에서 암석이 조금씩 무너져 내리는 소리가 들렸다. 해안을 따라 걸을 때 발에 걸리던 둥근 용암 덩어리들을 보며 수십 년은 되었을 거라고 짐작했는데, 보르그토르는 대부분이 불과 몇 달 전 바다로 떨어져 파도에 깎인 것이라고 설명했다.

끝없이 이어지던 그 여름날 오후, 나는 까만 용암 위로 하얗게 부서지는 물보라를 하염없이 바라보았다. 문득 하늘을 올려다보니, 절벽으로 돌아오는 바닷새들이 마치 야구공의 바느질 자국처럼 하늘을 수놓고 있었다. 새들은 앞바다에서 열빙어와 까나리, 크릴로 배를 채운 뒤 새끼들에게 줄 먹이를 담아 오는 중이었다. 그때 풀머 한 마리가 머리 위로 스쳐 지나갔고 절벽 위로는 퍼핀 한 마리가 빙빙 돌고 있었다. 바다에서 돌아온 까만 바다쇠오리들은 하얗게 흘러내린 분변 자국을 따라 날개를 파닥이며 둥지로 파고들었다. 검은등갈매기들은 머리 위에서 소리를 내며 대열을 이루어 풀밭으로 날아갔다. 이들은 다른 곳에서는 피자 한 조각을 두고 싸우는 흔한 갈매기에 불과할지 몰라도, 쉬르트세이에서만큼은 언제까지나 근사한 바닷새로 남을 것이다.

섬에서는 이제 서서히 침식시키는 물리적 힘과, 황량한 팔라고나이트 기슭에 양분을 쌓고 생물량을 축적해 가는 생물학적 힘 사이의 줄다리기가 한창이다. 쉬르트세이에 서식하는 바닷새 중 상당수는 섬을 이루는 바위보다 나이가 많으며, 몇몇 풀머는 섬이 생겨나기 이전부터 존재했을 가능성도 있다.

이 섬은 불모지에 생명체가 어떻게 자리 잡아 가는지를 거의 처음부터 관찰할 수 있는 특별한 기회를 제공한다. 잠시 스쳐 지나가는 방문객에게도 깊은 인상을 주지만, 생물학자에게는 연구 인생 전체를 바칠 만한 대상일 것이다. 학계와 정부, 비영리 부문을 오가는 젊은 연구자들이 늘어나며 연구팀의 이직률이 높아지고 있다는 말도 들리지만, 쉬르트세이 연구팀은 예외였다. 보르그토르와 엘링을 포함해 많은 과학자들이 해마다 섬을 찾으며 꾸준히 연구에 참여해 왔다. 퇴직을 앞둔 보르그토르에게는 이번 탐사가 마지막이 될지도 모른다.

영원한 것은 없다. 동쪽에 있는 작은 섬 몇 곳은 약 5000년 전에 생겨난 뒤 점차 침식되어 이제는 흰부비새가 둥지를 튼 가파른 절벽과 현무암 파편, 그리고 몇 종 안 되는 식물이 자라는 풀밭만이 남아 있다. 이 작은 섬들은 쉬르트세이의 미래를 암시한다. 쉬르트세이는 오래된 바닷새 절벽이 얼마나 유연하고 끊임없이 변해왔는지를 보여준다.

약 1.2제곱킬로미터 면적이었던 쉬르트세이는 생성 후 50년 만에 절반 가까이 줄어들었다. 절벽은 더 가파르게 깎였고 북쪽의 곶은 요정의 모자처럼 뾰족해졌다.

"나중에는 퍼핀이 이 섬을 차지하겠지요." 보르그토르가 말했다. 부리가 밝고 사랑스러운 이 바닷새는 가파른 절벽이 있는 이웃 섬들에서처럼, 무성한 풀밭 아래로 굴을 파고 들어가 둥지를 틀 것이다(전 세계 대서양 퍼핀의 절반 이상이 아이슬란드에 서식한다). 부서지기 쉬운 용암은 바다로 떨어져 나가고, 바닷물에 닿아 굳은 단단한 현무암질 유리인 팔라고나이트만 남게 될 것이다.

"아마도 1만 년이나 1만 5000년쯤 뒤에는 쉬르트세이도 사라지겠지요."

보르그토르가 담담하게 말했다.

"하지만 언젠가는 또 다른 폭발이 일어나 새로운 쉬르트세이가 생겨날 거예요."

2.
깊은 바닷속으로

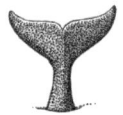

 광활한 바다에서는 동물의 존재가 그리 중요해 보이지 않는다. 수면 위에서 바라본 바다는 어디나 비슷해 보이고, 그 움직임은 대부분 바람과 해류 같은 물리적 힘에 달려 있다. 이 무대를 이끌어가는 주역은 식물성플랑크톤이다. 제곱킬로미터당 수조 개 이상 분포할 정도로 밀도가 높아 먹이그물의 기초를 이루며, 햇빛과 이산화탄소를 비롯한 여러 영양분을 흡수해 계절에 따라 증식한다. 이 과정을 통해 동물성플랑크톤과 어류는 물론, 궁극적으로는 지구상에서 가장 큰 동물인 고래에게까지 먹이가 제공된다.

 만약 운이 좋아 고래를 가까이에서 보고, 숨소리를 듣고, 입 냄새를 맡으며 바닷물의 짠맛을 느낀다면, 텅 비어 보이던 바다가 전혀 다르게 보일 것이다. 이 거대한 포유류가 배설물을 통해 광합성의 주요 동력 중 하나에 영향을 주어 지구의 생산성 자체가 달라진다면 어떨까. 바닷새들이 쉬르트세이에 몰려들면서 식물에게 새로운 생존의 길이 열렸던 것처럼 말이다.

 1990년대에 나는 뉴잉글랜드수족관의 긴수염고래연구단Right Whale Research Project에서 자원봉사자로 일하며 멸종위기에 처한 고래종을 보호하기 위한 활동에 동참했다. 우리는 약 9미터 길이의 연구선을 타고 메인주에서 캐나다 해안의 펀디만까지 항해했다. 나는 보초를 맡았다. 주최 측 설명에 따르면 여과섭식filter-feeding 고래들은 만의 진흙투성이 바닥까지 잠수했다가 수면으로 올라와 통나무처럼 둥둥 떠서 휴식을 취한다고 했다.

연구선이 그랜드매넌섬을 지날 무렵, 동쪽에서 어두운 물체가 눈에 들어왔다. 우리는 멈춰 서서 쌍안경을 들고 반짝이는 만의 표면을 살펴보았다. 수면에 떠 있는 고래인 줄 알았던 그 물체는 파도에 떠밀려 온 가문비나무였다.

가짜에 속은 지 얼마 지나지 않아 저 멀리 희미한 안개가 보였다. 가까이 다가가자 긴수염고래 특유의 까만 얼굴과 V자 형태로 뿜어져 나오는 물줄기가 보였다. 한 연구원이 그 고래가 1227번 성체 수컷 고래임을 알려주었다(훗날 이 고래는 새끼를 세 마리 얻게 되고 지금도 이 지역에서 자주 목격된다). 실버라는 애칭으로 불리는 이 고래는 수면 위로 올라와 몇 차례 숨을 들이쉬더니 넓고 검은 꼬리를 들어 올렸다. 그러고는 다시 물속으로 파고드는 순간, 벽돌색 띠 모양의 거대한 덩어리를 뿜어냈다.

"똥이다!"

누군가 소리쳤다. 바로 그때 짠 내와 썩은 내가 뒤섞인 지독한 악취가 우리를 덮쳤다. 그 분변 덩어리는 내 인생의 새로운 출발점을 알리는 신호탄이 되었다. 그때만 해도 앞으로 20년 넘게 고래 꽁무니를 쫓아다니며 분변을 채집하게 될 줄은 상상조차 하지 못했다.

고래는 최소 1000년 동안 상업적으로 포획되어 왔다. 포경업자들이 고래수염과 기름을 얻기 위해 사냥 범위를 확장하면서, 전 세계적으로 고래 개체 수가 크게 줄었다. 20세기 초에 들어서자 포경업자들은 폭발형 창과 디젤 추진선, 심지어 대왕고래도 처리할 수 있는 공장선까지 갖추고 다녔기 때문에 어떤 고래도 이들의 손아귀에서 벗어날 수 없었다. 1960년대에 이르러서는 수많은 종이 멸종위기에 처했고, 북대서양의 긴수염고래는 100마리 이하로 줄어든 것으로 추정되었다. 남극해의 광활한 포경 구역에서는 대왕고래의 99퍼센트가 사라졌다.

이러한 흐름은 1970~1980년대에 이르러서야 멈추기 시작했다. 미국의 해양포유류보호법과 국제포경위원회의 상업 포경 금지 조치 등 일련의 보호 정책 덕분이었다. 멸종위기에 처했던 고래 개체 수가 회복되자 세계적으로 환영하는 분위기가 형성되었지만 반발도 있었다. 1990년대에 들어서면서 일본을 비롯한 일부 포경 국가는 상업 포획을 적극 옹호하기 시작했다. 일본에서는 포경이 중요한 문화유산이자 전통이라는 주장 외에도 두 가지 이유를 더 들었다. 첫째, 고래가 많은 물고기를 먹어 치우기 때문에 개체 수가 지나치게 늘어나면 어업 공동체에 부정적인 영향을 미친다는 점. 둘째, 고래는 보호나 관리가 쉽지 않은 대상이라는 점이었다.

일본 측 주장에 따르면 당시 (주로 일본, 노르웨이, 아이슬란드에서 사냥하는) 작은 밍크고래의 개체 수 증가로 참고래나 대왕고래처럼 멸종위기에 처한 대형 고래가 밀려나고 있다고 했다. 포경업자들은 늘어난 밍크고래를 포획함으로써 멸종위기에 처한 대형 고래와의 먹이 경쟁을 줄여준다고 주장했다.

그때는 고래와 다른 생물종을 그저 소비자로 바라보는 시각이 일반적이었다. 같은 시기의 해양 포유류 생태학도 먹이 활동, 즉 생물종 간에 이루어지는 소비적 상호작용에 주로 초점을 맞추고 있었다.

1997년 나는 플로리다대학에서 석사 과정을 이수하며 해양생태학 수업을 들었다. 그 무렵 최신 유전공학 기술을 활용해 상업적으로 유통되는 고래 상품을 조사하는 연구자들과 함께 일본에 다녀온 뒤였는데, 그래서인지 내 머릿속에는 '고래는 우리가 먹을 물고기를 잡아먹는 존재'라는 말이 계속 맴돌고 있었다. 이후 조사 결과, 일본 내 시장과 초밥집에서 판매되는 고래 고기 중 일부가 국제법상 포획이 금지된 멸종위기종으로 드러났다. 이 일로 나는 고래를 포함한 해양생물을 관리하는 기존 접근 방식에 문제가 있지 않을까 하는 의문을 품게 되었다.

아마도 내가 강의실 뒤편에서 딴생각에 빠져 있을 때였을 것이다. 동물학자이자 유충생태학자인 래리 매케드워드 교수가 칠판에 **생물 펌프**biological pump를 그렸다. 이 개념은 탄소와 여러 원소가 해수면에서 심해로 이동한다는 관점에 기반을 둔 생물 해양학의 핵심 이론이다. 해수면에 빛이 들어와 광합성이 일어나고 대기와 해수 사이에서는 이산화탄소의 교환이 일어난다. 식물성플랑크톤, 동물성플랑크톤, 그리고 물고기 등은 죽은 뒤 바다 밑으로 가라앉으며 탄소 등 다양한 영양소를 함께 운반한다. 이러한 이동은 동물성플랑크톤의 수직 이동 과정에서도 이루어진다.

동물성플랑크톤의 수직 이동은 매일 반복되며, 규모로 따지면 지구상에서 가장 큰 동물 이동 현상이다. 크릴과 요각류 같은 동물성플랑크톤은 밤에는 해수면에서 식물성플랑크톤을 먹고, 낮에는 포식자를 피해 바다 깊은 곳으로 내려간다. 이들이 심해에서 배설하고, 또 그곳에서 생을 마감하면서 매년 수십억 톤에 달하는 탄소가 심해로 유입된다. 광합성이 일어날 만큼 충분한 빛이 드는 곳은 표층뿐이어서, 표층수의 영양소는 고갈될 수 있으나 심해에는 고스란히 쌓인다.

영양소가 적고 따뜻한 표층수와, 영양소가 풍부하고 차가운 심층수로 나뉘는 이러한 층상 구조는 주로 여름에 형성된다. 햇빛은 풍부하지만 바람이 약해 수층이 잘 섞이지 않기 때문이다. 마치 경작기가 지난 텃밭처럼 표층에서는 점차 영양소가 고갈된다. 그러나 일부 해안 지역에서는 바람과 용승 작용으로 인해 가라앉았던 영양소가 다시 표층으로 올라오기도 한다.

한편 **해양눈**marine snow이라 불리는 미세한 생물 입자는 동물의 분변, 식물성플랑크톤의 사체 등 미세한 유기물 찌꺼기가 뭉쳐 바다 밑으로 천천히 내려가는 유기 잔해로 심해에 가라앉는다. 이러한 해양눈과 동물성플랑크톤의 수직 이동을 통해 영양소는 광합성이 일어날 수 없을 만큼 빛이 부족한 무광층aphotic zone까지 옮겨진다. 이처럼 생물 펌프는 탄소, 질소, 인, 철과 같은 영양소를 심해와 해저로 전달하고 저장하는 데 중요한 역할을 한다.

그런데 그날 강의실에서 본 매케드워드의 생물 펌프 그림에는 중요한 내용이 빠져 있었다. 나는 긴수염고래들이 깊은 바다에서 10~15분 정도 먹이 활동을 하고 턱에 진흙이 묻은 채 수면으로 떠오르던 모습을 떠올렸다. 대부분의 동물은 대체로 하루에 한 번

1997년 플로리다대학 해양생물학 수업 중 공책에 그린 고래 펌프.
('점심 먹기'는 내 일정이다. 밥때를 메모해 가며 챙겨야 했던 대학원생 시절이었다.)

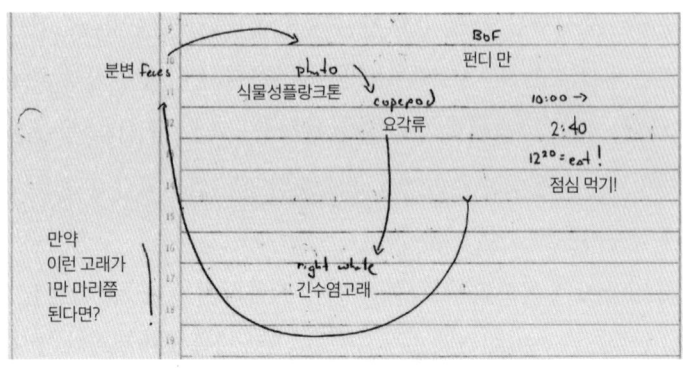

위아래로 이동하지만, 고래처럼 숨을 쉬는 척추동물은 수면과 심해를 여러 차례 오간다. 잠수는 에너지가 많이 드는 활동이어서 이들은 먹이를 찾는 동안 기본적인 대사 과정을 일부 차단한다. 그러고는 수면으로 돌아와 호흡하고 휴식하며 소화를 시키고, 때때로 다시 잠수하기 직전에 거대한 분변을 내보내기도 한다. 나는 문득 이것이 생물 펌프와는 정반대라는 생각이 들었다. 동물이 양분을 심해로 보내는 것이 아니라 오히려 수면으로 끌어 올리고 있었기 때문이다.

나는 그동안 바다에서 본 것들을 떠올리며 공책에 도표를 끄적였다. 만의 바닥에서 요각류를 먹은 뒤 수면으로 올라와 숨 쉬고 똥을 싸는 긴수염고래와 내가 짐작한 현상, 즉 고래 똥에 담긴 양분을 흡수한 식물성플랑크톤이 요각류의 먹이가 되고 궁극적으로는 고래에게 먹히는 과정을 말이다. 이후 나는 그 그림을 잊은 채 여러 차례 이사를 다니는 동안 어디 있는지도 모르고 지냈다. 그래도 그 내용만큼은 줄곧 내 머릿속에 남아 있었다. 그러던 어느 여름, 단열 공사를 하느라 다락에 쌓아둔 물건을 치우던 중 우연히 낡은 술 상자에 담겨 있던 해양생태학 공책을 발견했다. 거기에는 내가 처음 끄적였던 낙서가 남아 있었다.

바다에서 대형동물이 생태적으로 중요한 존재일 수 있을까?
플로리다대학의 동료들과도 이 발상에 대해 논의하긴 했지만, 몇 년 뒤 하버드에서 친한 친구이자 멘토인 짐 매카시와 저녁을 먹으며 대화를 나누던 중에야 비로소 이 가능성에 귀를 기울여줄 해양학자를 만날 수 있었다.

고래는 덩치도 크고 온 바다를 누비는 범세계적인 존재이니 당연히 중요하다고 생각할 수도 있다. 그러나 20세기에 발달한 해양학 분야의 시각은 달랐다. 내가 알고 지낸 대부분의 생물해양학자들은 영양소, 해류, 식물성플랑크톤, 동물성플랑크톤 사이의 관계를 더 중시했다. 하지만 매카시는 유연한 사고를 가진 데다 영양소 이동을 측정하는 기술까지 갖춘 해양 질소 순환 전문가였다.

이 작업에 담긴 의미를 이해하려면 우선 해양 생태계의 기본 구조부터 짚고 넘어가는 것이 좋다. 메인만을 포함한 북대서양 해역에서는 겨울철에 바닷물이 고루 섞여 영양분이 풍부해지는 반면, 바람과 햇빛은 부족해 식물성플랑크톤의 성장이 제한된다. 그러다 봄이 되면 수온이 오르면서 **수온약층**thermocline이라 불리는 얇은 층이 형성된다. 식물성플랑크톤은 햇빛이 풍부하고 겨우내 잘 혼합된 영양분도 있는 표층에 머물며 활발히 성장한다. 그 결과 해수면은 **봄철 대번식**~spring bloom~의 무대가 된다.

요각류나 크릴 같은 동물성플랑크톤은 이 기회를 놓치지 않고 표층으로 올라와 먹이 활동을 시작한다. 이들을 노리는 청어나 까나리 같은 작은 물고기들도 뒤따라 나타난다. 이들은 대개 밤이 되면 포식자를 피해 심해의 무광층에 몸을 숨긴다. 이렇게 바다에 온갖 먹잇감이 넘쳐나자 참치, 바닷새, 물개, 고래 같은 대형 포식자들까지 이 지역으로 몰려든다.

여기서 고래가 등장한다. 고래는 먹이를 찾아 잠수했다가 해수면으로 올라와 숨을 쉬고 소화하는 과정에서 수온약층을 가로질러 질소 등 부족한 영양소를 위로 옮긴다. 깊고 차가운 바닷속에 갇혀 있던 영양소가 밝고 따뜻한 수면으로 이동해 광합성에 활용되는 것이다. 고래는 수층의 경계를 가로질러 헤엄치며 똥과 오줌을 배출함으로써 깊은 곳의 영양소를 끌어 올린다. 특히 여름철로 접어들면 표층의 영양소가 점차 고갈되기 시작하는데, 바로 이 시기에 고래는 자신이 먹이 활동을 하는 바다에 비료를 제공하는 역할을 한다.

고래, 바닷새, 돌고래, 물범 등 바다에서 먹이를 찾지만 호흡을 위해 수면에 머무는 동물은 모두 메인만에서 질소 순환에 기여한다. 그중에서도 가장 큰 역할을 하는 존재는 몸집이 거대한 고래다. 이는 포경 산업이 시작되기 전, 수백 년 전에는 고래 개체 수가 지금보다 훨씬 많았다는 사실을 떠올리면 더욱 놀라운 일이다. 우리가 집계한 바로는 해마다 메인만에서 고래들이 수면으로 끌어 올리는 질소가 2만 4000톤에 이르렀는데, 이는 강을 통해 자연적으로 흘러드는 양분을 모두 합친 것보다 많은 양이다.

한 동료가 이 과정을 가리켜 **고래 펌프**whale pump라 이름 붙였다. 2000년대 후반 매카시와 나는 이 개념을 바탕으로 만든 모델을 정리해 주요 학술지에 투고했지만 거절당하고 말았다. 해양학계는 여전히 상향식 과정에 주목하고 있었다. 해양생태계는 박테리아와 식물성플랑크톤 같은 작은 존재들이 이끈다며, 고래 몇 마리가 뚜렷한 차이를 만들기는 어려울 거란 회의적인 시선이 많았다. 그러면서도 이 작용이 그동안 간과되어 온 중요한 지점일지도 모른다며 관심을 보인 심사자도 있었다. 그는 우리가 연구하는 곳에서 멀지 않은 뉴잉글랜드 해안에 유영하는 고래 떼를 언급하며, 현장에 나가 시료를 채취해 고래 분변이 생태계에 직접적으로 어떤 영향을 미치는지 측정해 보라고 제안했다.

처음부터 다시 시작하라는 말은 듣고 싶지 않았다. 그런데 마침 그해 매사추세츠 연안의 스텔웨건 뱅크Stellwagen Bank에서 혹등고래에 흡착식 추적기를 부착해 수중 이동을 추적하던 동료 연구진이 있어, 나도 6월에 그 팀에 합류했다. 우리는 혹등고래의 분변을 최대한 많이 채취했고 이따금 참고래 시료도 확보했다.

언젠가 과학 전문매체 《파퓰러 사이언스Popular Science》에서 과학계 최악의 직업으로 '고래 배설물 연구자'를 꼽았지만, 내 생각은 다르다. 나는 그 안에서 바다 생태계의 복잡함과 아름다움을 본다. 고래의 분변은 형광 녹색일 때도 있고 선홍색을 띠기도 한다. 때로는 배설물에 섞인 비늘이 햇빛을 받아 윤슬처럼 반짝이기도 한다. 하나하나가 모두 제각기 다르다. 눈 결정이 저마다 다르듯.

고래 분변이 눈 결정만큼 아름답다고 말하긴 어렵겠지만, 그

남태평양 향유고래의 분변
(토니 우 제공)

형태만큼은 놀라울 정도로 다양하다. 이를테면, 지질이 풍부한 갑각류를 먹은 고래가 싼 똥은 선홍색 덩어리로 물 위를 떠다니는 경향이 있다(탄소와 에너지가 풍부한 분자인 지질은 주로 지방이나 비계 blubber 형태로 존재한다). 반면, 물고기를 먹은 고래의 분변은 과하게 우린 녹차 같다. 정체를 알 수 없는 성분이 뒤섞여 묘한 형태를 이룬다.

어느 날 오후 우리는 배 뒤쪽에서 길고 거대한 물체를 목격했다. 뱃고동처럼 깊게 울리는 소리와 함께 물 위로 호를 그리며 나타난 고래의 청회색 옆구리에서 스테인리스처럼 번뜩이는 빛이 보였다. 커다란 참고래 한 마리가 몸집에 비해 작은 등지느러미를 보이고는 고속 열차처럼 우리 곁을 스쳐 지나갔다. 물 위에 남은 자취에 붉은 배설물이 떠 있었다. 크릴이었다.

고래 분변은 냄새도 가지각색이다. 물고기를 먹은 혹등고래와 참고래가 싼 똥에서는 비교적 옅은 냄새가 나고, 크릴이나 요각류를 먹은 개체의 똥은 좀 더 강한 냄새를 풍긴다. 가장 고약한 것은 북대서양 긴수염고래의 분변으로, 냄새가 너무 심해 옷에 한 번 배면 좀처럼 빠지지 않을 정도다.

채집한 분변을 살펴보면서 우리는 무엇을 찾아냈을까? 각 분변에는 동물의 배설물에서 흔히 나타나는 질소 화합물인 암모니아가 상당량 포함되어 있었다. 이 질소는 식물성플랑크톤에서 유래했을 가능성이 크다. 한편 인Phosphate도 많이 검출되었는데, 이 역시 생물에게 꼭 필요한 영양소다. 만에서 고래가 흔히 보이는 시기는 고래의 역할이 가장 중요해지는 여름이다. 바닷속 깊이 가라앉은 영양분은 수온약층에 가로막혀 위로 올라오지 못한다. 고래는 그 위의 수면층으로 암모니아와 인 같은 필수 영양소를 끌어 올린다. 이 과정에서 식물성플랑크톤이 자라고 이를 먹은 동물성플랑크톤과 물고기가 다시 고래의 먹이가 된다. 결국 고래가 많을수록 물고기도 늘어난다. 이렇게 양이 많아질수록 그 효과가 증폭되는 구조를 **양의 되먹임 구조**positive feedback loop라고 한다. 고래는 바로 이런 선순환을 만들어낸다.

근본적으로 생물의 생애 주기는 다 비슷하다. 동물을 오래 관찰하다 보면 배설하는 모습을 보게 되고, 결국엔 죽는 순간까지도 지켜보게 된다. 그러나 고래는 온종일 쫓아다녀도 분변을 발견하기 어렵고 이를 채취하기는 더욱 힘들다.

생물 펌프는 탄소를 포함한 영양소를 심해로 밀어 넣는 기제로, 1970년대부터 알려지기 시작했다. 이에 반해 이 책에서 소개하는 **고래 펌프**는 비교적 새로운 개념으로, 해양 포유류를 비롯한 공기 호흡 척추동물이 질소·인·철 등의 영양소를 해수면으로 끌어올려 식물성플랑크톤과 같은 1차 생산자가 이를 흡수할 수 있도록 돕는 작용을 말한다.

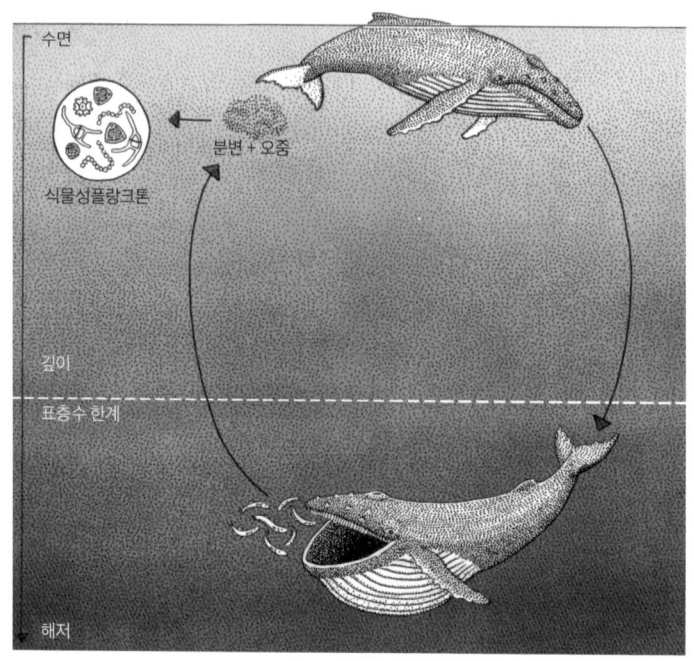

어느 날 오후, 펀디만의 그랜드매넌섬 근처에서 큰수염고래 한 마리가 우리 쪽으로 다가왔다. 그러고는 다시 잠수하기 직전 흰색의 반짝이는 물체를 남겼는데, 갓 잡아먹은 듯한 물고기에서 떨어진 비늘이었다. 우리가 다가갔을 때는 이미 자취를 감춘 뒤였다. 아, 놓쳐버렸다. 똥을!

어떻게 하면 고래 똥을 확보할 수 있을까? 약 20년 전, 뉴잉글랜드수족관 소속 과학자 로즈 롤런드와 스콧 크라우스가 기발한 아이디어를 떠올렸다. 두 사람은 수년째 고래의 똥에서 호르몬을 분석해 스트레스 수준과 번식 상태를 파악하는 작업(분변 임신 진단)을 해왔는데, 시료를 구하기가 쉽지 않았다. 그러다 궁리 끝에 곰이나 퓨마, 아프리카 들개처럼 추적하기 쉽지 않은 육상 동물의 똥을 찾아내는 '분변 탐지견'을 떠올렸다. 이 개들이라면 해상에서도 고래의 똥을 찾아낼 수 있지 않을까?

롤런드와 크라우스는 팩리더PackLeader라는 탐지견 훈련 기관의 바버라 대븐포트에게 연락해 여름 동안 임무를 수행할 개가 있는지 물었다. 마침 두 마리의 탐지견이 있다는 답이 돌아왔다. 그중 한 마리인 파고는 체중이 약 40킬로그램에 달하는 여섯 살짜리 로트바일러였다. 원래는 노부인의 반려견으로, 주인이 요양원에 들어가면서 당시 워싱턴주 교정국 소속이던 대븐포트의 탐지견으로 일하게 되었다. 한동안은 코카인과 각종 마약을 탐지하다가 꿈의 직업이라 할 만한 임무를 맡게 되었으니, 바로 야생동물의 똥을 찾아내는 일이었다. 파고는 그동안 서부의 산과 숲에서 수많은 동물 똥을 찾아냈지만, 바다에서는 일해본 적이 없었다. 파고의 동료인 밥은 유기견 보호소에서 구조된 믹스견으로 후각과 기질이 대단히 뛰어났다.

이들을 동반한 분변 탐지 작업은 어떻게 진행되었을까? 육지에서 개는 냄새를 따라가다 흔적이 사라지면 경로를 변경하고 냄새가 강해질수록 목표물을 향해 접근한다. 초목이 빽빽한 곳이나 거친 지형에서는 냄새가 묻힐 수 있어 생각보다 어려운 작업이다. 하지만 바다 위는 다르다. 냄새가 숨어들 구석이 없으니 오히려 더 쉬울 수도 있다. 문제는 개가 아니라 사람 쪽이다. 냄새를 포착한 개의 온갖 몸짓 언어(코를 겨누고, 자세를 바꾸고, 꼬리를 흔드는 동작들)를 읽어내려면 연구자도 기술과 경험, 직관이 필요하다. 파고는 꼬리가 잘린 개였다. 냄새를 맡으면 흔들리는 그의 짧은 꼬리를 두고 동료들은 "행복한 2.5센티"라 부르곤 했다.

얼마 지나지 않아 우리도 직접 냄새를 맡게 되었다. 멀리서 고래 똥 냄새를 감지하려면 개처럼 예민한 후각이 필요하지만, 한 100미터 안쪽에서는 사람 코로도 그 복합적인 향을 맡을 수 있다. 기름과 으깬 갑각류가 뒤섞인 살짝 시큼한 향이다. 연구자는 해수면을 지켜보면서 하루에 한두 개 정도의 시료를 채취할 수 있었지만, 파고는 한 시간에 한 번꼴로 똥을 찾아냈다. 롤런드는 이 속도를 "단위 노력당 똥poops per unit effort"(경제 용어인 '단위당 가격price per unit'을 비튼 말)*이라고 표현했다. 파고가 받은 보상은? 테니스공 하나와 롤런드와의 줄다리기였다.

실제로 파고는 약 2킬로미터 밖에서도 긴수염고래 똥을 감지해 낼 만큼 대단한 후각을 입증했다. 하지만 그런 파코에게도 결점이 하나 있었으니, 바로 뱃멀미였다. 출항 전 수의사는 파고에게 메스꺼움 방지용으로 베나드릴Benadryl(알레르기 치료용으로 개발된 항히스타민제) 25밀리그램을 투여했다. 그런가 하면 밥에게는 더 큰 문제가 있었다. 고래를 무서워해서 고래가 나타나면 배 밑바닥에 웅크리곤 했다. 그렇게 여름 한 철을 바다에서 보낸 뒤 밥은 은퇴해 버몬트주의 농가로 떠났다.

개를 투입할 수 없게 되자 우리는 '구애하는 고래 무리'를 찾는 쪽으로 방향을 돌렸다. 긴수염고래는 여름 내내 먹이 활동을 하며 지낸다. 그랜드피아노만 한 크기의 수염판으로 해수면을 훑기도 하고, 바닷속 깊이 잠수했다가 머리에 진흙을 묻힌 채 다시 해수면으로 오르기도 한다. 이들이 주로 찾는 먹이는 북대서양에서 가장 흔한 요각류인 칼라누스 핀마르키쿠스로, 워낙 작아서 숟가락 하나에 1만 마리가 들어갈 정도다.

먹이 활동 외에도 고래들은 때때로 구애나 집단 활동을 하기 위해 해수면에서 무리를 짓는다. 그럴 때면 수평선 너머로 작은 은빛 폭죽 같은 물줄기를 뿜으며 수면 위를 구르는 무수한 꼬리와 가슴지느러미가 눈에 띈다. 구애 집단에서는 두 마리, 많게는 40마리가 넘는 수컷이 암컷에게 접근하기 위해 몸싸움을 벌인다. 무리 짓기가 몇 시간씩 이어지는 동안 고래의 격동에 휩싸이는 바다는 활기를 띤다. 암컷 고래는 종종 배를 뒤집어 생식기를 수면 위로 드러낸 채 떠 있는데, 이는 교미를 피하려는 행동이거나 숨을 참고 접근할 기회를 노리는 수컷 중 약한 개체를 걸러내려는 시도로 보인다. 간혹 눈에 띄는 바다뱀 같은 물체는 수컷의 성기다. 길이가 3미터에 달하는 긴수염고래 수컷의 성기는 동물 중에서 가장 큰 축에 속하며, 손가락처럼 자유자재로 움직일 수 있다.

암컷은 등을 보이며 헤엄치다 똥을 싸곤 하는데, 그 모습이 폭발하는 화산을 연상시키며 '똥 화산'이라 부를 수밖에 없는 장면이다. 그 순간 고래 무리가 수평선을 가르며 몰려왔다. 그들도 냄새에 이끌린 걸까? 우리는 플랑크톤 채집망을 내려 조심스레 똥을 채취해 유리병에 옮겨 담았다. 이후 분석 결과 그 분변에서 고농도의 질소와 인이 검출되었고, 여기에 바닷물을 섞자 식물성플랑크톤의 성장 속도가 두 배로 증가했다. 적어도 긴수염고래의 경우, 교미와 생산성 사이에 일정한 상관관계가 있음을 확인한 셈이다.

그동안 동물이 생태계에 미치는 영향을 다룬 연구는 주로 질소와 인에 집중되어 있었다. 왜 이 두 원소에 주목하는 걸까? 바로 생태계에서 제한적으로 존재하는 자원이기 때문이다(질소는 대기 중에 풍부하지만 비활성 기체 상태라 대부분의 동식물이 직접 이용할 수 없다). 이 두 원소가 없으면 생명체의 구조가 허물어지고, 거의 모든 동식물 세포에 자리한 생명 활동의 엔진인 미토콘드리아는 연료를 잃고 멈출 수밖에 없다.

우리는 숨을 쉬고 물을 마시는 일상적인 과정에서 산소와 수소라는 필수 원소를 얻는다. 여기에 더해, 먹는 행위로 생명 유지에 꼭 필요한 또 다른 요소인 에너지와 원료를 몸에 보충한다. 대부분의 동물처럼 우리도 종속영양생물이기에 살아가기 위해 음식을 섭취해야 한다. 그 음식은 대개 포도당 같은 단순당, 즉 탄소·수소·산소로 이루어진 작은 분자들이다. 이 단당류에는 우리 몸의 대사 경로 전체를 움직이는 전자가 들어 있다. 또 단백질(아미노산), DNA(뉴클레오티드), 그리고 세포 구조를 형성하는 원료도 음식을 통해 얻는다.

이제 유전 부호를 살펴보자. 이중나선 구조를 지닌 DNA는 핵산이라는 고분자로 뉴클레오타이드라는 단위가 길게 사슬처럼 이어져 있다. 이 분자에는 생명을 구성하는 필수 요소들이 빠짐없이 담겨 있다. 다섯 개 탄소로 이루어진 당, 인을 포함한 인산기, 그리고 질소가 포함된 염기가 그것이다. 질소 염기는 아데닌·구아닌·사이토신·티민, 이 네 가지 형태로 존재하며, 이들의 조합이 유전 정보를 저장해 '생명'이라는 복잡한 청사진을 그려낸다. 이 염기 배열에 변화가 생기면 돌연변이가 발생한다.

    우리 몸의 모든 세포는 똑같은 DNA를 지니고 있다. 그런데 신경세포, 근육세포, 지방세포 등 세포마다 각기 다른 기능을 수행할 수 있는 비밀은 단백질에 있다. 단백질은 움직임을 지닌 정교한 분자 기계이며, 이 구조 속에는 원자 여섯 개마다 하나꼴로 질소가 들어 있다. 주기율표에서 7번 자리를 차지한 그 질소다. 모든 단백질은 DNA에 암호화되어 있지만, 언제 어디서 얼마나 만들어질지는 세포의 필요에 따라 결정된다. 어떤 단백질은 항체처럼 몸을 방어하고, 어떤 것은 헤모글로빈처럼 산소를 저장한다. 또 인슐린처럼 세포 간 메시지를 전달하며 몸속 의사소통을 담당하는 단백질도 있다. 질소가 없다면 어떻게 될까? 근육이 생기지 않고, 소화를 돕는 효소나 피를 응고시키는 단백질도 만들어지지 않는다. 성장과 생식을 조절하는 호르몬도 마찬가지다.

    질소는 광합성의 엔진이라 할 수 있는 엽록소의 핵심 요소이기도 하다. 식물의 건강한 잎이 대개 초록색을 띠는 것도 이 때문이다. 이 엽록소 덕분에 식물과 식물성 플랑크톤은 스스로 양분을 생산하는 '독립영양생물autotroph'로 존재한다. 원예를 해본 사람이라면 노란 잎이 질소 결핍의 징후임을 알 것이다. 질소가 없을 때 식물은 시들해지고 병든 모습을 보인다. 바다에서도 질소가 고갈되면 광합성이 멈추면서 물이 눈에 띄게 맑아지는데, 아이러니하게도 이처럼 양분이 부족해 투명해진 바다는 휴양객에게 인기를 끈다.

17세기 독일의 화학자이자 연금술사였던 헤니히 브란트는 인간의 소변으로 금을 만들 수 있다고 믿었다. 인간의 몸 자체가 금처럼 완전한 작품으로 여겨지던 시대였기에 소변과 금을 연결 짓는 건 당시로서는 그리 이상한 발상이 아니었다. 1669년 브란트는 함부르크 이웃들에게서 받은 50통의 소변을 모아 발효시켰다(예나 지금이나 맥주 애호가들은 믿음직한 공급원이었다). 발효한 액체를 가열해 증류시키자, 공기에 노출되면 불이 붙는 흰색 고체가 남았다. 브란트는 이 신비로운 물질에 그리스어로 '빛을 가져오는 자'라는 뜻의 이름을 붙였다. 인phosphorus이었다.

질소가 이 책의 주연이라면 주기율표 15번 원소인 인은 조연 중 가장 중요한 원소로 대접받을 만하다. 인간의 삶과 지구 생명의 역사에서 인은 금보다도 훨씬 더 소중한 존재다. 지구는 약 45억 년 전에 탄생했고, 생명체는 그로부터 약 7억 년 뒤에 주로 단세포 형태로 나타나기 시작했다. 또다시 10억 년이 지나자 식물성 플랑크톤이 산소를 만들어내기 시작했지만, 복잡한 생명체가 등장하기에는 '무언가' 부족했다. 그게 바로 인이었다. 약 7억 5천만 년 전, 바다에서 이 필수 원소의 농도가 증가하자 복잡한 생명체의 수가 급격히 늘기 시작했다.

기후가 격변하고 바다의 화학 조성이 바뀌며 복잡한 생물이 등장하던 즈음, 인의 순환 방식에도 변화가 일었다. 지구상에 처음 나타난 후생동물metazoan은 비교적 단순했을 것으로 보인다. 마치 작은 운하를 둘러싼 세포들의 집합체처럼, 먹이를 가두고 소화효소를 분비해 주변으로 흘러가는 영양분을 붙잡아 두는 방식이었을 것이다. 기록상 이들은 약 6억 년 전부터 모습을 드러내기 시작했고, 뒤이어 더 복잡한 생명체들이 바다에서 등장한 후 육지로 진출하게 된다. 동물은 지구의 오랜 역사에 비춰볼 때 새로운 존재로, 인에 의존하는 동시에 인을 퍼뜨리는 역할도 한다.

이 필수 원소는 분자 수준에서든 개체 수준에서든 생명의 구조를 떠받치는 골격이다. DNA의 중추를 이루는 것도 인이며, 단백질 합성의 매개체인 RNA에도 인이 풍부하다. RNA는 DNA와 단백질 사이를 잇는 연결 고리로 빠른 생장에 꼭 필요하다. 또 인은 우리 몸의 뼈대를 단단하게 만드는 데에도 한몫한다. 평균적인 성인의 몸에는 약 0.5~1킬로그램가량의 인이 들어 있으며, 이는 튼튼한 이와 뼈를 유지하는 데 필수적이다.

인은 생체 에너지 흐름에서도 매우 중요한 역할을 한다. 모든 대사 과정의 핵심은 '세포 호흡'이며, 우리가 먹는 음식은 세포 안에서 '크렙스 회로Krebs cycle'를 거쳐 에너지로 바뀐다. 크렙스 회로는 한 분자의 전자가 다른 분자로 이동하면서 에너지를 효율적으로 포착하는 일련의 과정이다. 생명의 본질이라 할 수 있는 이 반응은 동식물, 균, 원생생물 등 복잡한 유기체를 이루는 진핵세포의 에너지 발전소인 미토콘드리아에서 일어난다. 어느 생물학자의 말처럼, 세포 속 생명 활동이 '분자의 폭풍'이라면 이 대사 경로는 그 속의 질서를 유지하는 데 한몫한다.

이 경로에서 생성된 에너지는 ADPadenosine diphosphate(아데노신 이인산)에 인산기를 추가해 ATPtriphosphate(아데노신 삼인산)로 전환하는 데 쓰인다. 인산기가 세 개 붙은 ATP는 에너지가 저장된 상태다. 이 ATP에서 인 원자 하나가 떨어져 나가 ADP로 돌아갈 때 방출되는 강력한 에너지가 생명 활동의 연료가 된다. 이 반응은 정밀하게 조율되며 놀라울 만큼 빈번하게 일어난다. 화학자 수산나 퇴른로트-호르스피엘트와 리처드 노이체의 기록에 따르면, 인간은 하루 동안 자기 체중에 해당하는 양의 ATP를 생성하고 소비한다.

"그게 생태적으로 중요할까요, 아니면 태풍 속의 방귀에 불과할까요?" 노스캐롤라이나주 해안에 있는 듀크해양연구소에서 점심을 먹던 중, 생물해양학자 딕 바버가 내게 물었다.

그날 우리는 고래 펌프 메커니즘에 대해 토론하고 있었다. (생물학자들은 식사 중에도 소화 과정의 시작이든 끝이든 거리낌 없이 이야기를 나눈다.) 해양 생태계의 하부에서 상부로 작용하는 전형적인 흐름을 연구해 온 바버는 고래 분변이 바닷물 표층을 비옥하게 만드는 역할을 한다는 데는 동의했다. 문제는 규모였다.

식물, 박테리아, 균, 동물 등 다양한 생물이 생물지구화학적 순환에 관여한다는 사실은 두말할 나위 없다. 다만 그동안 연구의 초점은 대체로 '작은 존재들'에게 맞춰져 있었다. 식물성플랑크톤이 해양 생태계의 기반을 이루고, 기후를 조절하며, 심지어 구름 형성에까지 영향을 준다는 사실을 밝힌 연구는 수백 건, 어쩌면 수천 건에 이른다. 이러한 상향 중심 연구에서는 용승이나 빛, 해류, 수온 같은 요인도 함께 관찰된다.

반면 다른 생물을 먹고 살아가는 유기체인 동물을 대상으로 한 하향 중심 연구는 주로 방목, 섭식, 포식 같은 먹이 활동에 집중되어 있었다. 그 결과 동물이 생물지구화학적 순환에서 수행하는 역할은 오랫동안 뒷전으로 밀려나 있었다. 썩어가는 사체나 분변처럼, 겉으로는 그리 주목받지 못하는 요소들이 어떻게 영양분을 분산·농축·재활용하고, 생태계를 순환시키며, 나아가 전 지구적 기후 순환에까지 영향을 미치는지는 무시되어 왔다.

이제 상황이 조금씩 달라지고 있다. 새로운 개념이 시험대에 오르고, 새로운 용어들이 생겨나고 있다. 앞서 살펴본 고래 펌프, 곧 이야기할 **하마 컨베이어벨트**도 대표적인 사례다. 여기에 동물을 생물지구화학적 과정의 핵심으로 바라보는 동물지구화학이라는 개념도 등장했다. 오랫동안 우리는 대기 화학, 지열, 해양학, 판구조론, 바람과 비에 의한 침식 등 지구를 구성하는 힘을 탐구해 왔다. 수십 년에서 길게는 수백 년에 걸쳐 축적된 연구들이다. 생물의 진화에 영향을 미치는 경쟁과 포식의 메커니즘 역시 적어도 다윈이 《종의 기원》을 펴낸 이후 줄곧 숙고되어 온 주제였다.

"우리는 왜 이 사실을 몰랐을까요?"

수년째 나는 같은 질문을 받고 있다. 어째서 우리는 물고기와 바닷새, 고래, 곰 같은 동물이 심해에서 산꼭대기까지 생태계를 형성할 수 있다는 사실을 간과해 온 걸까? 나름의 이유가 몇 가지 있다.

첫째, 우리는 야생동물이 거의 사라진 세상에 살고 있어 과거에 그들이 맡았던 역할을 모르고 지나치기 쉽다. 육지에서 동물은 전체 생물량 중 5퍼센트 남짓하며 나머지는 대부분 식물이다. 밖에 나가면 확실히 동물보다 나무와 풀이 더 많이 보인다. 하지만 바다는 다르다. 동물이 식물보다 생물량이 약 다섯 배 더 많으며, 그중 상당수는 무척추동물이다. 우리가 고래의 중요성을 모르는 것도 무리는 아니다. 바다에서 고래의 3분의 2 정도가 사라졌기 때문이다. 포경 산업이 시작되기 전에는 400만 마리가 넘는 고래가 바다를 유영했다. 지금은? 수 세기에 걸친 남획과 수십 년의 보호 조치 끝에 겨우 150만 마리 남짓 남아 있을 뿐이다(많은 종이 이제는 겨우 자취만 남은 개체군 속에서 명맥을 잇고 있다. 북대서양과 북태평양의 긴수염고래가 그 대표적인 예다). 남극해에 서식하던 대왕고래는 20세기 동안 99퍼센트가 사라졌다. 인류가 가장 큰 개체부터 사냥했기 때문에 고래의 몸집마저도 약 3분의 1 크기로 줄었다. 지구 역사상 가장 거대한 동물인 대왕고래의 평균 몸길이는 약 27미터에서 22미터로 줄었다. 오늘날의 대왕고래는 조상에 비해 '기린 한 마리 길이'만큼 짧아진 셈이다.

둘째, 생물학계에는 암묵적으로 식물, 식물성플랑크톤, 미생물이 세계의 기반이라는 편견이 자리 잡고 있다. 생태계가 아래에서 위로 움직이는 상향식 구조라는 관점이 정설로 받아들여지고 있는 것이다. 물론 우리는 단 하루도 식물 없이 살 수 없지만 이 사실이 전부는 아니다. 동물이 있어야 존재할 수 있는 식물도 많다. 속씨식물은 대부분 동물의 도움 없이는 수분이 불가능하고 일부는 동물의 분변, 소변, 사체에서 양분을 얻는다. 풀을 뜯는 동물 덕분에 스스로는 밀어내기 어려웠을 경쟁 식물이 사라져 번성하는 경우도 있다. 또 쉬르트세이 같은 외딴섬까지 씨앗을 옮겨주는 새나 포유류 덕에 번식하는 식물도 많다. 이렇듯 동물과 식물의 관계는 복잡다단하다. 나중에 등장할 생태학자 짐 에스테스에 따르면, 불과 100종으로 이루어진 생태 집단이라도 그 안에서 발생할 수 있는 직간접 상호작용의 수는 무궁무진하다(무려 2.5×10^{157}가지에 이른다). 이 중에 우리가 밝혀낼 수 있는 것은 고작 몇 가지뿐이다.

셋째, 개별 종과 개체군의 동태를 연구하는 개체군생물학자 population biologist와 영양소 순환이나 에너지 흐름과 같은 생물학적·지질학적 과정을 다루는 생태계생태학자 ecosystem ecologist는 협업하는 경우가 드물다. 안타까운 일이다. 생물학자 폴 에를리히는 이미 1980년대에 이런 틈을 메울 필요성을 절감했고, 이후 1994년에 클라이브 존스와 동료들이 **생태계 엔지니어**라는 용어를 처음 제안했다. 이들은 이후 《종과 생태계의 연결 Linking Species and Ecosystems》이라는 책을 통해 비버, 해달, 그리고 바닷속을 떠도는 유기물 찌꺼기인 해양눈까지 포함해 동물의 생태적 역할을 탐구했다. 그러니까 생태계 엔지니어와 영양 보급 nutrient subsidy이라는 개념이 생태학 문헌에 본격적으로 등장한 건 겨우 지난 30여 년 사이의 일이라는 말이다. 진일보한 변화임은 분명하지만 양 학문 간의 깊은 간극은 여전하다.

생물학이 학제 간 융합이 드문 학문이라는 점도 이런 상황이 계속되는 원인 중 하나다. 생태계생물학자와 개체군생물학자는 서로 다른 학회를 찾고, 다른 학술지에 논문을 투고하며 전혀 다른 질문을 던진다. 어류생물학자는 해양학자들이 현미경으로만 바다를 들여다보느라 정작 눈에 보이는 생명은 무시한다고 비판하고, 해양학자는 어류생물학자들이 '지속 가능한 최대 어획량' 같은 목표에만 집착한다고 꼬집는다. 나도 술자리나 줌 회의에서 여러 번 들어본 말이다. 진화생물학자 데이비드 슬론 윌슨은 이를 두고 "상아탑이 아니라 상아 군도라고 부르는 편이 낫겠다"라고 말했다. 수백 개의 섬처럼 고립된 학문 분야들이 그 안에서 더 잘게 나뉘어 고유의 연구사와 전제에 따라 연구를 수행하는 상황을 묘사한 것이다.

그래도 때로는 이러한 장벽이 허물어지는 경우도 있다. 진화 이론은 미생물학에서 뇌과학에 이르기까지 세상을 통합적으로 바라볼 수 있는 인식의 틀을 제공한다. 또한 생태학은 생물학적·진화적 과정과 물리적·지질학적 과정을 연결하는 가교 역할을 할 수도 있다.

생태학계의 거장 조지 에벌린 허치슨은 새의 배설물인 구아노의 생태적 중요성을 체계적으로 입증한 인물이다. 그는 1950년 미국 자연사박물관에서 발간한 논문 〈척추동물 배설의 생물지구화학 The Biogeochemistry of Vertebrate Excretion〉에서, 바닷새는 인간과 먹이를 놓고 경쟁하는 존재가 아니라 오히려 번식지 주변에 영양분을 공급해 어류 개체 수를 늘릴 수 있다는 논리를 폈다. 이로써 새를 몰아낼 게 아니라 오히려 대규모 조류 서식지를 보존해야 한다는 근거를 제공했다. 그보다 앞선 1923년에는 동물학자 찰스 엘턴과 식물학자 V. S. 서머헤이스가 노르웨이 북부의 조류 절벽 bird cliff에서 바다쇠오리와 갈매기가 생태계에 미치는 영향을 조사한 논문을 발표했다. 이 논문에 따르면 바닷새는 자원 보급 임무를 맡은 자연계의 특사와 같은 존재다.

1970년대에 이르러서야 몇몇 생태학자가 동물이 등장하거나 사라질 때 생태계가 어떻게 달라지는지 본격적으로 살펴보기 시작했다. 하지만 동물이 자연환경에 어떻게 작용하는지를 새롭게 조망하기 시작한 것은 비교적 최근의 일이다. 지난 10여 년 사이에 등장한 **동물지구화학**zoogeochemistry이라는 새로운 분야가 그 계기를 마련했다. 동물지구화학은 동물이 탄소, 질소, 인 같은 주요 원소의 흐름에 어떤 영향을 미치는지를 탐구하는 학문이다.

이를테면 바다에서는 바닷새와 고래가 비료를 공급해 광합성을 돕고, 육지에서는 들소가 초록 물결을 조율하며 초지를 가꾼다. 거미는 공포 분위기를 조성해 초지의 1차 생산성을 높이고, 해달은 성게의 접근을 막아 다시마숲을 조성한다. 이 흥미로운 동물들에 대해서는 곧 다시 살펴볼 것이다.

지금까지는 질소를 중심으로 이야기했다. 새로 생성된 땅이나 북반구 연안 생태계에는 질소가 부족한 경우가 많지만 지구 반대편은 상황이 다르다. 예컨대 남극해에는 질소와 인이 풍부하지만 동식물을 통해서는 얻기 어려운 한 가지 원소가 부족하다.

"정말로 중요한 건 철이에요."

해양과학자 빅토르 스메타첵은 통화 중에 이렇게 말했다. 철은 지구 곳곳에 흔히 존재하며 지구 핵의 대부분을 이루는 원소로, 질소·인과 함께 생명 유지에 필수적이다. 필요량이 비교적 적어 '미량 원소'로 분류되지만, 엽록소 합성과 광합성에 반드시 필요하므로, 식물과 식물성플랑크톤은 철 없이는 성장할 수 없다. 아울러 철은 동물의 몸속에서 헤모글로빈을 통해 산소를 운반하는 데도 핵심적인 역할을 한다.

1990년, 해양학자 존 마틴은 해양과학 분야에서 논란을 불러일으킬 만한 '철 가설iron hypothesis'을 제시했다. 일부 해역에서 질소와 인 등 영양소가 풍부한데도 생산성이 낮은 이유가 바로 철이 부족하기 때문이라는 주장이었다. 과거에는 대기 중에 섞여 있던 철 먼지가 바다로 떨어지면서 바닷물 속 철 농도가 일시적으로 높아졌고, 그 덕분에 식물성플랑크톤이 활발히 성장한 시기가 있었다. 마틴은 이러한 철 공급이 다시 이루어진다면 플랑크톤의 생산성이 높아지고, 그 결과 지구 전체의 탄소 흡수량 또한 늘어날 수 있다고 보았다. 언젠가 우즈홀해양연구소에서 그가 이렇게 말한 적이 있다. "저에게 유조선 절반을 채울 만큼의 철을 주신다면 빙하기를 만들어 드리겠습니다."

하지만 그는 몰랐을 것이다. 30년이 지난 지금 전 세계 곳곳에서 빙하가 빠르게 녹아내리는 현실 앞에서 오히려 그 변화를 반기는 사람들도 있으리라는 사실을 말이다.

스메타첵은 훗날 한 회의장에서 철에 열중하는 마틴을 떠올리며 "철분에 미친 뽀빠이"라고 놀렸던 일을 회상했다. 그러면서 마틴이 처음 가설을 제시했을 때 자신은 전혀 믿지 않았다고 말했다. 하지만 바닷속 철의 존재를 들여다보기 시작하면서, 특히 대부분이 생물량 속에 갇혀 있다는 사실을 알게 되자 그는 생각이 바뀌었다. "그러다 마틴이 세상을 떠났죠. 그게 참 마음에 걸렸어요. 그가 옳았고 내가 틀렸다고 꼭 말해주고 싶었거든요." 스메타첵은 그렇게 아쉬움을 내비쳤다. "그래서 지금도 철의 역할에 회의적인 동료들을 보면, 한편으로는 그 마음이 이해되기도 합니다."

1930년대, 남반구에 고래가 비교적 많이 남아 있었던 당시, 영국의 과학자들은 생명이 넘쳐 나는 남극해의 풍요로운 광경에 놀라움을 감추지 못했다. "그때는 어딜 가나 크릴의 먹이가 되는 규조류가 어마어마하게 많았어요." 스메타첵의 말이다.

지구상에 매우 흔한 단세포 조류인 규조류는 개체 수가 매우 많다. 1990년대, 스메타첵이 남극해에 도착했을 때는 고래들이 자취를 감춘 뒤였다. 그 시기 과학자들은 연안 생태계에서 주요한 역할을 하는 미생물의 순환에 주목하고 있었다. 남아 있던 몇몇 작은 고래, 이를테면 남극밍크고래 같은 종이 생태계에 미치는 영향은 미미했다.

무엇이 달라진 걸까?

초기에는 철 가설을 무심코 일축했던 스메타첵이 점차 생각을 바꾸기 시작했다. 그는 철이 생각보다 훨씬 중요한 요소일지도 모른다는 사실을 깨달았다. 관련 자료를 더 많이 읽고, 바다 위에서 더 오랜 시간을 보내는 동안 스메타첵은 남반구 바다에서 철이 부족해지면 규조류와 다른 식물성플랑크톤의 성장 속도가 떨어지고, 결국 생물량 자체가 감소할 수 있다는 점을 이해하게 되었다. 반면 북반구의 바다에서는 상황이 달랐다. 흐르는 강물과 사하라 사막에서 날아오는 먼지에 철이 함유되어 있어, 이 미량원소가 생물 성장의 제약 요소가 되는 일은 거의 없다. 이런 차이를 이해하면서 그는 점점 확신하게 되었다. 철이 식물성플랑크톤의 성장을 촉진할 수 있다는 사실을.

이쯤 되면 이 책을 읽고 있는 독자들도 눈치챘을지 모르겠다. 남반구 바다에 철을 공급하던 주인공은 다름 아닌, 고래의 똥이었다. 고래 똥에는 질소와 인이 풍부할 뿐 아니라, 남극해 주변 해수보다 무려 1000만 배나 높은 농도의 철이 들어 있다. 한때는 고래 똥을 통해 남반구 해양 표층수에 수만 톤에 달하는 철이 공급되기도 했다. 얕은 바다에서 먹이 활동을 하는 고래는 이 미량영양소를 순환시켰고, 심해로 잠수하는 향유고래는 바닥에서 철을 끌어 올렸다. 그러다 고래가 사라지면서 주요 철 공급원도 사라졌다. 그 결과 생산성이 떨어졌고 생태계는 점차 변하기 시작했다. 스메타첵의 표현을 빌리자면, 양의 되먹임 구조가 무너진 것이다. 그 현상은 고래뿐만 아니라 크릴과 식물성플랑크톤에게까지 피해를 끼쳤다.

스메타첵은 인위적인 철 비료 살포, 이른바 '철 시비iron fertilization'를 앞장서 지지하게 되었다. 그는 남극해처럼 철이 질소나 인보다 더 부족한 바다에 황산철을 뿌리면 해양 생산성이 높아지고, 그 과정에서 일부 탄소가 생물 펌프를 따라 깊은 바다로 가라앉아 지구를 식히는 데 도움이 될 수 있다고 보았다. 철 시비는 크릴과 고래 개체 수를 늘려 남극해에서 한때 활발했던 고래 펌프를 되살릴 수도 있을 것이다.

"우리가 마지막으로 실험을 한 건 2009년이었어요. 바다에 철을 톤 단위로 뿌렸죠." 스메타첵은 녹색 플라스틱 통 하나를 꺼내 들었다. 안에는 육상에서 비료로 쓰이는 황산철이 5킬로그램 정도 담겨 있었다. "이것이 그때 우리가 바다에 살포했던 철 비료입니다. 거의 대왕고래 한 마리를 먹일 만한 양이죠."

그의 꿈은 이 비료를 활용해 남극해의 생물량을 다시 늘리는 것이었다. 철을 보충해 고래와 고래 펌프를 복원하면 조류와 크릴은 물론 대형 척추동물까지 연쇄적으로 혜택을 입게 된다. 더 나아가 이 방식은 기후 변화 대응에도 보탬이 된다. 탄소가 죽은 플랑크톤과 물고기, 고래의 형태로 가라앉아 장기간 격리되기 때문이다.

"짐 매카시에게도 그 이야기를 했었죠."

스메타첵은 어느 날 매카시와 함께 차를 타고 내가 주최한 회의에 참석하러 왔던 일을 떠올렸다. 매카시는 '기후 변화에 관한 정부 간 협의체IPCC' 활동으로 잘 알려져 있지만, 그에 앞서 1960년대부터 북반구 해양의 질소 순환을 연구해 온 생물해양학자였다(안타깝게도 그는 2019년에 세상을 떠났다). 스메타첵 역시 거의 같은 시기부터 철이 부족한 남극해에서 오랜 시간 연구를 이어오고 있었다.

두 사람은 긴 여정 내내 바다와 기후 변화, 그리고 건강에 관한 이야기를 나눴다. O형 혈액을 가진 매카시는 누구에게나 헌혈할 수 있었기에 해마다 서너 차례씩 헌혈해 왔다. 그런데 예순을 넘긴 뒤 혈색소침착증이라는 진단을 받았다. 체내에 철이 과도하게 축적되어 심장이나 간 등 주요 장기에 손상을 입히는 질환이다. 오랫동안 질소가 부족하고 철이 풍부한 해양 환경에서 지낸 매카시의 몸에는 철이 지나치게 많았다. 이 질환의 치료법 중 하나는 정기적으로 채혈하는 것이다. 스메타첵은 매카시가 오랜 세월 헌혈을 해온 덕분에, 병이 늦게 나타났을지도 모른다고 말했다.

한편 스메타첵 자신은 얼마 전부터 채식주의자가 되었다고 털어놓았다. "2~3년 전에 철결핍증 진단을 받았거든요. 제가 바다에 풀어 넣었던 바로 그 물질을 섭취해야 해요. 황산철 말이에요." 그가 연구하던 남극해처럼 그의 몸도 철이 부족했던 것이다.

여름이 끝날 무렵이면 큰 고래들은 먹이 활동을 하던 고위도 지역(남극대륙과 아이슬란드, 메인만 등)을 떠나 물이 따뜻한 적도 부근으로 향한다. 혹등고래는 여름 내내 마치 거대한 제철 뷔페를 돌듯 광범위한 해역을 오가며 먹이를 먹는다. 우선 알래스카의 싯카 해협에서 크릴을 조금 맛본 후, 글레이셔만에 자리를 잡고 거품망 사냥법bubble-feed으로 청어를 잡아먹는다(거품망 사냥법은 고래가 물속에서 무리 지어 소용돌이처럼 거품을 뿜어내 먹잇감을 고립시키는 고래 특유의 사냥 방식이다).✝

고래는 **자본번식동물**capital breeder이다. 먹이가 풍부한 시기에 에너지를 몸에 저장해 두었다가, 그 '자본'을 활용해 번식에 나선다. 고래에게 자본은 바로 두꺼운 지방층blubber이다.

여름 동안 생산성이 높은 곳에서 몸집을 불리고, 계절이 바뀌면 따뜻한 저위도 지역으로 이동한다. 그곳에서 새끼를 낳고 젖을 먹이며 짝짓기를 한다. 먹이는 혼자 먹을 수 있어도 번식은 혼자 할 수 없기에 고래들은 겨울철이면 어김없이 그곳에 모여든다.

나는 동료들과 함께 고래 펌프라 이름 붙인 영양분의 수직 이동을 연구해 왔지만, 사실 고래는 대단히 먼 거리를 가로지르는 수평 이동도 한다. 귀신고래는 러시아에서부터 번식지인 멕시코까지 1만 킬로미터에 달하는 거리를 이동한다. 남반구의 혹등고래도 남극과 사모아 사이를 오가며 비슷한 거리를 이동한다.

고래는 왜 그렇게 먼 거리를 헤엄쳐 번식지까지 가는 걸까? 그 이유는 명확히 밝혀지지 않았다. 내 동료 연구자들 중에는 대형 고래에게 유일하게 치명적인 해양 포식자라고 할 수 있는 범고래를 주요 원인으로 지목하는 이들이 많다. 새끼 고래는 범고래의 공격에 특히 취약한데, 수심이 얕은 저위도 해역은 적을 피해 숨기 좋으며 특히 느리게 헤엄치는 종에게 유리하다. 얕은 바다에서는 범고래가 심해에서처럼 아래에서 기습 공격하기 어렵고, 수중 음파 전달도 제한적이어서 소리가 멀리 퍼지지 않는다. 어미와 새끼가 서로 연락을 주고받을 수는 있지만, 그 소리가 앞바다를 맴도는 포식자까지 불러들이지는 않는다는 말이다.

또 다른 가설은 고래가 겨울에 차가운 고위도 해역을 떠나 '체온 중립적인thermoneutral' 지역으로 이동한다는 것이다. 성체뿐만 아니라 아주 어린 개체도 마찬가지다. 따뜻한 바다에서 자란 새끼는 더 크게 성장하게 되고, 장기적으로는 번식 성공률이 높아질 수도 있다.

밥 피트먼 교수는 이를 온천에 가는 것에 비유한다. 따뜻한 바다로 이동한 고래는 피부에 들러붙은 미세 규조류 같은 유기물 덩어리를 벗겨낸다. 그는 고래가 지속적으로 각질을 제거하는 과정에서 몸에 붙어 자란 미생물도 함께 바다로 내보낸다고 설명한다.

수정처럼 맑은 열대 바다는 영양분이 적어 가시성은 뛰어나지만 생산성은 떨어진다. 하지만 겨울철에 먹이를 거의 먹지 않는 고래에게는 큰 문제가 되지 않는다. 오히려 고래는 이곳에 영양분과 먹이를 보태는 존재다. 금식기 동안 고래는 여름 동안 축적해 둔 지방과 근육을 에너지원으로 사용한다. 이 저장된 조직이 분해되는 과정에서 질소와 인 같은 영양분이 생성되어 배출된다. 이러한 영양분은 사체나 똥뿐만 아니라 오줌을 통해서도 바다로 흘러든다. 실제로 대부분의 고래는 번식지에서 똥을 싸지 않는 것으로 보인다. 먹이를 먹지 않으면 똥도 나오지 않기 때문이다.

그래도 대사는 계속된다. 고래는 몸속에 쌓인 에너지를 태우며 그 과정에서 생성된 질소 노폐물을 요소 형태로 배출한다. 하지만 바다에서 고래 소변을 채집하는 것은 거의 불가능하다. 분변도 쉽지 않은데 소변은 말할 것도 없다. 고래가 언제, 얼마나 오줌을 누는지 파악하려면 대사 모델이나 다른 자본번식동물(코끼리 물범 등)에 대한 연구에 의존할 수밖에 없다.

혹등고래를 보기 위해 고래생물학자 크리스 가브리엘레와 동료들이 있는 하와이 빅아일랜드에 간 적이 있다. 우리는 올드 루인스Old Ruins라 불리는 모래 언덕에 나란히 앉았다. 남쪽에 있는 킬라우에아에서 화산 안개가 밀려오고 있었다. 하와이에 머무는 동안 고래는 해변에서 그리 멀지 않은 얕은 모래 바다에 모습을 드러냈다. 이곳의 고래들은 다음 중 하나를 목표로 한다. 새끼를 가지거나 새끼를 데리고 조용히 지내는 것이다.

언덕에 앉아 바라보니 갓난 새끼를 옆구리에 낀 어미 고래 한 마리가 북쪽으로 헤엄쳐 가는 모습이 보였다. 꼬리로 해수면을 세차게 내리치고 뒤이어 철썩하는 소리가 들렸다. 그 후로는 공기부양정 다섯 대, 고래 관찰 보트 한 대, 다이빙 보트 한 대, 그리고 몇몇 다른 종류의 배가 잇달아 나타났다. 나는 기록하는 임무를 맡았다. 그날 우리가 발견한 것은 고래 몇 마리와 긴부리돌고래 spinner dolphin 무리뿐이었지만, 결코 쉬운 작업은 아니었다.

가브리엘레는 처음엔 고래 무리를 찾기가 훨씬 쉬웠다고 말했다. 그들이 현장에 처음 나간 1980년대에도 혹등고래는 멸종위기에 처해 있었다. 러시아가 북태평양에서의 포획을 중단한 이후부터 고래 개체 수가 늘기 시작해, 2013년경 약 2만 1000마리로 최고치에 달했다. 고래가 어찌나 많은지 한 번에 스물일곱 무리까지 본 적도 있었다. 가브리엘레는 보존 활동의 성과가 나타났음에도 불구하고 북태평양의 혹등고래 개체 수는 오히려 줄어들고 있다고 했다. 그의 동료이자 하와이 해양포유류협력단 소속인 애덤 프랑켈이 이렇게 말했다.

"이제는 우리가 고래의 기후를 망치고 있어요."

가브리엘레가 말을 이었다.

"고래의 먹이도 죽이고 있고요."

돌아보면 20세기의 고래 보존 활동은 무척 수월했던 것 같다. 고무보트로 포경선과 향유고래 사이를 쫓아다니고, 언론에 알리고, 포경선을 한 척씩 막아서는 식이었다. 그런데 지금은 갈등이 일어나는 영역이 훨씬 넓어졌다. 수온 상승으로 서식지가 파괴되면서 물고기와 동물성플랑크톤이 줄어들어 혹등고래를 비롯한 여러 고래종이 고통받고 있다. 해양과학자 마이클 무어의 지적처럼, 의도하지 않았더라도 선박 충돌이나 어구 관련 사고, 바다 오염을 통해 우리 모두가 결국 고래를 죽이고 있는 셈이다.

다음 날, 가브리엘레의 연구용 보트가 강풍으로 발이 묶이는 바람에 나는 고래를 관찰하러 온 시민들 틈에 끼어 대형 고무보트에 올랐다. 보트는 노란빛과 초록빛의 건조한 언덕을 뒤로하고 짙푸른 바다로 향했다. 나는 몇 해 동안 캐나다 펀디만의 먹이 서식지에서 짧게 울려퍼지는 긴수염고래 소리를 들으며 지냈으나, 혹등고래 소리를 듣는 것은 이번이 처음이었다. 선원 한 명이 수중청음기를 바다에 던져 넣었다. 궂은 날씨에 고래들도 예민해진 상태였는데도 소리가 어찌나 선명한지 처음엔 녹음된 것인 줄 알았다. 바다 전체가 깊고 장대한 울림으로 가득했다. 마치 웅대한 콘서트홀에 들어선 듯 혹등고래의 노래가 울려 퍼졌다. 어느 생물학자의 말처럼, 마치 소리로 펼쳐진 공작새 꼬리 같았다. 뜻밖의 경이로움이 밀려왔다.

종일 고래를 관찰한 뒤 가브리엘레 부부와 함께 근처 식당에 갔다. 대기 시간이 길어 우리는 해변으로 나가 낮은 방파제 위에 앉았다. 해가 수평선 아래로 내려가고 있었다. 바로 그 순간, 지는 해 위로 짧은 녹색 광선이 나타났다. 해가 수평선 아래로 가라앉는 순간 잠깐 솟아오른 에메랄드빛 섬광이었다. 나를 포함해 바다에서 수년째 연구해 온 많은 이들조차 한 번도 본 적 없는 빛이었다. 만약 그날 저녁 식당이 붐비지 않았다면 우리도 그 빛을 놓쳤을 것이다.

~~~

내가 바다에 나가 있는 동안 하와이대학의 동료들은 마우이 해안에서 혹등고래 새끼들의 등에 카메라가 달린 흡착식 간이 추적기를 부착하고 있었다. 그 기기 덕분에 우리는 나중에 새끼 고래의 눈을 통해, 연청색 바다에 초록색 커튼 같은 오줌을 흘려보내는 어미 고래의 모습을 확인할 수 있었다. 어미 고래는 하와이에서 먹이를 먹지 않았지만 소변을 통해 질소와 인을 배출했다. 그 주변에는 풀가라지 몇 마리가 맴돌고 있었다. 알래스카에서 자란 고래의 피부를 쪼아 먹거나 암컷 고래에게서 흘러나오는 젖을 마시기 위해서였다. 영양분이 이동하는 현장이었다.

하와이를 포함한 열대·아열대 해역에서 이와 같은 양분 이동이 갖는 의미는 무엇일까? 혹등고래는 겨울마다 약 2040톤에 이르는 질소를 하와이로 운반한다. 이는 전통적으로 해양학자들이 주목해 온 바람이나 용승과 같은 물리적 혼합을 통해 하와이 혹등고래 국립해양보호구역에 공급되는 질소량의 두 배를 넘는 수치다. 이렇게 이동한 질소는 식물성플랑크톤에 중요한 영양분이 되며, 이들은 대기 중 이산화탄소 수천 톤을 흡수할 수 있다.

이러한 현상은 세계 곳곳에서 일어난다. 고래는 북반구와 남반구의 번식지로 해마다 약 6000톤이 넘는 질소를 운반한다. 지금까지 알려진 바로는, 지구상에서 발생하는 장거리 동물 매개 영양분 수송 현상 중 가장 규모가 큰 사례 중 하나로 꼽힌다.

우리가 '거대 고래 컨베이어벨트'라 부르던 이 현상은 오줌을 통해서만 일어나는 것이 아니다. 임신한 암컷은 먹이 활동을 하지 않는 긴 겨울을 나기 위해 체내에 축적한 영양분을 새끼와 태반, 젖의 형태로 다시 바다에 내놓는다. 새끼들은 하루에 약 380리터에 달하는 고지방 모유를 먹고 그만큼 똥을 싼다. 고래의 태반은 무게가 최대 23킬로그램까지 나간다. 갓 태어난 새끼는 길이가 약 3.6미터, 무게는 1.4톤에 달한다. 포유류가 대체로 그러하듯 고래도 출생 직후 어린 개체의 사망률이 높아 이들의 사체는 저위도 생태계에 상당한 생물량과 영양분을 공급한다. (백상아리는 고래 지방 27킬로그램 정도를 먹고 나면 무려 여섯 주 동안 아무것도 먹지 않고도 버틸 수 있다.) 브라질과 호주 해안에는 혹등고래 번식지와 상어 양육지 Shark Nursery가 겹치는 지역이 있어, 이곳에서는 뱀상어가 새끼 고래 사체를 먹거나 때로는 어린 고래를 물어뜯는 일도 있다.

다 자란 고래는 생존률이 높지만, 결국 모두 죽기 마련이다. 번식지에서 벌어지는 치열한 경쟁과 출산의 위험성을 고려하면, 겨울철에 고래가 목숨을 잃는 일은 결코 드문 일이 아닐 것이다. 그렇게 생을 마친 고래는 바다에 막대한 양의 양분과 먹이를 남긴다. 거대 고래 컨베이어벨트를 통해 지방층과 근육, 뼈, 장기, 태반 등의 형태로 에너지와 영양분이 풍부한 먹잇감이 상어를 비롯한 산호초 주변의 다양한 포식자들에게 직송된다. 혹등고래는 매년 태반, 사체, 벗겨진 피부를 통해 하와이에 7000톤이 넘는 생물량을 제공한다. 햄버거로 따지면 무려 2900만 개의 빅맥에 해당하는 무게다.

계절이 다시 바뀌면 임신한 암컷 고래가 맨 먼저 하와이를 떠난다. 번식지에서 목표를 달성했으니 2월 말쯤이면 곧장 먹이가 무한 제공되는 알래스카 뷔페로 향한다. 그 뒤를 이어 어린 고래들도 이동을 시작한다. 새끼와 함께 있는 암컷은 대부분 3월이 되어서야 길을 나선다. 긴 북상 여정을 앞두고 새끼가 조금이라도 더 자라 체력을 키울 수 있도록 시간을 가지는 것이다. 한편 일부 수컷은 마지막 짝짓기 기회를 노리고 떠나는 일정을 미루며 번식지를 맴돌기도 한다. 고래들은 장기간의 단식과 번식 경쟁 혹은 출산과 양육으로 인한 스트레스를 견디며 지낸 터라, 더러는 서식지로 돌아가는 도중 탈진하거나 노쇠하여 생을 마감하기도 한다. 안타까운 일이지만, 그 덕분에 그 자리에서 또 다른 물고기 무리의 이야기가 시작된다. 모든 위대한 이야기는 한 구의 시체에서 비롯된다고들 하지 않는가. 그런데 그 시체가 스쿨버스만 한 크기라면 과연 어떤 이야기가 펼쳐질까?

1987년, 박사후연구원이던 크레이그 스미스(현 하와이대학 명예교수)는 최초의 심해 유인 잠수정 앨빈을 타고 캘리포니아 연안의 카탈리나 해저 분지를 가로지르는 조사 작업을 하고 있었다. 어느 날 오후, 조사를 하던 대학원생 하나가 분홍색 벌레와 커다란 조개로 둘러싸인 긴 백골을 발견했다.

"학생들이 수중전화로 배에 연락해 흥미로운 것을 발견했으니 해저에 좀 더 머물겠다고 하더군요."

하와이 호놀룰루에서 함께 저녁을 먹던 자리에서, 연하늘색 알로하 셔츠에 산후안섬 야구 모자를 쓴 스미스가 내게 말했다. 학생들은 채집통에 깜짝 선물을 담아 왔다. 커다란 척추뼈였다. 현장에서 찍어 온 영상에는 그간 열수 분출공 hydrothermal vent 주변에서만 발견되던 커다란 흰 조개들이 포착되어 있었다. 분출공에서 솟아나는 황과 뜨거운 물에 의존해 사는 유기체였다. 그런 생물이 고래의 것으로 보이는 뼈 주변에서 무엇을 하고 있었던 걸까?

스미스와 동료들은 이 새로운 심해 서식지를 **고래낙하지** whale fall로 명명했다. 스미스는 내게 이렇게 말했다. "고래 낙하를 이야기할 때 꼭 고려해야 할 점이 있어요. 고래가 가라앉는 지역은 먹이가 아주 부족한 곳이라는 사실입니다."

고래가 먹이 활동을 많이 하는 고위도 용승 지역과 달리, 심해에는 빛이 없고 광합성이 이루어지지 않아 영양분이 거의 없다. 심해에 존재하는 유기물은 대부분 해수면에서부터 가라앉은 미세한 입자, 부패한 세포, 미생물, 그리고 해양눈이라 불리는 형형색색의 응집체들이다. 하지만 이 정도의 유기물만으로는 심해의 밑바닥을 채우기에는 턱없이 부족하다. 심해저는 광활한 식량 사막 food desert이나 다름없다.

그런데 고래 사체 한 구가 해저에 도달하면 이야기가 완전히 달라진다. 잠꾸러기상어, 심해 문어, 좀비벌레, 작은 단각류, 거대한 게, 말미잘, 그리고 아직 발견되지 않은 생물까지, 수백 종의 생명체에게 그것은 최고의 부동산이자 수년간 지속될 뷔페가 된다. 거대한 고래 한 마리의 사체가 도달한다는 것은 1000년 치의 생물량에 해당하는 해양눈이 하루아침에 쏟아져 내리는 것과도 같다. 스미스는 이렇게 설명했다.

"먹이, 지질, 단백질 같은 청소동물이 소비할 수 있는 에너지원이 펑 하고 한순간에 터져 나오는 거예요."

부드러운 살점은 즉시 먹이로 소비되지만, 단단하고 무기질이 풍부한 고래 뼈는 고래상어나 다른 대형 어류와 달리 오랜 시간 생명을 지탱하는 자원이 된다. 고래 뼈는 최대 70퍼센트가 지방인데, 미네랄이 풍부한 단단한 매트릭스에 둘러싸여 있어 미생물만이 그 속의 다공성 공간을 통해 침투할 수 있다. 스미스는 말을 이었다.

"독립생활을 하는 미생물이나 조개, 홍합, 서관충의 조직에 기생하는 미생물들이 고래 뼈에서 매우 천천히 흘러나오는 황화합물과 고에너지 화합물을 먹고 살아갑니다. 그래서 고래 뼈는 유기물이 풍부한 암초 역할을 하게 되지요."

때때로 뼈 위에는 느리게 움직이는 커튼처럼, 벌레들이 만들어낸 얇은 장막이 드리워져 있다. "저희가 이 시료를 채집한 게 1996년인데, 아무도 이게 뭔지 몰랐어요. 그냥 콧물벌레라고 불렀죠."

그는 무척추동물학자들 중에서도 벌레를 전문적으로 연구하는 다모류polychaete 전문가들에게 문의했다. 그러나 이 기이한 생물이 해양 환형동물의 일종인지, 먼 친척에 불과한지에 대해 의견이 분분했다. 다모류는 다양성이 풍부한 해양생물군으로, 얕은 바다에서 화려한 모습으로 여과섭식을 하는 크리스마스트리벌레나 깃털먼지털이벌레 같은 종부터, 심해 열수 분출공 주변에서 공생 세균에 의존해 살아가는 열수관벌레까지 포함된다. 스미스의 연구실에서 다모류를 전문으로 연구하던 애이드리언 글로버조차 이 뼈를 파먹는 이상한 벌레들이 심해 생물들 사이에서 어디쯤에 속하는지 판단을 내리지 못했다.

그러던 중 2002년 2월, 몬터레이만 해양연구소의 연구진이 몬터레이 앞바다에서 발견된 귀신고래 사체에서 커다란 시료 하나를 채집했다. 이를 통해 콧물벌레의 해부학적 구조가 뚜렷이 드러났다. 이들의 체형과 DNA를 다른 해양 벌레들과 비교한 끝에 이 생물이 다모류임을 알아냈다. 다만 이 다모류는 전적으로 죽은 고래에 의존해 살아가는 것으로 보였다. 연구진은 이 기묘한 생물에게 라틴어로 '뼈를 먹는 자'라는 뜻의 속명, 오세닥스Osedax를 붙였다.

오세닥스는 이 책에 등장하는 동물들 가운데서도 다소 특이한 존재다. 먹지도 않고 싸지도 않는다(물론 모든 생물이 그렇듯 언젠가는 죽는다). 입도 내장도 항문도 없다. 장이 없는 이 벌레는 고래뼈에 뿌리처럼 내린 구조 안에 박테리아 군집을 품고 있으며, 이 박테리아가 뼈 속 지질과 단백질을 분해한다. 뿌리 구조는 산을 분비해 뼈를 녹이고 벌레의 몸을 고정시키며 필요한 영양분을 흡수하게 해 준다. 벌레 표면에 돋은 돌기는 아가미처럼 작동하는데, 마치 고래 뼈 위를 흘러내리는 붉은 깃털 목도리처럼 보인다. 오세닥스가 기생한 고래 뼈는 종 다양성이 높고 그 서식지는 시간에 따라 복잡하게 변화한다.

고래낙하지에서 오세닥스가 살아가는 방식은 열수 분출공이나 냉수 용출대에 사는 동물들과 비슷하다. 이러한 심해 생태계에는 미생물에 의존하는 동물이 많다. 혹시 태양이 사라지더라도 열수 분출공 생물들처럼 광합성이 아니라 분출공에서 새어 나오는 황화물의 화학합성chemosynthesis에 의존하는 것이 장기적으로 좋은 전략이다. 고래낙하지에서는 오세닥스를 포함한 화학합성 생물들이 뼈 속의 지방과 황화물을 흡수하면 그들의 몸속에 사는 박테리아들이 이로부터 영양분을 합성해 동물에게 돌려준다.

오세닥스가 처음 소개된 2004년 이후 고래낙하지에서는 30여 종의 벌레가 더 발견되었다. 스미스는 고래낙하지에만 서식하는 벌레들이 있으며, 그런 벌레들은 다른 동물의 뼈에 의존해 살기에는 몸집이 너무 크다고 말했다.

오세닥스는 일찌감치 사체에 도달해 고래 뼈 위에 밀집하여 서식한다. 뼈를 먹는 벌레들은 몇 달에 걸쳐 고래 뼈에서 황화물을 뽑아낸 뒤, 알을 낳아 유충을 깊고 어두운 물기둥 속으로 풀어놓는다. 유충들은 흩날리는 비처럼 깊은 바다로 떨어진다. 그중 운이 좋은 개체는 새로운 고래 사체를 발견해 고래낙하지를 즐기는 차세대 감식자가 된다. 하지만 대부분은 마땅한 표적을 찾지 못한 채 어둠 속에서 외롭고 이른 죽음을 맞이한다.

오세닥스가 표적을 찾는 일은 지난 100여 년 사이에 더욱 어려워졌다. 항해선 위에서 고래를 손질하던 시절에는 피하지방(비계)을 벗겨낸 뒤 사체를 바다에 버렸다. 멜빌은 이 작업을 오렌지 껍질을 까는 데 비유하며, 고래를 물속에서 거듭 굴리면 지방층이 한 줄로 고르게 벗겨졌다고 묘사했다. 포경이 한창이던 시절은 심해 생물들에게는 오히려 호황기였을 것이다. 그러나 점차 덩치 큰 고래들이 작살에 쓰러지면서, 심해로 떨어지는 고래 사체도 줄어들기 시작했다. 이후 공장식 포경선이 등장하면서 상황이 더 나빠졌다. 갑판 위에서 고래 몸통 전체를 해체했기 때문에 잘려 나간 사체는 더 이상 심해 생물의 서식지가 되지 못했고, 불태워지거나 개 사료와 비료로 가공되었다.

심해의 거대한 사체와 뼈에서만 서식하는 고래 낙하지 특화 생물은 지금까지 100종이 넘게 발견되었다. 이들 가운데 상당수는 고래의 살점이 거의 분해된 뒤, 영양분이 주로 뼈에서 흘러나오는 황화합물화 단계 sulfophilic stage 에 나타난다. 실제로 죽은 지 70년이 지난 고래 사체 한 구에서 심해의 등각류, 다모류 벌레, 작은 반투명 조개류 등 200여 종에 이르는 생물체 4만 개체 이상이 발견된 바 있다. 이 중에는 고래에만 특화된 종도 있었고 심해 전반에 일반적으로 분포하는 종도 있었다.

그러나 수십 년에 걸친 상업포경으로 이러한 서식지가 사라지자, 고래낙하지 생태계도 하나둘 무너져갔다. 먼저 개체 수가 줄고, 이어 집단이 사라졌으며 마침내 종 자체가 자취를 감추었다. 바다에서 일어난 가장 이른 멸종 사례 중 일부는 아마도 고래낙하지에 특화된 생물이었을 것이다. 수백만 년 동안 거대한 고래 사체에 의존해 살아오던 그들은 거처를 잃고 점차 생명력을 상실하며, 결국 영원히 사라졌다.

고래의 수가 줄어들면서 심해 생물의 다양성이 감소했고 해저에서 수면으로, 고위도에서 저위도로 향하는 양분 이동에도 차질이 생겼다. 포경은 기후에도 영향을 미쳤다. 고래 사체가 심해로 가라앉으면 그 몸 속에 포집된 탄소가 수백 년, 심지어 수천 년에 걸쳐 격리된다. 그런데 상업 포경으로 인해 이 순환고리가 끊어졌다. 고래 뼈는 해체되었고 비계 속 기름은 연료로 타서 대기 중으로 방출되었다. 포경 전에는 고래 낙하로 인한 탄소격리량이 2700톤이 넘었는데 이제는 3분의 1로 줄어들었다.

오늘날에는 고래들이 바다에 먹이가 부족해 굶주리거나, 낚싯줄에 걸리거나, 선박에 충돌해 비극적으로 죽어가고, 그 사체는 종종 해안으로 밀려 올라온다. 예전처럼 자연적으로 죽어 심해로 가라앉는 일은 매우 드물다.

고래는 전 지구를 누비는 여행자로서 깊은 바다와 얕은 바다, 극지와 열대의 바다를 잇는 해양 생태계의 연결고리다. 그뿐만 아니라 바다와 육지도 이어주는 존재이기도 하다. 해안에 떠밀려 오는 고래 사체는 육상동물에게 소중한 영양 공급원이 된다. 흰머리수리와 큰까마귀는 피부를 쪼아 먹고, 늑대는 장기를 파먹는다. 대형 청소동물이 헤집어 놓은 틈새에는 게가 파고들어 보금자리를 튼다.

워싱턴대학의 극지 연구자 크리스틴 라이드레는 내게 수년 전 러시아 북극을 여행하던 관광객들이 찍은 사진 이야기를 들려 주었다. "그들이 우랑겔섬 해안에 떠밀려온 북극고래를 우연히 발견했대요." 당시 고래 주변에는 북극곰 수백 마리가 모여 있었고, 그 무리는 산기슭까지 퍼져 있었다. "마치 영국 시골 들판에 점점이 흩어진 양 떼처럼 보였죠. 북극곰들이 해빙기 내내 고래를 뜯어 먹는 정말 희한한 풍경이 펼쳐졌어요."

얼음이 녹는 이 시기의 북극곰은 선호하는 먹잇감인 물범을 사냥하러 다닐 수 없어 배를 곯는 경우가 많다. "그래서 그 사진들을 보며 생각했죠. 죽은 북극고래 한 마리가 북극곰에게 어떤 의미일까? 먹을 것이 거의 없는 긴 여름을, 이 사체 덕분에 견뎌내는 건 아닐까?"

문헌을 찾아본 라이드레는 곧 깨달았다. 고래는 곰들에게 오랜 세월 동안 믿을 만한 자원이었다. 막대한 양분과 지방을 지닌 고래 사체는 북극곰 개체군이 긴 여름을 견디고, 퇴빙기와 같은 혹독한 기후 변화 시기를 넘기는 데 큰 역할을 해왔다. 과거에 그랬듯이 앞으로 지구가 더 따뜻해진다면, 고래는 다시 한 번 북극곰의 생존을 돕는 열쇠가 될지도 모른다.

더 남쪽 하늘에서는 캘리포니아콘도르와 안데스콘도르가 동태평양의 상승 기류를 타고 비행하며, 예리한 시력을 무기로 먹이를 찾았다. 날개 폭이 3미터에 이르는 몸으로 캘리포니아에서 플로리다까지 널리 분포했던 캘리포니아콘도르는 북미 생태계의 최상위 청소동물이었다. 한때는 대형 초식동물을 사냥했지만 마스토돈과 매머드에 이어 들소마저 자취를 감추면서, 태평양 연안의 고래와 대형 해양 포유류에 의존하게 되었다.

19세기에 산업적 포획이 시작된 후로 해양 포유류의 개체 수가 급격히 줄어들자 남미의 청소 조류들은 과나코(라마와 비슷한 작은 야생 낙타류)나, 구할 수만 있다면 말·소·양 같은 가축의 사체라도 먹어야 했다. 먹잇감이 줄어든 북태평양에서 캘리포니아콘도르는 멸종위기에 처했다. 이들은 사라진 해양 포유류 대신에 납 탄환이 잔뜩 박힌 소나 사슴 사체를 찾아 먹었다. 1953년 조류학자 로

저 토리 피터슨이 캘리포니아콘도르 한 마리를 발견해 기록할 무렵 이들은 이미 아주 희귀한 존재가 되어 있었다. 오죽하면 이 콘도르를 목격하는 것이 미국 횡단 여행의 하이라이트로 꼽힐 정도였다.

콘도르는 계속 사라져 갔다. 많은 수가 납 중독으로 죽는 바람에 1982년에는 캘리포니아콘도르가 고작 22마리밖에 남지 않았다. 멸종은 시간문제로 보였다. 1990년대에 들어서는 야생 콘도르가 한 마리도 남지 않았다. 하지만 이후 사육 시설에서 자라난 새로운 세대가 야생으로 돌아감에 따라, 현재는 300여 마리가 바하칼리포르니아에서 태평양 북서부까지 자유롭게 날아다니고 있다. 콘도르를 신성시하는 북부 캘리포니아의 유록족은 한 세기 만에 처음으로 부족의 땅에서 야생 콘도르를 방사했다. 2022년의 일이다.

하지만 아직은 낙관할 상황이 아니다. 자유롭게 날아다니는 콘도르 가운데 약 20퍼센트는 해독 치료가 필요할 정도로 몸속 납 수치가 높다. 당국에서는 이들을 포획해 2주에 걸쳐 킬레이션 치료chelation therapy를 시행한다. (납탄 금지를 위한 입법 노력은 총기 업체의 거센 반대에 부딪혀 캘리포니아는 물론 연방 차원에서도 성과를 내지 못하고 있다.)

그래도 최근 들어 해양 포유류가 점차 돌아오고 있으니, 고래와 바다표범의 사체가 콘도르 부활의 다음 장을 여는 데 중요한 역할을 하게 될 것이다.

수 세기 동안 영국 해안에 밀려온 고래는 '왕의 물고기'로 불리며 왕실 소유물로 간주되었다. 당시 고래 기름은 램프 연료로, 뼈는 도구로 쓰였다. 덴마크에서도 유사한 규율이 있었지만, 고래를 발견한 사람에게도 어느 정도의 몫이 허용되었다. 걸어서 이동할 경우에는 운반할 수 있는 만큼, 이동 수단이 있다면 더 많은 양을 챙길 수 있었다. 다만 해안의 주인인 왕은 더 큰 몫을 차지했다. 그런가 하면 베링해에서는 떠밀려 온 고래를 바다의 여신 세드나의 선물로 여겼으며, 호주 선주민들은 이 현상을 조상의 땅과 바다 그리고 자신들을 잇는 신성한 연결로 받아들였다.

영어로 '뜻밖의 행운'을 뜻하는 단어 윈드폴windfall은 강풍으로 떨어져 누구나 가져갈 수 있는 과일을 가리키는 말에서 비롯되었다. 아이슬란드에서는 고래가 해안에 밀려오는 일을 '크발레레키 hvalerecki'라 부르는데, 이는 고기·고래수염·기름·뼈 등 풍성한 자원을 가져다주는 뜻밖의 행운이라는 의미다.

하지만 유럽에서 한때 미식가의 관심을 끌었던 고래 고기가 인기를 잃은 뒤로 이 현상은 신의 분노를 나타내는 징조이자 재앙의 전조로 여겨졌다. (사실 인간이 고래에게 미치는 영향이야말로 진정한 재앙으로 보이지만 말이다.)

오늘날 해안에 밀려든 고래는 살아 있든 이미 죽었든 성가신 골칫거리로 취급된다. 살아 있는 경우라면 바다로 돌려보내는 것이 바람직하지만, 상태가 좋지 않을 때는 안락사가 불가피하다.

해변에서 썩어가는 고래 사체는 공중 보건을 위협하는 존재로 간주된다. 그런데 30톤에 달하는 거대한 사체가 밀려 온다면 도대체 어떻게 해야 할까? 미국 산림청은 '폭약으로 동물 사체 제거하기'라는 안내문에서 무게가 약 450킬로그램인 말 사체 한 구를 제거하는 데 약 1.4킬로그램의 폭약이 필요하며, 폭발물 사용자는 반드시 말발굽을 먼저 제거해야 한다고 경고한다. "위험한 파편이 튀는 것을 최소화하기 위해서"라는 설명이다. 더불어 사체를 완전히 제거하려면 폭약을 두 배로 늘리라고 한다.

이 지침이 대형 포유류에는 적용되지 않을 수도 있다는 사실을, 1970년 오리건주 도로국에서는 알지 못했던 모양이다. 그들은 길이가 14미터에 달하는 향유고래 사체를 처리하기 위해 바람이 불어오지 않는 쪽에 다이너마이트 0.5톤을 설치했다. 고래 사체가 갈매기나 물고기 크기의 덩어리로 바다에 흩어질 거라는 계산이었다. 그러나 결과는 참담했다. 폭발과 함께 고래 지방과 내장이 구경꾼들 위로 우수수 쏟아졌고, 한 덩어리는 차량 앞 유리를 산산조각 냈다.

요즘에는 고래 사체를 토막 내어 바다로 끌고 가거나 땅에 묻는다. 이 과정을 거치면 나중에 뼈를 발굴해 전시하거나 과학 연구용으로 보존할 수 있다. 실제로 스미소니언박물관에는 지구상에서 가장 많은, 1만 마리가 넘는 고래 뼈가 보관되어 있다. 만약 고래 사체가 떠밀려 왔는데 사인을 알 수 없다면, 그냥 그대로 두는 건 어떨까? 바다에서 육지로 온 고래 사체는 콘도르와 북극곰은 물론이고 각종 포유류와 조류, 육상 무척추동물에게 엄청난 양분을 공급한다. 미국에서는 고래 사체 네 구 중 한 구꼴로 제자리에 방치하는데, 인파가 몰리는 해변과 멀리 떨어진 곳에서만 행하는 조치다.

예전에는 죽은 고래가 해안에 밀려오는 일이 워낙 드물어 마을 전체가 마치 축제 기간처럼 들썩이곤 했다. 하지만 몸집이 더 작더라도 그런 사체가 해마다 주기적으로 바다에서 밀려온다면 어떨까. 그러면 바다를 따라 늘어선 해안 마을과 숲, 그리고 그 속에 깃든 생명들은 또 어떤 풍경을 이루게 될까.

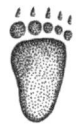

알래스카와 태평양 북서부의 전형적인 숲을 떠올려 보자. 싯카가문비나무, 발삼포플러나무, 서부솔송나무가 한데 어우러진 그곳. 멀리 눈 덮인 산이 우뚝 솟아 배경을 이루는 이 숲은 알래스카에서 북부 캘리포니아까지 이어지며 세계에서 가장 넓은 온대우림을 형성한다.

이렇게 거대한 숲은 어떻게 유지되는 걸까? 이 거대하고 무성한 나무들이 필요로 하는 영양분은 어디에서 오는 것일까? 생태학적 통념에 따르면 식물의 부산물, 동물의 사체, 곤충의 배설물이 뿌리 주변에 쌓여 천연 퇴비를 만든다. 이때 곰팡이와 세균은 이렇게 쌓인 유기물을 분해해 숲에 영양분을 공급한다. 토양에서 나온 양분은 시간이 지나면서 점점 아래로, 냇물을 거쳐 바다로 흘러간다.

1980년대, 캐나다에서 활동하던 생태학자 밥 네이먼은 이러한 통념만으로는 생태계의 작동 원리를 온전히 설명하기 어렵다고 보았다. 하천생태학에서는 단방향적 해석이 주를 이룬다. 물과 영양분을 비롯한 여러 물질은 하류를 따라 흘러가 결국 해양 생태계에 이른다는 것이다. 나무는 개울가에서 많이 자라고 개울의 물은 바다로 내려가지만, 그 개울을 따라 바닷물이 다시 산 위로 거슬러 올라오는 일은 없다. 그런데 네이먼은 매년 바다에서 상류로 밀려오는 거대한 흐름 하나를 발견했다. 바로 산란을 위해 강을 거슬러 오르는 연어였다.

왕연어, 첨연어, 은연어, 곱사연어, 홍연어 등 태평양 북서부를 대표하는 연어들은 모두 개울에서 부화한다. 이들은 성장 초기에 강도래·하루살이·날도래 등 여러 곤충의 유충과 약충, 그리고 다양한 무척추동물을 먹으며 자란다. 그렇게 1년에서 길게는 3년까지 민물에서 머문 뒤 바다로 향한다.

연어의 몸을 이루는 성분 대부분은 바다에서 비롯된다. 실제로 몸무게의 95퍼센트 이상이 바다에 머무는 동안 얻은 양분으로 채워진다. 홍연어는 최대 4.5킬로그램, 왕연어는 13킬로그램까지 자라기도 한다. 이들이 즐겨 먹는 크릴과 새우는 연어 특유의 분홍빛 살을 만들어낸다. 멸치, 청어, 열빙어 같은 작은 물고기도 중요한 먹잇감이다.

밴쿠버섬 연안을 지키는 동물들을 관찰해 온 네이먼은 곰과 독수리가 여름마다 돌아오는 연어에 의존해 살아간다는 사실을 알게 되면서, 연어가 태평양 북서부의 강과 숲에도 영향을 주는지 궁금해졌다. 조류·설치류·곤충 등 이 지역에 서식하는 동물들이 숲의 하층에서 먹이 활동을 하며 영양분과 씨앗을 퍼뜨려 숲 형성에 도움을 준다는 정황은 있었지만, 바다에서 온 질소가 숲에서도 중요한 역할을 하고 있는지 확인한 사람은 없었다.

나무에서 연어를 찾을 수 있을까?

1987년 워싱턴대학으로 자리를 옮긴 네이먼은 미국 산림청에서 받은 소액의 연구비로 싯카가문비나무, 붉은오리나무, 양치류 등 하천가에 자라는 식물의 잎에서 동위원소 정보를 수집했다. 동위원소 가운데는 방사능을 띠지 않는 안정 동위원소라는 것이 있다. 이 책의 주연 중 하나인 질소에도 안정 동위원소가 두 가지 있는데, 경질소인 N14와 중질소인 N15가 그것이다.

이 중 N14는 지구상에 가장 흔하게 존재하는 질소지만, 연어와 곰의 배설물, 식물의 잎 등에 포함된 N15의 비율은 그 질소가 어디에서 유래했는지를 알려 주는 일종의 화학적 지문 역할을 한다. 여기에 탄소 동위원소 C12와 C13도 보조적인 정보를 더한다. 그래서 과학자들은 동물, 먹이, 영양소의 근원을 알아볼 때 보통 질소와 탄소의 동위원소를 함께 분석한다.

네이먼은 그의 제자인 짐 헬필드와 함께 알래스카 남동부 치차고프섬의 테나키만에서 해양 유래 영양분에 관한 연구를 시작했다(이 만은 카다선강과 인디언강 유역에서 흘러드는 물로 형성된 곳이다). 두 사람은 연어가 산란을 위해 오르는 하천 주변 식물과, 폭포에 막혀 연어가 도달하지 못하는 상류 지역 식물의 성장 속도와 동위원소 조성을 비교했다.

"연어가 드나드는 하천가 나무들이 그렇지 않은 곳보다 세 배나 더 빨리 자라고 있더라고요." 네이먼은 놀라움을 감추지 못한 채 말했다.

연어가 돌아오는 강가의 가문비나무 잎에서는 연어에서 유래한 영양소가 검출되었지만, 상류 지역 식물에서는 그런 흔적이 발견되지 않았다. 하천 주변 숲의 가문비나무 바늘잎과 버드나무,

포플러 잎에 포함된 질소 중 약 25퍼센트는 바다에서 유래한 것으로 나타났다. 나무는 연어에서 비롯된 질소를 흡수해 그것을 가지와 잎까지 끌어올렸다. 이 덕분에 나무는 더 빨리, 더 높이 자랐다. 연어에게도 이로운 일이었다. 울창해진 나무가 강물에 그늘을 드리워 여름철 수온을 낮추고, 물속에 떨어지는 나뭇가지들이 하천 구조를 다양화해 연어가 번식하고 자라기 좋은 환경을 조성했다.

앞서 초지 생태계와 식물성플랑크톤 사례에서 확인했듯, 질소는 1차 생산에 핵심적인 요소다. 질소가 부족하면 나무가 제대로 자라지 못하고 토양의 비옥도 역시 떨어지며, 탄소를 저장하는 능력도 제한된다. 연어를 통해 공급된 질소는 연어가 올라오는 하천 주변의 나무와 땃두릅나무 덤불, 양치식물에서 더 높은 농도로 나타났다. 유일하게 붉은오리나무만이 예외였다. 질소 고정 수목인 이 나무는 공기 중 질소를 활용해 자신이 자라는 기반암에서 다른 원소들을 끌어내는 데 쓴다. 내부에 공생하는 미생물들이 그런 역할을 한다. 물론 동물들도 유기 질소를 이리저리 옮기긴 하지만, 대기 중 질소를 생물들이 활용할 수 있는 형태로 바꿔주는 일은 오직 미생물만이 해낼 수 있다.

그런데 이 연어 유래 영양분은 어떻게 하천에서 멀리 떨어진 숲속까지 전달되는 걸까?

연어는 번식기에 이르면 먹이를 끊고, 자신이 태어난 강으로 돌아가 상류의 산란지까지 거슬러 오른다. 운이 좋은 개체는 산란을 마친 뒤 죽고, 사체는 빠르게 분해된다.

이 사체의 여정을 따라가 보자.

때때로 홍수가 나면 연어 사체는 산란지를 벗어나 범람원까지 밀려간다. 동물들도 영양분을 옮기는 데 한몫한다. 연안의 강을 따라 서식하는 수백 종의 동물이 죽은 연어를 먹잇감으로 삼는다. 갈매기는 눈부터 쪼아 먹고, 터키콘도르와 흰머리수리, 까마귀 같은 청소동물들이 강둑을 따라 잔치를 벌인다. 연어 생물량의 약 90퍼센트가 이렇게 소비된다. 이 포식자들은 나무 위로 날아올라 휴식을 취하고, 그 자리에서 배설하며 질소와 인을 숲속으로 퍼뜨린다. 실제로 이 연구가 집중적으로 이루어진 알래스카에서는 하천으로부터 300미터 이상 떨어진 지점에서도 연어 유래 질소의 흔적이 발견되었다.

곰은 산란을 눈앞에 둔 연어를 잡아먹는다. 그러고는 숲에서 똥을 쌀까? 물론이다. 몇몇 불곰은 강가를 벗어나지 않지만, 대부분은 정처 없이 숲속을 헤매며 곳곳에 배설물을 남긴다. 연어가 풍부한 지역에서는 덩치 큰 곰들이 자기 낚시터를 지키며 가만히 서 있지만, 힘에서 밀리는 곰들은 괜한 싸움을 피하려는 듯 연어를 낚아챈 뒤 자리를 뜨는 경우가 많다. 해양 유래 질소를 숲 깊은 곳까지 옮기는 주된 운반자는 바로 이 떠돌이 곰들일지도 모른다.

미국 국립공원관리청의 생물학자 그란트 힐데브란트와 그의 동료들은, 알래스카 케나이반도의 강을 따라 자라는 흰가문비나무의 질소 중 상당량이 불곰에 의해 전달된 것임을 보여주는 증거를 찾아냈다. (미국 본토 48개 주에서 연어가 사라진 일은 회색곰에게 '곰사냥총'의 등장 다음으로 최악의 사건일지도 모른다.)

하지만 여기서 더 중요한 사실은 개체 크기와 관계없이 곰이 숲에서 똥을 쌀 때 오줌도 같은 자리에 쏟아낸다는 점이다. "똥에는 질소가 거의 없지만 소변에는 꽤 많은 양이 들어 있어요." 네이먼은 이렇게 설명했다.

실제로 힐데브란트는 곰이 숲에 퍼뜨리는 질소의 약 96퍼센트가 소변으로 공급된다고 추정했다. 워싱턴대학의 연어생물학자 톰 퀸과 동료들은 곰들이 강가 숲으로 옮기는 질소의 양이 통상적인 산림 관리에서 투입하는 질소량과 맞먹는다고 평가했다.

20년에 걸쳐 퀸과 헬필드 그리고 동료 연구자들은 알래스카 브리스톨만의 한센크리크를 따라 2킬로미터 구간을 돌며 발견한 홍연어 사체 21만 7055구를 개울 오른쪽 둑에서 왼쪽으로 옮겼다. 대부분은 곰에게 잡혀 죽은 개체들이었다. 이후 조사해 보니 왼쪽 둑에서 자라는 흰가문비나무의 바늘잎에 해양 유래 질소가 더 많이 축적돼 있었다. 연어 사체는 숲의 토양에 주기적으로 영양분을 공급했고, 그 영양분이 20년 만에 나뭇잎까지 도달했다. 우리 감각으로는 느리게 보일 수도 있지만, 북위 60도에 가까운 알래스카 남서부의 나무들에겐 오히려 빠른 일이다.

연어 사체가 더해진 쪽에서는 나무의 성장률도 눈에 띄게 높았다. 헬필드는 이렇게 설명했다. "연어 사체에서 나온 적절한 양의 영양분은 나무의 동위원소 조성뿐 아니라 성장 속도에도 영향을 줍니다. 나무에 꽤 중요한 요소인 셈이죠."

그렇다면, 이게 왜 중요할까?

연어의 생애 주기와 그들이 운반하는 대량의 영양분은 산림 생태계에서 핵심적인 역할을 한다. 나무와 개울, 그리고 연어는 모두 긴밀히 연결되어 있다. 헬필드와 네이먼은 하천 주변의 숲이 그늘을 제공하고, 퇴적물과 영양분을 걸러내며, 큰 나뭇가지 같은 구조물을 만들어냄으로써 하천 서식지의 질에 영향을 준다고 설명했다. 연어가 전달하는 영양분은 다음 세대 연어들의 서식 환경을 개선하고, 태평양 북서부와 알래스카의 하천 지대가 오랫동안 생산성을 유지하도록 돕는다.

이런 순환에 관한 지식은 오래전부터 지역 사회의 생태 감각 속에 스며 있었던 듯하다. 《어머니 나무를 찾아서Finding the Mother Tree》의 저자 수잔 시마드에 따르면 태평양 북서부의 누차눌스족, 하이다족, 틀링깃족 같은 부족들은 연어를 훈제하거나 말리거나 익힌 뒤 내장을 숲속에 묻어 블루베리 덤불의 비료로 쓰고, 뼈는 개울에 돌려보내 생태계를 되살렸다고 한다.

연어와 곰, 그리고 다양한 야생동물이 사라진 숲에서는 인간이 그 빈자리를 메워야 할지도 모른다. 실제로 어느 지역에서는 댐을 넘지 못하는 연어를 대포로 쏘아 댐 위로 옮겨주기도 하고, 예전의 자연스러운 영양분 순환 경로를 복원하기 위해 죽은 연어나 알갱이 형태의 연어 성분을 개울에 흩뿌리기도 한다.

네이먼은 몇 가지 미해결 과제를 남겨둔 채 2012년에 은퇴했다. 그는 전화 통화에서 이렇게 말했다. "연어 사체 하나에 구더기가 3000마리쯤 생기는데, 강가에는 그런 사체가 수천 구씩 흩어져 있었죠." 그렇게 부화한 검정파리들은 숲속으로 퍼져나가며 배설물과 사체를 통해 양분을 숲 바닥으로 옮길 것이다. 알에서 성충이 되기까지 이들의 생애는 고작 3주에 불과하다.

양분은 지하로도 이동할 수 있다. 나무 뿌리와 균류 네트워크를 따라 질소와 인이 나무 사이를 오가게 되는 것이다. 네이먼은 연어에서 비롯된 양분이 강에서 100~200미터 떨어진 곳에서도 발견되었다며 곰의 오줌만으로는 설명이 안 되는 양이었다고 설명했다. 나무를 통해 양분이 전달된다고 볼 만한 정황이었다.

"궁금한 건 다 해결하셨나요?" 그는 곧 알래스카에 있는 야쿠타트로 낚시하러 갈 예정이라고 했다. 그곳은 은연어가 올라오는 지역이다. 잡은 물고기는 어떻게 할 거냐고 내가 물으니 이렇게 답했다. "저는 연어를 많이 잡아 죽이는 걸 좋아하지 않아서요."

네이먼은 잡은 연어 대부분을 강에 돌려보낼 것이다. 곰과 독수리, 어쩌면 나무들까지 그들을 기다리고 있을 테니까.

알래스카 브리스틀만 상류에 있는 워싱턴대학 연어연구기지 네르카Nerka에서의 첫날, 수산과학부 교수인 대니얼 쉰들러와 나는 작은 보트를 타고 픽크리크로 향했다. 쉰들러가 많은 생태학자들이 연어의 주요 서식지로 꼽는 이곳을 내게 보여주기로 한 것이다. 우리가 그곳에 머무는 동안 하루에 350만 마리가 넘는 홍연어가 그 물길을 거슬러 돌아왔다. 연어들이 절정기에 이른 때였다.

방수 장화를 신고 알루미늄 보트에서 기어 내려간 우리는 개울 입구에서 반짝이는 연어의 물결을 보았다. 홍연어는 빛깔이 놀라울 정도로 밝았다. 빙하 자갈 위로 맑은 시냇물이 흐르고, 드넓은 보호구역과 높고 푸른 산이 있는 네르카 주변 지역은 최적의 연어 산란지다. 쉰들러는 이질적인 주변 환경이 이 지역의 가치를 높인다고 말했다. 브리스틀만 유역에는 호수 해변, 하곡, 빙하 자갈밭, 개울, 갈색 습지 등 다양한 환경이 펼쳐져 있어 연어를 포함한 여러 야생동물이 깃들기 좋은 곳이다.

스물여섯 번의 여름을 알래스카의 비와 햇볕 속에서 보낸 쉰들러는 얼굴에 깊은 주름이 새겨져 있었다. 그는 이 개울에서 홍수와 가뭄, 폭염과 한파를 모두 경험했다. 이렇게 변화무쌍한 환경이 마치 투자에서의 '포트폴리오 효과'처럼 생태계의 다양성과 회복력을 키워준다고 쉰들러가 덧붙였다.

우리는 연어들이 산란하는 개울에 잠시 서서 아래로 떠내려가는 붉은 알들을 지켜보았다. 내가 연어 등의 혹을 만져보려고 허리를 굽히니 연어는 재빨리 손을 피해 달아났다. 그러자 쉰들러가 이렇게 말했다. "저 연어들은 육지에서 온 포식자를 본 적이 없지만, 그들의 유전자에는 적에 대한 정보가 새겨져 있죠."

그날 아침 보트를 타고 이동하던 중에 우리는 민물 무지개송어를 낚고 있는 낚시꾼들 곁을 지나쳤다. 쉰들러는 송어를 가리키며 말했다. "저 커다란 무지개송어들은 에너지의 90퍼센트를 바다에서 얻고 있을 겁니다."

무지개송어는 해산물을 먹기 위해 바다로 나갈 필요가 없다. 날카로운 이빨과 불룩한 혹을 지닌 큰 수컷과, 알을 가득 품은 날렵한 암컷 홍연어로부터 에너지를 공급받기 때문이다. 홍연어는 무지개송어에게 바다의 영양분을 공급해주며 이 지역에 형성된 수억 달러 규모의 '트로피 어장trophy fishery'(특정한 대형 어류를 지속적으로 어획할 수 있도록 관리하는 어장)⁺이 유지되도록 돕는다. 송어가 연어 알을 먹고 있는 사이 수상비행기가 끊임없이 내려앉는다. 그러고는 어육과 이야기를 싣고 돌아간다.

쉰들러는 물가에 올라온 홍연어 몇 마리를 집어 들어 개울에 다시 던져 넣었다. "어떻게 여기까지 왔는데요. 한 번 더 기회를 줘야죠."

그 연어들은 개울에서 치어로 무사히 몇 해를 보내고, 사춘기에 해당하는 연어화smolthood 시기에 접어들어 바다로 나갔다가, 무수한 어구를 피해 다시 이곳으로 운 좋게 돌아온 녀석들이었다. 브리스틀만은 전 세계 홍연어 공급량의 약 절반을 책임지는 곳이다.

연어의 덕을 보는 것은 어부만이 아니다. 홍연어는 생태계를 유지하는 데 중요한 역할을 한다. 새빨간 연어로 가득 찬 이 지역의 개울은 마치 피가 흐르는 순환계처럼 보인다. "삶이란 죽은 자들의 휴가일 뿐"이라고 한 배우 톰 웨이츠의 말처럼, 이곳의 연어들은 모두 단기 체류자들이다. 빠르게 나타나 급히 산란하고 죽는다. (개울에서 몸부림치는 이들의 모습을 보면 삶이 휴가처럼 느껴지지는 않지만.)

연어는 자갈 속에 알을 낳기 위해 개울 바닥을 헤치며 생물교란 작용bioturbation을 한다. 나는 산란 중인 암컷 한 마리를 밟고 발을 떼는 순간 또 다른 한 마리를 밟고 말았다. 바다에서 산으로 이어지는 연어 행렬은 마치 일본 초밥집의 회전 레일을 보는 듯했다.

쉰들러가 손을 뻗어 물의 온도를 쟀다. 섭씨 5.5도였다. 모퉁이를 돌자, 자갈이 깔린 얕은 물가에 연어가 서른 마리쯤 떼 지어 모여 있었다. 산란이 임박한 듯했다. 나중에 나는 근처 개울에서 쉰들러와 동료들을 도와 연어 수백 마리에게 꼬리표를 다는 작업을 함께 했다. 개울의 굽이마다 연어가 빼곡히 들어차 있었는데, 지나칠 정도로 풍부한 그 광경에 나는 감탄을 넘어 화가 날 지경이었다.

"이봐, 곰!"

개울을 따라 오르던 중 쉰들러가 소리쳤다. 곰이 우리와 마주쳐 놀라기라도 하면 위험하기 때문에, 앞이 잘 보이지 않는 굽은 길에서는 곰에게 우리가 다가가고 있다는 사실을 미리 알려주는 게 좋다.

머리에 이빨 자국이 남은 연어 사체들이 곳곳에 널려 있었다. 곰들이 연어 떼를 헤집어놓은 흔적이었다. 한 보고에 따르면, 연어가 드나드는 개울 근처의 곰 밀도는 연어가 없는 지역보다 무려 80배 높다고 한다. 개울가 이곳저곳에 곰이 연어를 낚아채느라 풀밭을 짓이겨 놓은 자리가 있었다. 쉰들러는 그런 곳을 '곰의 부엌'이라 불렀다. 죽은 연어, 곰의 오줌, 진흙으로 범벅이 된 기름진 공간. 그중 한 곳에는 발톱 자국이 깊이 팬 커다란 곰 발자국이 한가운데에 선명하게 찍혀 있었다. 나는 허리에 찬 곰 퇴치 스프레이를 의식적으로 더듬으며 물었다.

"이거, 효과가 있을까요?"

"총을 들고 있으면 곰이 물러날 확률이 50퍼센트 정도지만, 페퍼 스프레이를 쓰면 95퍼센트로 올라간다는 통계가 있어요."

쉰들러가 말을 이어갔다.

"곰의 습격을 연구하는 캐나다 출신 전문가가 있어요. 《야생동물생태학회지 Journal of Wildlife Biology》에 실린 그의 논문을 보면 회색곰이 텐트에서 사람을 끌어내 잡아먹은 사건이 나오는데, 그건 전형적인 포식성 공격이었죠. 하지만 곰은 대부분의 경우 사람이 근처를 지나가도 건드리지 않아요."

그래도 무섭기는 마찬가지였다. 나는 그날 밤 연구 기지로 복귀해 문고리 왼쪽에 걸려 있는 곰 스프레이를 보고서야 안도의 한숨을 내쉴 수 있었다.

연어가 여전히 넘쳐나는 한여름에 곰들은 입맛이 까다로운 편식쟁이가 된다. 수컷의 기름진 혹이나 암컷의 알만 뜯어 먹고 나머지는 버린다. 하지만 연어가 산란을 마치고 나면 상황은 달라진다.

"철이 끝날 무렵이면 곰이 먹을 수 있는 건 가죽과 뼈, 그리고 남은 찌꺼기밖에 없어요."

연어의 이동은 대개 3주 정도 이어지고, 그 시기가 지나면 곰들은 다른 곳으로 떠난다. 쉰들러는 설명을 이었다.

"중요한 건 연어의 수가 아니라 시간이에요. 곰은 세 달 동안 1년 치 먹이를 해결해야 하니까요."

불곰은 혹등고래처럼 여름 동안 비축한 에너지를 바탕으로 겨울을 나는 자본번식동물이다. 6월에 몸이 큰 수컷은 340킬로그램 정도 나가는데, 매일 수십 마리의 홍연어를 먹으면서 하루에 많게는 2킬로그램 가까이 살을 찌운다. 연어 이주가 끝날 무렵이면 그 곰의 몸무게는 450킬로그램을 넘어선다.

네르카에서 동쪽으로 약 160킬로미터 떨어진 카트마이국립공원에서는 '팻베어위크Fat Bear Week'라는 행사를 열어, 시민들이 곰들의 체중 변화 전후 사진을 보고 살이 가장 많이 오른 곰을 뽑게 한다. 2021년 10월에는 투표자 수가 60만 명을 넘어섰다. 우승자는 네 번의 우승 경력이 있는 480번 곰, '오티스'였다. 그 이듬해에는 '베어포스원'이라 불리는 747번 곰이 두 번째로 우승을 차지했다.

오티스와 베어포스원처럼 몸집이 큰 곰은 체중을 30퍼센트까지 늘릴 수 있다. 인간으로 치면 68킬로그램이던 사람이 두어 달 사이에 88킬로그램이 되는 셈이다. 자코메티에서 보테로가 되는 것이다. 살이 붙으면 곰은 점점 거대해진다. 그런 다음 동면에 들어가 체지방으로 1년의 절반을 버틴다. 그동안 질소와 인이 풍부한 단백질이 곰의 몸 기능을 조절해 준다. 인슐린 농도는 변하지 않는다. 놀랍게도 체중이 오르내리는 동안에도 곰은 힘과 근육량을 잃지 않고 건강을 유지한다.

연어들이 상류로 헤엄치는 모습을 지켜보다 곰에게 물린 사체를 보니 한편으로는 복잡한 감정이 들었다. 그 연어들은 목적지를 코 앞에 두고 있었다. 바다에서 몇 년을 살아남고 굶주린 상태로 몇 주 동안 위험을 무릅쓰고 먼 거리를 이동해(이 과정에서 5마리 중 3마리가 그물에 걸려 죽는다) 상류로 올라와서는 곰의 입에 물려 죽음을 맞이한 것이다. 대장정을 마친 후 산란 직전에 죽고 마는 연어의 생애가 비극적으로 느껴진다.

그래도 그들의 죽음은 헛되지 않다. 연어 사체는 곰과 청소동물의 먹이가 되고, 다음 세대의 연어와 지역 야생동물이 살아갈 서식지에 양분을 공급한다. 퀸은 곰들이 먹은 연어의 절반 정도가 숲으로 옮겨졌다고 밝혔다. 나는 개울가와 산을 가득 채운 나무들을 바라보며, 그들을 지탱하는 영양분 중 바다에서 온 것이 얼마나 될지 궁금해졌다.

픽크리크의 끝자락에 이르자 숲이 벽처럼 앞을 가로막고 있었다. 흰가문비나무, 자작나무, 검은미루나무가 빽빽이 들어선 그곳은 누가 봐도 길의 종착점이었다. 오른쪽에는 가문비나무 아래로 개울과 풀밭이 내려다보이는 평평한 땅이 있었다. 쉰들러는 거기가 곰의 침실이라며, 언덕 아래에는 주방과 잘 채워진 식료품 저장고까지 마련되어 있다고 했다. 곰 세계의 부동산 사이트에 올라가면 최고가 매물이 될 거라는 우스갯소리와 함께.

네르카에 머무는 동안 토기악 국립야생동물보호구역Togiak National Wildlife Refuge의 관리자 패트 월시가 나를 찾아왔다. "150년 사이에 예전 같으면 돌아왔을 물고기 50~60퍼센트가 사라졌어요. 그 물고기가 가져다주던 영양분도 모두 없어졌죠. 그런데도 이 생태계에 변화가 없었다고 믿기 어렵습니다. 우리가 스코틀랜드, 영국, 뉴잉글랜드, 오리건, 캘리포니아와 같은 길을 가고 있는 걸까요?"

그가 말하는 동안, 호수에서 30분간 막대기를 쫓아다니다 돌아온 개가 야외 테이블 밑에서 낑낑대고 있었다. 월시는 나를 쳐다보며 말을 이었다. "여기 연어가 더 건강한 이유는 땅이 아직 온전히 살아 있기 때문이에요."

네르카에 있으면 마치 시간이 거꾸로 흐른 듯한 기분이 든다. 초기 정착민들은 북미를 가리켜 물고기 등을 딛고 강을 건널 수 있는 곳이라고 했다. 지금은 상상하기 어렵지만 1500년대라면 정말 그랬을지도 모른다. 뉴욕 퀸스칼리지의 생물학자 존 월드먼은 〈뉴욕 타임스〉에 기고한 글에서 이렇게 썼다.

"노바스코샤를 탐험하던 유럽인들은 연안 가까이에 바구니만 던져도 커다란 대구를 쉽게 건져 올릴 수 있었다. 카리브해에서는 스페인 선원들이 바다를 가득 메운 바다거북을 목격했다. 고래는 셀 수 없을 만큼 많았다. 산란기에 바다에서 강으로 거슬러 올라가는 청어 떼도 형언할 수 없을 정도로 많았다.

네르카 주변에는 벌목의 흔적이 없다. 산은 손길이 닿지 않은 자연 그대로의 모습이고, 야생동물도 상당히 많다. 비록 어업이 왕성하고 곰 사냥이 이루어지고 있지만 말이다. 내가 그곳에 있을 때 적어도 하루에 한 번은 곰과 마주쳤는데 대부분 도망갔다. 새끼를 데리고 산등성이를 가로질러 달아나는가 하면 덤불 속으로 기어들어 가기도 했다. 그렇다 보니 우리는 곰보다는 곰 발자국과 진흙 같은 갈색 배설물을 자주 보았다.

알래스카에 오기 전에 월시는 에이본파크 공군 기지에서 국방부 소속 생물학자로 일하며 열두 종의 멸종위기 동물을 관리했다. "정말 흥미로운 일이었지만, 북미참새와 플로리다덤불어치, 붉은벼슬딱따구리가 해마다 줄어드는 걸 지켜보기가 점점 힘들어졌어요."

워싱턴 노스웨스트수산과학센터에서 연어 복원을 연구하는 쉰들러의 제자 조지 페스는 그 일이 미국 본토에서 연어를 연구하는 것과 다르지 않다고 말했다. 태평양 연어는 모두 연어속 Oncorhynchus에 속하는 여섯 종으로, 생애 말기에 단 한 번 번식하는 일회산란성 어류다. 이들의 분포 범위는 일본에서부터 캘리포니아에 이르기까지 넓게 퍼져 있다. 그러나 태평양 북서부에서는 연어 개체 수가 심각하게 감소해, 산업용 댐과 상업적 어업이 본격화되기 전인 100여 년 전 약 7000만 마리였던 개체 수가 현재는 500만 마리로 줄어들었다. 한때 이 강을 헤엄치던 연어는 100마리 중 여섯 마리꼴로 살아남은 셈이다. 현재 29개의 연어 개체군이 멸종위기종보호법 Endangered Species Act에 따라 보호받고 있다. 남아 있는 연어 중 상당수는 양식장에서 길러져 식용으로 소비된다. 그 외에 야생 연어들은 바지선이나 트럭에 실려 거대한 댐들을 우회하여 이동한다.

컬럼비아강은 캐나다 브리티시컬럼비아주에서 시작해 미국

서부 7개 주를 지나며, 워싱턴주와 오리건주의 경계를 따라 태평양으로 흘러든다. 100년 전만 해도 세 가지 계통의 왕연어를 비롯해 은연어, 홍연어, 무지개송어, 첨연어 등 매년 1500만 마리의 연어가 산란을 위해 이 강으로 돌아왔을 것으로 추정된다. 하지만 수십 년에 걸친 남획과 관개, 벌목, 방목으로 인한 서식지 파괴는 연어 개체 수에 큰 타격을 주었다. 스포캔 서쪽에 자리한 그랜드 쿨리댐도 예외는 아니다. 이 댐은 건물 40층에 해당하는 높이와 약 1.6킬로미터에 달하는 너비로, 컬럼비아강 상류로 이어지는 연어의 회귀 경로를 가로막았다. 그 결과 지금은 이 강을 따라 회귀하는 연어 수가 연간 200만 마리에도 못 미친다.

브리티시컬럼비아의 프레이저강에서도 한때는 4년 주기로 3천만 마리 이상의 홍연어가 강을 거슬러 올랐지만, 그건 인간이 강과 어류 생태계에 손대기 전의 일이다. 2020년에는 그 수가 40만 마리 이하로 급감했다. 불곰과 늑대, 그 외 사냥동물과 청소동물은 중요한 먹잇감을 잃었다.

유럽인이 도착했을 무렵 서부에서는 5만 마리 이상의 회색곰이 약 260만 제곱킬로미터 면적에 걸쳐 서식했을 것이다. 그러나 지금은 옐로스톤 주변을 중심으로 약 1500마리만이 남아 있다. 물고기가 줄어들면 곰뿐 아니라 숲과 하천도 피해를 입는다. 숲에서는 질소와 인 등 여러 영양소가 부족해지며, 강둑을 따라 자라던 식물들의 성장이 느려지고, 물길은 침식되기 쉬운 상태에 놓인다. 하천의 영양분이 고갈되면 조류와 같은 미생물도 사라진다.

과학자들은 이처럼 영양분이 결핍된 상태를 **빈영양**oligotrophic 이라고 부른다. 이러한 환경은 숲에도, 수생 무척추동물과 연어에게도 좋지 않다. 부모 세대의 연어 사체가 없으면 새끼 연어는 체중이 줄고 성장이 더뎌지며 유전적 다양성도 떨어진다. 결국 이들 중 많은 수가 생존하지 못한다.

"심장마비 일어나지 않게 조심해요." 연구 기지 뒤에 있는 산을 오르던 중 쉰들러가 나를 돌아보며 말했다. 그곳은 내가 버몬트에서 익숙하게 오르던 구불구불한 산길과는 전혀 달랐다. 등산로가 있긴 했지만, 꼭대기까지 곧장 이어지는 가파른 길이었다. 나는 숨이 차서 말도 제대로 할 수 없었다. 맥박이 빠르게 뛰었다. 일행 중 한 명은 쉰들러의 속도에 맞춰 언덕을 오르는 대신, 불곰과 마주치는 위험을 감수하며 중도 포기한 터였다.

"가끔 산 중턱에서 연어 사체를 발견하면 주위에 양분이 많을 거라 생각할 수 있지만, 모두 합쳐봐야 얼마 되지도 않아요." 쉰들러가 말했다.

"그럼 곰이 싸는 오줌과 똥은요? 그걸로 개울에서 숲으로 영양분이 옮겨진다고 생각하세요?" 내가 물었다.

"그렇긴 하지만 그것도 몇 미터 이내에 불과해요." 쉰들러는 이렇게 답하며 연어 사체와 곰의 오줌이 숲에 영양분을 공급한다는 주장을 "완전한 헛소리"라고 일축했다. "저는 사람들에게 그건 성경에 나올 법한 이야기라고 말해요. 그럴듯하게 들리지만 실제로는 거의 확인된 적이 없어요."

몇 차례 대화를 나누는 동안 쉰들러는 안정 동위원소에 의존한 연구가 쏟아지는 데 대해 우려했다. 강 주변 환경의 특성 때문에 실험 결과를 신뢰하기 어렵다는 것이다. 예를 들어 물에 푹 젖어있는 범람원의 토양에서는 해양 유래 영양소와 관련된 신호가 과도하게 나타날 수 있다. 쉰들러는 지금까지의 나무 측정 방식에 대해 문제를 제기하며, 질소가 이 지역의 생산성에 큰 영향을 미쳤는지 의문스러워했다.

그는 오랫동안 연어의 이동에 따라 계절적으로 유입되는 양분의 흐름에 대해 글을 써왔다. 연어는 자갈 틈새에 알을 낳는다. 우리가 픽크리크를 따라 오르며 실감했듯, 연어가 산란 둥지를 만들 때는 개울 바닥이 흔들릴 만큼 교란이 일어난다. 쉰들러의 연구에 따르면, 이 산란 과정에서 발생한 교란으로 인해 퇴적물이 다량 떠내려가면서 연어가 몸에 지니고 올라오는 양에 비하면 적지만 상당한 질소와 인이 하류로 방출된다.

산 정상 근처에 도착한 우리는 바람이 거센 절벽에 자리를 잡고 앉았다. 아래로는 초록빛 산들에 둘러싸인 네르카호수가 펼쳐져 있었다. 쉰들러와 그의 동료들은 곰의 부엌에서 채취한 흙을 이용해 질소 농도를 측정하는 실험을 진행한 적이 있는데, 곰들이 활동하는 동안 질소 농도가 급증했다고 한다. 그러나 곰의 접근을 막기 위해 전기 울다리를 설치하자 1년 만에 모든 수치가 원점으로 돌아갔다. 대신 미생물은 여전히 활발히 번성했다. 미생물은 건강한 생태계에 필수적이지만, 인근 식물의 성장을 촉진하는 데에는 영향을 미치지 않았다.

쉰들러는 동물이 중요하다는 점을 부정하지 않았다. "동물이 생태계에 별 영향을 미치지 않는다고 생각하는 건 터무니없는 일이에요. 그런데 생물지구화학 분야의 연구에서는 여전히 그 사실을 받아들이려 하지 않죠."

연어알을 먹는 물고기나, 연어와 여러 물고기를 먹는 곰처럼 분명히 많은 동물이 연어의 이동으로 혜택을 받고 있다. 쉰들러는 말을 이었다. "청소동물의 세계는 거대하거든요. 짧은 시간 동안 특정 지역에서 연어 사체를 둘러싼 생태계 활동이 집중적으로 일어나죠. 사체가 사라지는 속도는 믿기 어려울 정도로 빠릅니다."

나는 당시 네르카에 와 있던 쉰들러의 제자이자 워싱턴대학 교수인 고든 홀트그리브에게도 연어에서 유래한 영양분에 관해 물었고, 그는 이렇게 답했다. "이 생태계에서 수십 수백 종의 생물이 온전히 연어에 의존해 자란다는 대단히 설득력 있는 증거가 있어요. 연어를 먹는 생물들이 얻는 효과는 분명합니다. 하지만 사체의 양분이 식물을 위한 비료로 작용한다는 견해는 애매한 부분이 있어요."

홀트그리브는 수치에 이의를 제기하지는 않았지만, 연어의 효과에 대해 지나치게 낙관적인 해석이 많다고 보았다. 그는 자신의 의견이 소수에 불과하다는 점을 인정하며 이렇게 말했다. "재미있는 논쟁이에요. 반대하는 목소리가 너무 작아서 사실상 논쟁이라고 하기 어렵지만, 그래도 우리는 꽤 다른 결론을 내렸어요."

그의 말은 일리가 있었다. 나는 그와 비슷한 회의적인 시각을 우연히 접한 적이 있었다. 쉰들러가 워싱턴대학에 고래 생태학 강연을 하러 왔을 때였다. 내가 곰과 연어의 상호작용에 관심이 있다고 말하자, 그는 지금 생각하면 폭탄이라 할 만한 주장을 했다. "그건 거의 신화에 불과해요! 진짜로요. 과장된 분석과 부실한 연구로 나온 안정 동위원소 데이터가 만들어낸 이야기랍니다."

홀트그리브는 내게 흥미로운 경험담을 하나 들려주었다. "산

너머에 여름 별장이 있는데, 그곳 강에 작은 왕연어가 올라와요. 제 딸이 일곱 살쯤 되었을 때였나, 왕연어의 등뼈와 아가미판을 발견해 들고 와서는 내게 보여주었어요. 아주 작은 크기였죠."

그는 딸에게 그 뼈의 정체와 구별하는 법을 알려주었다. 나중에 만난 현지 생물학자에게도 등뼈 이야기를 들려주었더니, 그가 뼈의 행방을 물었다. 홀트그리브는 퇴비 통에 버렸다고 했다. 그러자 생물학자는 워싱턴주 어류 및 야생동물관리부에서 그 사실을 알면 매우 화를 낼 거라고 말했다.

"왜요?"

"바다에서 온 영양분을 제가 버렸으니까요."

홀트그리브는 내게 말했다.

"그들은 숲을 보지 않고 나무만 보고 있어요. 그 정도 영양분은 제가 아래로 내려가서 오줌 한 번만 누면 다시 채워질 건데 말이에요."

네르카에서의 마지막 하루, 나는 알라크리크에 홍연어를 조사하러 가는 쉰들러와 조지 페스를 따라 나섰다. 페스는 죽은 연어를, 쉰들러는 살아 있는 연어를 셌다. 살아 있는 연어는 선명한 빨간색을 띠고 강을 거슬러 올라가려는 의지가 뚜렷했다. 기운이 없고 색도 흐릿해진 연어도 이따금 보였는데, 그들은 죽음이 임박한 상태였다. 한편, 이미 죽은 연어는 마치 더럽혀진 잿빛 행주처럼 나뭇가지에 걸려 있거나 소용돌이에 휘말려 돌아가고 있었다.

우리는 오리나무, 미루나무, 가문비나무 아래로 분홍바늘꽃이 드문드문 보이는 터널을 걸었다. 쉰들러는 180미터마다 한 번씩 멈춰 방수 노트에 꼼꼼히 숫자를 기록했다. 살아 있는 연어와 사체의 비율은 대략 2 대 1이었다.

나는 생애 마지막 날을 맞은 듯한 연어 두 마리가 짝짓기를 하는 모습을 지켜보았다. 바다에서 2~3년을 보낸 뒤 빈 속으로 물살을 헤치고 작은 폭포를 넘어 수십 킬로미터를 거슬러 올라와 마침내 대장정의 끝에 다다른 그들이었다. (어느 지역에서는 홍연어가 약 1500킬로미터 거리를 이동해 해발 2000미터까지 올라가기도 한다.)

연어가 자신이 태어난 곳을 어떻게 다시 찾아가는지는 아직 명확히 밝혀지지 않았다. 하지만 홍연어의 가까운 친척인 왕연어를 통해 단서를 얻을 수 있다. 이들은 지구 자기장을 감지해 고향 강의 어귀를 찾아낸 뒤, 특정 토양과 식물에서 풍기는 고유한 냄새에 의지해 자신이 태어난 개울로 향하는 것으로 추정된다.

먹고, 굶고, 산란하고, 죽는다.

운이 좋다면 이 순서대로 삶이 흘러간다. 칼럼니스트 모린 다우드는 이런 말을 했다, "물러나는 시점에 따라 역사책에서 차지할 자리가 결정될 수 있다."

알라크리크의 연어들에게는 쉰들러가 정갈하게 기록한 현장 노트가 그 역사책이 되었다.

쉰들러는 연어만큼이나 단호하게 강을 거슬러 올라갔다. 페스와 나는 그 뒤를 따라 걷느라 애를 먹었다. 자갈이 조류로 뒤덮여 미끄러웠는데, 배에서 내릴 때 쉰들러가 건네준 등산용 지팡이가 있어서 그나마 다행이었다. 100여 미터마다 곰의 부엌이 나타났다. 어떤 곳은 연어의 뼈와 알이 흩어진 채 미끈하게 엉겨 있었고, 또 어떤 곳은 덤불을 헤집고 지나간 흔적만 남아 있었다. 한번은 곰의 부엌을 지나다가 이끼 위에 흩어진 밝은 연어알들과 진흙에 처박힌 머리 없는 사체를 보았다. 등에는 이빨 자국이 선명했고 구더기들이 들끓고 있었다. 사체는 이제 파리와 온갖 곤충의 차지가 되어 있었다.

우리는 곰의 부엌에서 멀지 않은 자갈밭에서 점심을 먹기 위해 잠시 멈췄다. 쉰들러는 청어 통조림을 꺼내 크래커에 얹어 먹고는 빈 깡통을 강물에 헹궈 배낭에 넣었다. 그러곤 지름길로 가자고 했다. "좀 험하긴 해요."

페스와 나는 눈앞의 황갈색 자갈로 뒤덮인 절벽을 올려다보았다. 회색곰이라면 모를까, 우리에게는?

쉰들러는 곰 발자국처럼 보이는 곳에 발을 딛고는 언덕을 기어오르기 시작했다. 《사이언스》의 한 필자는 쉰들러가 회색곰과 묘하게 닮았다고 쓴 적이 있는데, 이제 보니 정말 그랬다. 근육질 어깨와 짙은 눈썹, 두툼한 이마, 그리고 야구 모자 밑으로 삐죽 나온 갈색 머리카락까지.

밑에서 올려다본 절벽은 경사가 30도에 달할 정도로 가파르게 느껴졌다. 페스와 나는 자갈이 점점 더 빠르게 떨어지는 모습을 지켜보았다. 땅이 흔들리면서 왠지 주위를 둘러싼 산 전체가 무너져 내릴 것 같았다. 떨어지는 자갈 덩어리도 점점 더 커지기 시작했다. 돌 하나가 내 가슴을 스칠 뻔하자 페스와 나는 얼른 개울 쪽으로 물러섰다.

쉰들러는 능선에 다다라 뒤를 돌아봤다. 내 차례였다. 경사면에 있던 곰 발자국이나 발 딛기 좋은 부분은 이미 사라진 터라 나는 오리나무 가지를 잡고 부츠로 돌비탈을 눌러 밟으며 올라갔다. 가까스로 정상 부근에 도착해서 보니 쉰들러가 있는 곳은 맞은편 언덕이었다. 이번에는 발 밑이 트여 있는 절벽 사이를 건너야 했다.

나는 망설이다가 쉰들러 아니면 곰이 남겨놓았을 발자국을 따라 기어 올라갔다. 이끼가 낀 바위를 움켜잡고 능선 위로 배를 내밀며 건너편 언덕 위로 엎어졌다. 돌아보니 아래쪽에서 오리나무가 흔들리고 있었다. 곰이 다가오는 줄 알았는데 알고 보니 페스였다. 그는 마지막 폭포를 넘으려 고군분투하는 연어처럼, 나뭇가지를 붙잡고 결연한 태세로 올라오고 있었다. 그러다 경사면에서 자갈이 떨어지는 바람에 발을 헛디뎠다. 쉰들러가 손을 뻗어 페스의 등산용 지팡이를 잡고 위로 끌어 올렸다.

"이래서 제가 제일 먼저 올라온 거예요." 쉰들러가 놀리듯 말했다.

우리는 쉰들러를 따라 긴 풀이 뒤덮고 있는 언덕을 넘었다. 발목을 삔 지 얼마 되지 않은 상태라 여기서 다치면 정말 끔찍할 것 같다는 생각이 들었다. 숲속에서 구조대를 기다리며 하룻밤을 보내는 건 상상도 하기 싫었다. 아직도 우리의 여정은 끝날 기미가 보이지 않았다. "얼마나 더 가야 할까요? 지름길이 생각보다 머네요." 내가 말했다.

우리는 곰이 뒹굴고 있던 너른 풀밭을 지나 진흙탕 개울을 미끄러지듯 내려가서야 처음 출발했던 원래 개울에 도착했다. 그날 오후에 할 일은 다 끝난 것 같았다. 데이터 수집 지점을 30곳이나 도느라 애를 먹었지만, 현장 조사라는 게 원래 그런 것이니 받아들였다.

하지만 쉰들러는 또 다른 계획을 가지고 있었다. 알라크리크를 따라 내려가던 중, 그는 나중에 진행할 분석 작업을 위해 반쯤 썩은 연어 220마리를 찾아 이석을 수집할 거라고 말했다. 이 '귓속의 돌'을 살펴보면 연어가 바다에서 보낸 시간이 두 해인지 세 해인지, 그리고 어디에서 산란했는지 알 수 있다.

날카로운 칼을 손에 든 쉰들러가 물었다. "자, 그럼 연어를 모아 올래요?"

나는 개울을 따라 내려가며 죽은 물고기들을 자갈밭과 곰의 부엌에 줄지어 놓았다.

"찾은 건 이리로 가져와요."

페스가 연어 머리를 갈라 이석을 꺼내며 외쳤다. 연어들은 각기 다른 상태로 부패해 있었다. 죽은 지 오래되어 회색으로 바랜 개체가 가장 많았고, 몇몇은 갈매기에게 눈을 쪼아 먹힌 채였다. 아직 숨이 붙어 있는 듯한 연어도 있었다. 특히 선명한 붉은빛이 여전하던 수컷 한 마리는 내가 사체들을 줄 세우던 중 갑자기 턱을 움직여 목가적인 풍경 한복판에서 섬뜩한 기분을 맛보게 했다. 우리는 암컷과 수컷을 각각 110마리씩 수집했다. 보트로 돌아올 즈음엔 다시는 죽은 연어를 보고 싶지 않다는 생각이 들었다.

1910년, 워싱턴주의 올림픽반도에서는 엘와댐Elwha Dam 건설이 시작되었다. 급성장하던 포트앤젤레스Port Angeles에 전력을 공급하고 지역 경제를 끌어올리겠다는 야심 찬 목표로 착공된 이 댐은, 당시로선 드물게 물을 저수지에서 강 하류로 90미터 이상 떨어뜨리는 고낙차high-head 방식으로 지어졌다.

댐이 세워지기 전까지만 해도 이곳 엘와강에는 연어를 비롯한 회귀성 어류의 회유 경로가 열 개나 있었다. 곱사연어, 첨연어, 홍연어, 왕연어, 은연어 등 태평양 연어 다섯 종뿐만 아니라 송어와 무지개송어도 발견되곤 했다. 많을 때는 수십만 마리의 연어가 엘와강을 거슬러 올라 산란을 했다. 그래서 '생태 터널', 즉 어도fish ladder를 만들기로 했지만 건설업자들이 그 약속을 지키지 않았다. 그 결과 엘와강 유역 대부분이 바다와 단절되어 회귀성 어류 서식지 중 90퍼센트가 사라졌다.

엘와강만이 아니다. 세계 곳곳의 강이 수천 개의 댐으로 가로막혀 있다. 이 같은 댐은 물고기 개체 수를 급감시키고, 해양에서 산악 계곡으로 이어지는 영양분의 동맥을 막아선다. 드물게 생태 통로가 설치되어 있거나, 사람이 콘크리트 벽 너머로 물고기를 옮겨주는 곳도 있지만, 대부분은 수천 종의 이동을 가로막는 영구적인 장벽으로 작용하고 있다.

1980년대에 접어들면서 엘와댐이 토착 연어에 미치는 영향을 우려하는 목소리가 커지기 시작했다. 연어 개체 수가 95퍼센트나 감소했고, 이에 따라 지역 생태계는 물론 토착 공동체도 타격을 입었다. 연어는 로어엘와클랄람족Lower Elwha Klallam Tribe의 문화와 경제에 핵심적인 존재였다. 부족은 1986년 엘와댐과 그보다 상류에 위치한 글라인스캐니언댐의 재허가를 중단해 달라는 청원을 미 연방에너지규제위원회에 제출했다.

두 댐이 연어의 회귀를 막는 바람에 1955년 체결한 포인트노포인트조약Treaty of Point No Point에 명시된 권리를 침해받고 있다는 이유였다. 이 조약에서 클랄람족은 올림픽반도의 광활한 영토를 워싱턴주 정부에 양도하는 대신, 부족의 전통 어장에서 대를 이어 어업을 지속할 권리를 보장받았다. 청원을 제출한 후에는 환경단체와 손잡고 댐을 철거하도록 지역 및 연방 관료들을 압박했다. 마침내 1992년 미의회는 '엘와강 생태계 및 어업 복원법'을 통과시켜, 두 댐을 해체할 법적 근거를 마련했다.

　엘와댐의 철거는 역사상 가장 큰 규모의 댐 철거 프로젝트로, 총비용이 3억 5000만 달러에 달하고 기간도 약 3년이 걸린 대장정이었다. 2011년 9월부터 댐 운영을 중단하고 철거 작업을 진행하면서, 강 한쪽에 수중 울타리coffer dam를 쳐서 물길을 바꿔주었다. 글라인스캐니언댐은 훨씬 더 어려운 작업이었다. 페스의 설명에 따르면, 약 60미터 높이의 저수지를 해체하기 위해 바지선에 대형 착암기를 설치해야 했다. 수심이 낮을 때는 바지선이 움직이지 않아 헬기로 새 장비를 공수해야 했다. 2014년 무렵에는 댐이 대부분 철거되었지만 낙석 때문에 연어가 지나갈 수 없었다. 물고기들이 강으로 돌아갈 수 있게 되기까지는 1년이 더 걸렸다.

　물고기들의 반응은 놀라울 정도로 빠르게 나타났다. 댐이 사라지자 100년 넘게 육지에 갇혀 있던 엘와강의 바다송어가 다시 바다로 향하기 시작했다. 이 유역에 서식하는 왕연어 개체 수도 약 2000마리에서 4000마리로 늘었다. 이들 중 상당수는 부화장에서 방류된 개체의 자손이었다.

　"댐 철거 전에 살던 개체의 90퍼센트가 부화장 출신이라면, 당장 야생 연어가 나타나기를 기대하긴 어렵죠." 저녁 식사 자리에서 페스가 내게 이렇게 말했다. 한때 몇백 마리 수준까지 떨어졌던 무지개송어는 이제 2000마리를 넘어섰다.

　몇 년 새, 야생 연어와 지역 부화장에서 나온 연어가 뒤섞여 엘와강 유역으로 돌아왔다. 주변의 야생동물들도 반응했다. 일례로 미국물까마귀는 연어에서 비롯된 해양 영양소 덕분에 늘어난 곤충과 연어알을 섭취했다. 그 결과 생존율이 높아졌고, 특히 연어를 먹은 암컷들은 그렇지 못한 개체보다 건강해져 번식 횟수도 늘어났다. 먹이를 구하러 먼 거리를 헤맬 필요가 없어지자, 댐이 들어서기 전의 생활 방식이 서서히 돌아오는 듯했다. 근처 브리티시컬럼비아에서 진행된 한 연구에 따르면, 강에 연어가 늘어날수록 명금류의 개체 수와 종 다양성도 높아졌다. 사실 이 새들은 원래 연어를 먹지 않는 데다, 연어가 강을 거슬러 올라올 무렵엔 그 지역에 있지도 않았다. 그런데도 곤충과 여러 무척추동물이 늘어난 덕에 혜택을 누릴 수 있었다.

　연어만이 아니었다. 댐이 사라지면서 물고기들도 그동안 잠들어 있던 이주 습성을 되찾았다. 태평양칠성장어가 번식을 위해 강을 거슬러 오르고, 여러 세대에 걸쳐 댐 위의 저수지에서 살아온 바다송어도 바다로 돌아가는 이주를 시작했으며, 무지개송어는 수십 년 만에 처음으로 강의 상류와 하류를 오르내릴 수 있게 되었다. 오랫동안 댐 뒤편에 쌓였던 퇴적물들이 하류로 흘러내리면서, 강은 점차 자연에 가까운 모습을 되찾기 시작했다.

　엘와강의 성공 사례는 다른 노후화된 댐들의 철거를 촉진하는 중요한 전환점이 될 수 있다. 워싱턴 북부에 있는 엔로댐은 약 16.5미터 높이의 콘크리트 벽으로 구성되어 있다. 이 댐이 철거된다면 약 300킬로미터에 이르는 무지개송어와 왕연어의 서식지가 형성될 것이다. 이렇게 연어가 늘어나면, 태평양 북서부 연안에서 서식하는 멸종위기에 처한 범고래에게도 도움이 될 것이다. 현재 범고래 개체 수는 70마리에 불과한데, 먹이가 풍부해지면 개체 수도 늘어날 것이다.

캘리포니아 북부의 클래매스강에서는 20세기에 여덟 개의 댐이 건설된 후로 봄철 왕연어의 개체 수가 98퍼센트나 줄었다. 은연어도 급격히 감소했다. 향후 몇 년 안에 연어의 이동 경로를 복원하기 위해 네 개의 댐이 철거될 예정이다. 더 북쪽으로는, 워싱턴주의 스네이크강에서도 멸종 위기에 놓인 연어를 되살리기 위한 댐 철거 논의가 진행 중이다. 실제로 철거가 이루어져 연어 개체 수가 예전 수준으로 증가하면 그들이 상류로 실어 나르는 에너지와 영양분에 기대어 살아가는 수많은 생물종도 함께 복원될 것이다.

한편 미국 서부에서는 '또 다른 댐'이 만들어지고 있다. 바로 비버가 나무와 돌, 진흙으로 짓는 자연 댐이다. 이 비버댐은 유속이 느린 고요한 물길을 만들어 어린 연어에게 꼭 필요한 서식지를 제공한다.

워싱턴에서는 비버댐으로 생겨나는 연못이 더운 여름철 강수온을 안정시켜 연어가 자라기 좋은 환경을 만든다. 반대로 알래스카처럼 기온이 낮은 지역에서는, 비버 연못이 주변보다 따뜻한 피난처가 되어 연어가 먹이를 소화하고 에너지를 얻는 데 도움을 준다. 안정성을 추구하며 콘크리트로 물을 가두는 댐과 달리, 비버댐은 끊임없이 변하는 역동적인 풍경을 만들어 연어가 자유롭게 오갈 수 있는 공간을 제공한다.

비버는 먹고, 댐을 짓고, 배설하고, 떠난다. 우리는 모든 것이 안정적이길 바라지만, 지구와 그 위의 생명체는 언제나 변화 한다.

~~~

대륙 반대편에는 중력을 거슬러 오르며 번식하는 또 다른 생명체가 있다. 매년 봄이면 알을 낳으러 바다에서 육지로 올라오는 수백만 마리의 바다거북이 그 주인공이다.

플로리다대학 아치 카 바다거북연구센터의 소장 카렌 비온달은 해양 파충류에 일생을 바쳐온 연구자다. 대학 시절, 갈라파고스제도의 무인도인 산타페섬에 3개월간 머물며 처음으로 이들을 관찰했다. "작은 텐트 하나 치고 혼자 지내며 육지 이구아나의 사회적 행동을 연구했어요. 그러다 녀석들이 그다지 활동적이지 않다는 걸 금세 알게 됐죠."

사람 하나 없는 섬에서 말벗도 없이 지내던 비온달은 남는 시간에 바다를 바라보며, 바다거북이 헤엄쳐 지나가거나 숨을 쉬기 위해 수면 위로 떠오르는 모습을 지켜보곤 했다. "두 세계에 걸쳐 있는 듯한 그 느낌이 무척 인상 깊었어요." 비온달의 눈에 비친 바다거북은 바다와 대기, 두 세계 사이의 간극을 잇는 존재처럼 보였다.

얼마 후 비온달은 플로리다대학의 전설적인 바다거북 생물학자 아치 카와 함께 일할 기회를 얻었다. 그 후 수년 동안 동료들과 함께 코스타리카의 토르투게로에서 바하마에 이르는 바다거북의 번식지를 찾아다니며 그들의 개체 수 변화를 추적했다. 확인 결과, 지난 수십 년간 급격히 줄어들던 바다거북 수가 대부분 증가세로 돌아섰다. 연구팀은 수백수천 마리의 바다거북이 밤마다 바다에서 올라와 알을 낳는 과정을 관찰했다. 약 8주에서 10주 동안 지켜본 뒤 둥지를 파서 알과 껍질을 세어보며, 몇 마리가 바다로 나갔고 몇 마리가 모래 속에서 죽었는지 조사했다. 비욘달은 해초를 먹는 바다거북이 '질소가 풍부한 입자'인 알을 만들어내는 과정을 신기하게 여겼다(심지어 해초는 대부분의 초식동물이 외면하는 음식이다).

"정말 고약한 작업이에요. 짐작하셨겠지만, 둥지에서는 썩은 달걀 냄새가 나죠. 그 유기물들을 하나하나 살펴보면 '와, 뭘 이렇게나 많이 남겼을까'라는 생각을 하지 않을 수 없어요."

알에서 부화해 바다로 나간 새끼가 가장 많았던 둥지에도 끈적끈적한 물질이 가득 차 있었다. 비욘달은 바다거북의 번식 행동이 바다에서 육지로 영양분을 옮기는 과정이 아닐까 하는 의심을 품었지만, 그 생각은 플로리다대학에서 교수직을 맡기 전까지 뒷전으로 밀려나 있었다. 교수가 된 후 그는 석사과정 학생과 함께 플로리다에서 붉은바다기북 둥지에 산류하는 질소와 지방의 양을 측정하기 시작했다. 연구의 궁극적인 목표는 둥지의 영양분이 바다로 얼마나 이동하고, 또 얼마나 둥지 주변에 남는지를 밝히는 것이었다.

"우리는 부화한 새끼들을 통해 바다로 돌아간 영양분이 전체의 3분의 1에 불과하다는 사실을 알고 깜짝 놀랐어요," 비욘달이 내게 말했다. 매년 수만 마리의 바다거북과 붉은바다거북이 먹이가 풍부한 구역에서 영양분이 부족한 플로리다의 해변으로 번식을 위해 올라온다. 바다거북 둥지는 해안 생태계에 중요한 에너지, 지방, 질소, 인의 공급원일 가능성이 있다.

플로리다의 흑곰은 분명 바다거북 알을 좋아했을 것이다. 초기 동식물학자들은 곰이 바다거북 자체에는 관심을 보이지 않았지만, 찾기 쉽고 지방과 양분이 풍부한 알은 좋아했다고 기록했다. 곰은 땅을 잘 파는 데다 먹성이 좋아서 보통 사람이 일주일 동안 먹을 양을 하루 만에 먹어 치운다. 또 해안에서 멀리 떨어진 곳까지 이동하며 바다에서 올라온 영양분을 운반한다.

한편, 안정 동위원소를 활용한 이 연구에 뒤이어 또 다른 대학원생이 바다거북 알에서 나온 영양분이 해변의 모래언덕에 자생하는 바다귀리에 흡수되고 있다는 사실을 밝혀냈다. 이 현상은 해변 구조에 영향을 미친다. 번식지에 쌓인 영양분으로 모래언덕이 안정화되면, 연어나 고래와 마찬가지로 고향에 대한 충성도가 매우 높은 바다거북이 그 자리로 돌아올 수 있는 환경이 유지된다. 또한 허리케인이 일어나거나 해수면이 상승해도 피해가 덜해 인간에게도 이롭다.

네르카에서 지내던 어느 날 오후, 나는 개울가에 앉아 흐르는 물을 들여다보고 있었다. 지나쳐 가는 연어 수백 마리 중 몇 마리가 작은 폭포 아래에 갇혀 있었다. 이따금 물살을 헤치며 위로 올라가는 연어도 있었다. 그들의 밝은 껍질이 벗겨지고, 몸이 허물어지는 장면이 눈앞에 그대로 펼쳐졌다. 신경생리학자 데이비드 이글먼은 저서 《썸SUM》에서 이렇게 썼다. "우리 몸은 죽음을 앞둔 순간과 죽은 직후에도 여전히 수천조 개의 원자로 구성되어 있다.

유일한 차이는, 죽음 이후 원자들 사이의 사회적 상호작용망이 서서히 사라진다는 것이다. 그 순간, 원자들은 더 이상 인간의 형상을 유지하려는 목표에 묶이지 않고 서로 멀어지기 시작한다."

내가 본 것은 어쩌면 더 이상 연어의 형상을 유지하지 않아도 되는 원자들의 마지막 모습이었을지도 모른다. 어류 생물학자 게리 람베르티는 이렇게 설명했다. "연어들은 자기 몸에 있는 원소 대부분을 생식을 위해 소진하고 배설도 너무 많이 한 나머지, 더 이상 몸을 가누기 어려운 상태로 전락합니다." 쓸 만한 것들은 이미 알과 정자, 그리고 아무것도 먹지 않은 채 상류로 오르며 발생한 대사성 폐기물로 대부분 빠져나간 상황이다.

탐사 여행 전후로 몇 달 동안 나는 연어의 이주, 영양분 보급, 그리고 연어에서 나온 질소가 나무에 유입되었음을 보여주는 화학적 지표인 잎의 중질소 $N15$에 관한 논문을 수십 편 읽었다. 쉰들러와 홀트그리브가 이런 연구의 핵심을 건드리는 반론을 제기하면서 이론적 정합성이 다소 흔들리기 시작했지만, 두 사람 모두 연어가 북태평양 숲에 사는 동물들에게 광범위한 영향을 미친다는 점만큼은 부정하지 않았다.

연어는 놀라운 방식으로 생태계를 형성한다.

지금까지 독수리, 큰까마귀, 까마귀, 밍크, 담비, 코요테, 늑대를 포함해 최소 20종의 동물이 연어를 먹는 모습이 관찰되었다. 그러나 개체 수만 따지면, 가장 많은 연어 소비자는 검정파리다. 먹이의 약 85퍼센트를 연어 사체에서 얻는 이 곤충은, 홍연어 회귀 시기에 맞춰 출현해 다른 곤충들을 제치고 가장 먼저 연어 사체에 자리를 잡는다. 검정파리 한 마리가 낳는 알은 150~200개

정도다. 이 알은 약 여덟 시간 후 부화해 애벌레가 되며, 다시 일주일쯤 지나면 성충이 되어 꽃을 먹이로 삼으면서 수분 매개자 역할을 한다.

쉰들러와 그의 대학원생은 왜천궁이라는 식물이 연어 회귀와 검정파리의 출현 시점에 맞춰 개화 시기를 조절한다는 사실을 밝혀냈다. 왜천궁은 미나리과에 속하는 흔한 식물로, 파리가 많을수록 수분이 활발해지고 씨앗도 풍성해진다.

불곰은 생애 대부분을 연어에 의존해 살아간다. 알래스카에서 연어를 먹고 사는 곰은 씨앗 확산에도 핵심적인 역할을 한다. 개체 수가 많고 대식가인 곰들은 발아 준비가 된 씨앗을 똥과 함께 내보낸다. 나도 한 번 진흙빛에 붉은 기가 섞인 곰의 똥을 본 적이 있었다. 처음에는 그 붉은 물질이 연어알인 줄 알았는데 자세히 보니 크랜베리였다. 곰은 한 번 싼 똥으로 최대 3만 7000개가 넘는 블루베리 씨앗을 퍼뜨릴 수 있으며 땃두릅나무, 라즈베리, 까치밥나무의 씨앗도 토탄 습지와 숲을 비롯해 다양한 서식지에 수천 개씩 흩뿌린다. 들쥐 같은 작은 포유류는 곰의 똥을 먹고 씨앗을 더 멀리 옮기기도 한다.

연어의 생태적 영향을 다룰 때 자주 인용되는 연구가 하나 있는데, 브리티시컬럼비아주의 그레이트베어우림Great Bear Rainforest에서 진행된 이 연구에 따르면 연어가 풍부한 하천에서 오히려 식물 다양성이 낮아지는 결과가 나타났다. 연어가 많으면 생물종도 많을 것 같지만, 실상은 그 반대였다. 쉬르트세이에서처럼 새똥이나 죽은 연어, 곰 오줌 같은 고농도의 영양분이 유입되면 일부 우점종에 유리하게 작용할 수 있다. 이 지역에서는 산란하는 연어가 많은 하천 주변에서 새먼베리가 번성하며 진달래와 블루베리를 밀어낸 것으로 나타났다.

샌프란시스코 북쪽에 위치한 캘리포니아주 마켈럼니강 유역에서는 주로 양조용 포도가 재배된다. 연구자들이 조사한 결과, 연어가 서식하는 하천 근처의 포도나무에서 해양 질소 성분이 높게 나타났다. 마켈럼니강 주변 포도밭의 질소 중 약 25퍼센트가 바다에서 유래한 것이다. 여기서 강에 있는 질소를 토양으로 옮기는 주체는 곰이 아니다. 캘리포니아의 불곰은 끝없이 사냥당한 끝에 1922년 툴레어카운티에서 마지막 개체가 사살되면서 사라졌다. 오늘날 이 지역에서 가장 흔히 보이는 연어 사체 청소 동물은 터키콘도르다. 나는 주변 농장의 포도와 섞이지 않은 연어 유래 와인을 찾아보려 했지만 헛수고였다. 만약 연어에서 유래한 와인 특유의 향미가 있다고 해도 나는 그걸 감별할 줄 모르니 소용없는 일이었다.

~~~

나는 쉬르트세이의 간결함이 그리웠다. 그곳에는 모든 생물 종의 도래 시점과 존재비 정보가 잘 기록되어 있다. 그러나 태평양 북서부처럼 수천 종이 사는 복잡한 생태계는 이야기가 다르다. 종 사이에 직간접적으로 오가는 상호작용이 수십억 가지에 달하는 곳이다. 직접적인 영향은 비교적 관찰하기 쉽다. 곰이 연어를 먹었다면 곰이 이기고 연어가 진 것이다. 하지만 죽은 연어가 수변 식물의 수분과 나무의 생산성에 영향을 미치는 것처럼 간접적인 영향은 동식물과 균류를 넘나드는 먹이망을 통해 퍼져나간다.

연어와 곰, 그리고 나무는 아름다운 이야기를 만들어낸다. 이 책의 틀에도 꼭 들어맞는, 비교적 깔끔하고 명확한 서사인데다 이를 뒷받침하는 자료도 꽤 많다. 하지만 회의론을 지지하는 강력한 사례도 존재한다. 생태학은 골치 아플 정도로 복잡하고, 우리가 사용하는 질소 동위원소 같은 도구가 제 기능을 못 할 때도 있다. 자금 부족, 계절, 날씨, 심지어 팬데믹 등의 문제로 한계에 부딪히기도 한다. 인간이 하는 모든 노력이 그렇듯 과학 연구는 복잡하고 해석에 따라 결과가 좌우되며 조작될 위험이 있는 데다 온갖 편견에 휘둘린다. 사람들은 쉬운 답이 존재하지 않는 상황에서도 늘 원하는 답을 찾으려 한다.

새로운 발견은 격렬한 흥분을 불러일으킨다. 하지만 이내 다양한 분야의 과학자들이 제기하는 반론과 도전에 시달리다 너덜너덜해지고 만다. 시간이 지나면서 후속 연구를 통해 더 깊이 있는 해석이 제시되더라도 그 뒤에는 항상 새로운 의문이 생기고 같은 과정이 되풀이된다. 신경내분비학자 로버트 새폴스키는 그의 개코원숭이 연구를 두고 이렇게 말한 바 있다. "논쟁이 불타오르는 사이에 영장류학자들은 그저 손을 놓고 있어야 합니다."

연어에서 유래한 질소가 나무에 흡수된다는 주장에 회의적이던 쉰들러의 의견을 네이먼에게 전하자, 그는 놀라움을 표했다. "쉰들러를 오랫동안 못 봤네요. 그는 생각이 깊은 사람입니다. 하지만 때때로 다른 사람들은 가지 않으려는 길을 택하고 어려운 질문을 던지기도 하죠."

다정한 반응을 들으니 순간 회색곰처럼 자갈투성이 절벽을 기어오르던 쉰들러의 모습이 떠올랐다. 네이먼은 워싱턴주와 오리건주에 댐이 건설된 이후, 나무 속 해양 유래 영양분의 양이 줄어들었다는 연구 결과를 보여주었다. 연구진이 나무의 심지를 채취해 살펴보니, 댐 건설 후 2년 만에 나무 성장률이 원래 수준으로 떨어져 있었다. 네이먼은 덧붙였다. "더 이상 연어 사체에서 영양분을 공급받지 못하게 된 거죠."

이 연구가 결정적인 증거는 아닐지라도, 연어에서 유래한 영양분을 다룬 수많은 논문을 뒷받침하는 구체적인 증거로 쓰일 수는 있을 듯했다.

시애틀에 사는 한 친구는 나무 속 연어를 둘러싼 논쟁을 듣더니 자신의 경험을 들려주었다. 정원에 유기농 연어 비료를 사용했는데 채소가 굉장히 잘 자랐다는 것이다. 알래스카 낚시를 다녀온 사람들의 이야기가 그들이 가져온 냉동 고기보다 더 중요했을 수도 있다. 나는 비료에 대한 이 친구의 믿음이 과연 데이터에 근거한 것인지, 아니면 그럴듯한 이야기의 매력에 빠진 것인지, 혹은 그 두 가지가 뒤섞인 결과인지 궁금해졌다.

문득 처치산 등반을 마친 후 쉰들러가 던진 농담이 떠올랐다.

"생태학은 로켓 과학이 아니에요. 그보다 훨씬 더 어렵죠."

4.
심장부
동물이 지구를 움직이는 방식

6월 중순, 비가 쏟아지던 월요일 아침이었다. 나는 옐로스톤국립공원 북동쪽 입구 근처에 있는 호텔에 묵고 있었다. 그때, 문을 두드리는 소리가 들려 내다보니 호텔 직원이었다.

"알고 계셨는지 모르겠지만 국립공원이 폐쇄되고 실버게이트로 가는 도로도 물에 잠겼다고 합니다."

아침 내내 작은 창 너머로 쏟아지는 비를 바라보며 날이 개이기를 기다리던 참이었다. 전날 이곳에 도착한 뒤로 약 130밀리미터에 이르는 비가 쏟아졌고, 산에 쌓인 눈이 녹아 빗물이 더 불어났다. 마을 사람들은 곧 전기와 식수 공급이 끊길 거라며 걱정하고 있었다. 나는 비에 흠뻑 젖은 마을을 한 바퀴 돌아보았다. 거센 비에 대로를 따라 흐르는 진흙탕 물이 발목까지 차올랐다. 저지대의 주택 몇 채는 창문 밑동까지 잠긴 상태였다.

그때까지만 해도 나는 떠날 생각이 없었다. 오지 탐사에 나서는 들소생물학자 몇 명을 따라가기 위해 이미 24시간 넘게 이동해 온 터라, 상황이 나아지면 예정대로 움직일 작정이었다. 그러다 구조대원이기도 한 호텔 주인을 마주쳤는데, 외부로 통하는 유일한 도로 역시 물에 잠기기 직전이라고 했다. 불과 전날만 해도 마을 숙소에 빈방이 하나도 없었는데 이제 거리는 텅 비어 있었다. 우리가 이야기를 나누는 사이 마지막 렌터카가 마을을 빠져나갔고 구조대원들이 속속 들어오고 있었다.

"이제 떠나셔야 합니다."

비가 오기 전날, 나는 갯과 동물을 연구하는 야생동물 관찰자 릭 매킨타이어와 라마계곡에 앉아 있었다. 그때 안개 속에서 검은 늑대 한 마리가 걸어 나왔다. 사실 그날 나는 늦잠이나 잘 생각이었다. 날씨도 좋지 않았고 마을에 막 도착한 참이었으며, 닷새 동안 공원에 머물 예정이었으니 굳이 서두를 이유가 없었다. 그런데도 이상하게 새벽 3시 반에 눈이 떠지는 바람에 옐로스톤 북동쪽 입구 근처 실버게이트에 있는 매킨타이어의 오두막으로 향했다.

물가에서의 하루나 들판에서 맞는 아침은 마다할 이유가 없는 즐거움이다. 하물며 매킨타이어와 함께한다면 더 말할 것도 없다. 돌아보면 정말 다행이다. 그날이 우리가 전혀 예상하지 못했던 공원의 마지막 '정상 운영일'이었으니까.

나는 그보다 10년도 더 전인 2008년에도 그곳을 찾아 매킨타이어를 만난 적이 있었다. 멸종위기종보호법으로 얻은 대단한 성과이자 논란거리 중 하나를 직접 보기 위해서였다. 거의 70년 동안 자취를 감췄던 회색늑대가 옐로스톤에 재등장했던 일이다. 매킨타이어는 그해가 늑대 관찰의 황금기였다고 회상했다. 계곡의 주요 초식동물인 엘크(북미에 서식하는 와파티사슴)와 들소 사이의 균형도 그때부터 바뀌기 시작했다.

여행 첫날을 나는 이렇게 기억한다.

햇살이 일렁이며 세상의 심장부가 열린 듯했다. 우리는 엘크 뼈가 깔려 있는 언덕에 앉아, 라마강과 그 지류인 소다뷰트크리크가 만나는 지점을 내려다보고 있었다. 매킨타이어는 접이식 의자에 앉아, 긴 다리를 쭉 뻗은 채 삼각대에 망원경을 올려두고 계곡을 바라보고 있었다. 그 풍경은 마치 활짝 펼쳐진 교과서 같았다.

오른쪽엔 스페시먼 능선이 불쑥 솟아 있었고, 북쪽 골짜기에는 눈이 뱀처럼 흘러내리고 있었다. 왼편에는 눈 덮인 하얀 노리스산이 보였는데, 산쑥으로 뒤덮인 비탈이 꼭 보풀 달린 낡은 스웨터 같았다. 라마계곡은 눈이 녹아내린 물을 가득 품은 채 줄기차게 뻗어나갔다. 둑을 따라 자라난 미루나무와 버드나무 사이로 죽은 나무들이 널브러져 있었다. 범람원 위로는 버펄로들이 무리 지어 이동하고 있었다. 털갈이 중인 어미들은 털이 누더기처럼 헝클어져 있었고, 푸른 풀밭 사이로는 연한 황토빛 털을 지닌 새끼들이 이따금 모습을 드러냈다. 제설차를 닮은 머리와 미노타우로스처럼 넓은 어깨를 지닌 그들은 놀라울 만큼 아름다웠다.

하루는 '드루이드피크'라 불리는 늑대 무리가 들소 무리를 공격하는 장면을 목격했다. 늑대들은 어미 없이 떠도는 새끼를 노리고 있었다. 어미가 죽었으니 새끼도 죽을 운명이었다. 들소는 다른 새끼에게 젖을 먹이지 않기 때문에 홀로 남은 새끼는 아무리 잘 버틴다 해도 결국 굶어 죽을 수밖에 없었다. 이후 치열한 싸움이 벌어졌고, 송아지는 해가 저물 무렵까지도 살아 있었지만 이튿날 아침에는 털과 뼈만이 그곳에 남아 있었다. 미대륙 최고의 청소동물인 까마귀가 다녀간 것이다. 당시만 해도 옐로스톤 북동부의 라마계곡은 꽤 한산한 편이었다. 늑대가 돌아왔다는 소식은 알려져 있었지만, 늑대 관찰 전문 여행사는 없었다. 관광은 여전히 올드 페이스풀이나 웨스트 옐로스톤을 중심으로 이루어지고 있었다.

그로부터 14년 후 내가 다시 찾아가자 매킨타이어는 바위에 앉아 그동안 만났던 늑대들과 그들의 용맹했던 삶을 이야기해 주었다. 오랫동안 지켜본 알파 수컷 '911번 늑대'가 경쟁 무리와 맞닥뜨렸던 마지막 순간도 들려주었다.

"적들이 멀리 떨어진 둑까지 그를 쫓아갔어요. 개울 너머에 홀로 서 있는 그를 여덟 마리의 늑대가 노려보고 있었죠. 사실 그쯤에서 가족이 있는 길 건너편으로 올라가 안전을 확보하는 게 현명한 선택이었어요. 그런데 911번 늑대는 그러지 않았어요. 그 자리를 지킨 거예요. 결국 상대 무리가 물을 건너 그를 에워쌌고, 그는 싸울 의지를 분명히 드러냈어요. 노쇠한 데다 심하게 다친 상태였는데도 말이죠. 끝까지 잘 싸웠지만 한 마리가 여덟 마리를 어떻게 상대하겠어요. 결국은 죽고 말았죠."

매킨타이어는 이야기를 이어나갔다.

"나중에 그런 생각이 들더군요. 911번 늑대는 왜 그냥 피하지 않았을까? 길만 건너면 가족에게 돌아갈 수 있었는데. 하지만 그랬다면 그날 밤 늑대들이 그가 남긴 냄새를 따라가 가족을 찾아냈을 테고, 더 큰 싸움이 벌어졌을 거예요."

매킨타이어는 전 세계에서 그 누구보다 오래 늑대를 지켜본 사람이라고 해도 과언이 아니다. 내가 다시 찾아간 2022년에 그는 무려 9020일째 관찰을 이어가고 있었다.

"뭐, 날짜를 세려고 여기 있는 건 아니지만요." 매킨타이어가 웃으며 말했다. 그는 심장 수술로 잠시 자리를 비우기 전까지 6175일 동안 하루도 쉰 적이 없었다.

"뭐 하러 쉬어요? 이런 곳을 두고 어딜 가겠습니까." 라마계곡을 내려다보며 그가 말했다. 우리는 함께 드루이드피크 무리의 은신처 쪽을 바라보았다. 그 공원은 정말이지 내가 본 어느 곳보다도 아름다웠다.

처음 만났을 때 그는 옐로스톤 늑대에 관한 책을 쓸 계획이라고 말했다. 하지만 나는 반신반의했다. 하루에 아홉 시간을 공원에서 보내는 그가 정말 글을 쓸 시간이 있을지, 깨알같이 적어둔 그의 노트들이 과연 책으로 나올 수 있을지 확신이 들지 않았다. 그런데 알고 보니 괜한 걱정이었다. 이후 매킨타이어는 갯과 동물 버전의 '알렉산드리아 4부작' 혹은 '나폴리 4부작'이라 불릴 만한 연작을 펴냈다. 《8번 늑대의 탄생 The Rise of Wolf 8》(한국어판 제목 《울프 8》) 《21번 늑대의 통치 The Reign of Wolf 21》 《302번 늑대의 구원 The Redemption of Wolf 302》 그리고 《알파 암컷 늑대 The Alpha Female Wolf》까지.

그는 이 책들을 통해 늑대 무리 사이에서 벌어지는 혈투와 알파 늑대들이 보여주는 깊은 헌신을 생생히 그려냈다. 공원에서 긴 시간을 보내면서도 매년 한 권씩 신간을 펴내는 그의 행보를 보고 있자면, 언젠가는 '늑대 희극'으로 발자크의 《인간 희극》에 견줄 만한 대작을 완성할지도 모른다는 생각이 들었다.

해가 막 떠오를 무렵 가랑비가 내리기 시작했다. 나는 라마강을 따라 꼬리를 물고 이어지는 야영객, 자동차, 늑대 관찰용 밴의 형렬에 깜짝 놀랐다. 이곳은 더 이상 옐로스톤의 한적한 구석이 아니라 반드시 들러야 하는 명소가 되어 있었다.

옐로스톤은 미국에서 19세기에 멸종 위기를 가까스로 넘긴 들소가 줄곧 살아온 유일한 곳이다. 그리고 늑대가 돌아오면서, 인간이 이곳에 도래하기 전부터 이 지역을 주름잡던 주요 동물이 제자리를 되찾았다. 불곰, 퓨마, 엘크, 가지뿔영양, 코요테, 비버, 늑대, 들소가 함께 어우러지는 땅이 된 것이다. 옐로스톤은 대형동물이 생태계를 어떻게 형성하는지 관찰하기에 더없이 좋은 무대처럼 보였다.

빗줄기가 점점 굵어져 풀밭을 지나는 동안 부츠가 흠뻑 젖었다. 우리는 들소 똥 앞에서 잠시 멈춰 섰다. 일부분을 떼어내서 살펴보니, 대부분의 포유류 분변이 그렇듯 소화된 음식물과 죽은 혈액 성분이 뒤섞인 갈색 똥이었다. 신선한 흙 내음이 퍼졌고, 은은한 풀 향도 느껴졌다. 분변의 한쪽 귀퉁이에는 버섯이 자라고 있었는데, 약간의 환각 성분이 있지만 먹어도 안전한 종류라고 했다. 똥은 군데군데 흩어져 금세 사라진다. 그래서 똥 위에 재빨리 번식하려는 버섯들은 비슷한 종끼리 번식을 돕기도 한다. 들소 같은 동물이 배출한 똥에서 자라는 균류는 실로시빈$_{psilocyin}$이라는 환각 성분을 이용해 곤충이나 다른 경쟁자를 취하게 하는 식으로 자기 영역을 지킨다.

이번 여행에서는 2008년에 보았던 것보다 들소가 훨씬 더 많아 보였다. 그들은 왕포아풀과 클로버, 민들레를 뜯어 먹고 있었는데, 모두 라마계곡에 남아 있는 과거 농업 활동의 흔적을 보여주는 식물들이었다. 그에 비해 늑대는 좀처럼 눈에 띄지 않았다. 매킨타이어는 현지의 늑대 무리 사이에서 알파 암컷들이 벌이는 권력 다툼으로 영역이 불확실해졌기 때문일지도 모른다고 설명해 주었다. 우리는 도로에 새로 설치된 표지판 앞에서 걸음을 멈추었다. 표지판에는 '늑대 효과'를 설명하는 글이 적혀 있었다.

> 늑대의 재도입으로 70년 가까이 늑대 없이 진화해 온 생태계에 변화가 일어났다. 늑대가 주변의 모든 생물에 직접적인 영향을 미치는 것은 아니지만, 그 여파는 생태계 전체 먹이 사슬을 따라 이어질 수 있다. 이러한 현상을 '영양 폭포 효과trophic cascade'라고 한다.

표지판에는 공원에서 늑대가 사라지면서 엘크 개체 수가 지나치게 늘어났다는 내용도 적혀 있었다. 늑대가 돌아오자 엘크는 줄어들었고, 그만큼 더 튼튼한 개체들이 살아남았다. 지역에 공포 분위기를 조성한 늑대 무리의 영향으로 엘크가 물가에 머무는 시간이 짧아졌고, 그로 인해 토종 버드나무와 사시나무, 미루나무 등의 수변식물이 무성히 자랄 수 있었다. 거기에 새들이 둥지를 틀었고 비버도 돌아왔다.

이러한 변화는 물고기에게도 유익했다. 나무 그늘 덕분에 물이 더 시원해졌고, 서늘한 물을 좋아하는 어종이 몰려들었다. 비버가 댐을 쌓아 만든 새 연못은 토종 물새와 양서류, 파충류에게도 좋은 서식지가 되었다. 나는 매킨타이어에게 표지판에 적힌 설명을 어떻게 생각하는지 물었다. 그도 생태계의 변화를 느꼈을까?

"확실히 사시나무와 버드나무가 더 잘 자라고 있어요." 매킨타이어가 단호하게 말했다.

늑대가 돌아온 후로 크리스털크리크에는 비버 무리가 터를 잡았다. 시간이 흐르면서 비버들이 상류로 이동했지만, 여전히 댐을 짓고 먹이를 구하기에 충분한 사시나무와 버드나무가 남아 있었다. 그 와중에 새로운 늑대 무리도 이 지역에 자리를 잡았다.

이야기를 나누던 중에 소다뷰트 근처에 늑대가 나타났다는 소식을 들은 매킨타이어가 짐을 챙기자고 했다. 엘로스톤에서 9000일 넘게 늑대를 쫓아다녔음에도 그는 새로 나타난 늑대를 보기 위해 여전히 빠르게 움직였다. 매킨타이어의 기록이 소중한 이유는 그가 엘로스톤에 있는 거의 모든 늑대를 관찰하며, 잠깐 목격한 순간도 빠짐없이 담아왔기 때문이다.

들소가 많아진 것과 달리 엘크는 예전보다 줄어든 것 같았다. 표지판에 써 있던 대로, 정말 늑대 때문일까? 매킨타이어는 단정하기 어렵다고 했지만 늑대가 선택적으로 포식한 정황은 어느 정도 드러나 있었다. "건강한 엘크나 들소는 스스로를 방어할 수 있지만, 두려워하는 기색을 보이거나 도망치는 개체는 늑대가 냄새를 맡고 쫓아가거든요."

늑대 같은 포식자가 아주 어린 개체 혹은 나이 든 개체를 사냥할 경우, 이들은 번식률이 낮기 때문에 개체군 전체에 큰 영향을 미치지 않는다. 다만 2008년 이후 엘로스톤 북쪽의 몬태나 지역에서 인간의 사냥이 활발해졌는데, 그로 인해 엘크 개체 수에 변화가 생겼을 가능성이 있다. 늑대가 돌아온 뒤 엘크와 생태계 모두 변화했지만, 그 원인은 단순하지 않았다.

생물학자 매트 카우프만은 늑대의 귀환이 엘크의 행동에 미친 영향은 미미했다고 말한다. 그는 박사과정 중에 연구비를 지원

받아 한 가지 가설을 검증하러 나섰다. 엘크가 나무를 과도하게 뜯어 먹는 지역에서, 늑대가 엘크를 쫓아내면 수목이 회복될 수 있다는 주장이었다.

하지만 실험을 진행해 보니 이 가설에는 허점이 많았다. 카우프만과 동료들이 울타리를 쳐놓은 곳에는 사시나무가 번성했다. 하지만 늑대가 엘크를 사냥한 지역과 그렇지 않은 지역 간에는 별다른 차이가 없었다. 다시 말해 위험 지대와 안전지대가 크게 다르지 않았다. "엘크는 늑대와의 거리가 1킬로미터 이내로 좁혀질 때 비로소 움직임이나 이동 경로가 바뀌어요."

카우프만은 엘크가 늑대의 존재를 늘 의식하는 건 아니라는 점도 원인일 수 있다고 보았다. 대부분의 엘크에게 그런 상황은 9일에 한 번꼴로, 더러는 한 달에 한 번 정도만 발생하기 때문에 일상적인 행동 방식에 영향을 주기에는 충분치 않다는 것이다. 엘로스톤 일부 지역이 엘크 개체 수 감소로 효과를 보았을 수는 있지만, 그런 변화가 정확히 늑대의 귀환 덕분이라고 보기는 어렵다. 늑대가 돌아오고 엘크가 줄어든 시기에 인간의 사냥도 늘었고 지역 전체에 심각한 가뭄도 발생했기 때문이다.

앞에서도 살펴보았듯 복잡한 사안이다. 나는 이 문제에 대해 상반된 견해를 내놓은 동료들을 모두 신뢰했기 때문에, 예일대학의 교수 오스 슈미츠에게 연락해 보기로 했다. 그는 오랫동안 통제된 야외 실험을 통해 '공포 분위기landscape of fear 형성 효과', 좀 더 전문적으로 말하면 **행동 매개 영양 폭포 효과**behaviorally mediated trophic cascades를 연구해 온 인물이다. 엘로스톤의 연구 결과에 대해 그는 어떻게 생각할까?

"옐로스톤에 늑대가 등장했을 때, 엘크는 오랫동안 이런 부류의 포식자를 접한 적이 없었기 때문에 어느 정도로 위험한 존재인지 가늠이 안 되어 일단 심하게 경계했을 거예요."

그러니까 엘크는 새로운 포식자를 의식하느라 섣불리 풀을 뜯지 못했고, 그 덕분에 수목이 풍성해지면서 강 주변에 서식하던 다른 생물도 이득을 보았을 것이다. 하지만 그들은 곧 적응했다. 늑대가 주로 새벽과 해질 무렵에 활동한다는 점을 간파해 그 시간대에는 위험 지역을 피하고 늑대가 쉬는 낮에는 비교적 안전하게 먹이 활동을 하는 방식으로 행동을 조정한 것이다. 결국 생태계에 변화를 일으킨 핵심 요인은 엘크의 행동이 아니라 그들의 죽음으로 인한 개체 수 감소였다.

오후 들어 라마계곡에 빗줄기가 더욱 거세지는 바람에 매킨타이어와 나는 그날 일정을 마무리하기로 했다. 공원을 빠져나가는 길, 차창 밖으로는 새로 생긴 듯한 드넓은 들소 초지가 펼쳐져 있었다.

흰뺨기러기, 노새사슴, 말코손바닥사슴을 비롯한 많은 초식동물은 매년 새로 돋아나는 식물의 성장 시기에 맞춰 이동한다. '초록 물결'이라 불리는 이 현상은 봄이 되면 저지대에서 고지대로 점차 확산되며, 전 세계의 초식동물 이동 속도에 영향을 미친다. 어린 식물일수록 좋은 먹이이기 때문에 초식동물은 이 물결을 따라 움직인다.

그 무렵 그레이터옐로스톤 지역의 들소 무리도 초록 물결을 따라 라마계곡의 초지로 들어선 참이었다. 사람들은 대개 들소를

'풀 뜯는 기계'로 생각하지만, 이들은 배설하고 죽는 과정에서도 초지에 중요한 영향을 미친다. 들소생물학자 로런 맥가비는 이렇게 설명했다. "풀을 뜯는 과정에서 주로 작용하는 것은 똥이에요. 우리가 연구하는 식물은 수십만 년 동안 초식동물과 함께 진화해 왔어요."

나무는 줄기 끝에서 자라지만, 풀과 사초는 뿌리와 가까운 아래쪽에서 자란다. 그래서 초식동물이 풀을 뜯어도 식물은 다시 자라날 수 있다. 물론 공생은 이런 형태로만 진행되지는 않는다. 우리는 흔히 먹이 활동을 생태계에서 생물량이나 영양분을 빼앗는 일로 생각하지만, 앞서 갈매기에서 고래에 이르는 다양한 사례에서 보았듯이 실제로는 훨씬 더 복합적인 과정이다.

들소는 풀을 뜯으며 얻은 영양분을 똥으로 배출해 초지에 돌려준다. 특히 이들은 주로 시들기 직전의 풀을 뜯어 먹기 때문에 식물의 생장을 촉진하고 초지를 푸르게 유지하는 데 도움을 준다. 게다가 들소가 배출하는 영양분은 죽은 식물에서 바로 나오는 것보다 훨씬 더 흡수하기 쉬운 형태를 띤다. 들소 똥에 포함된 질소는 토양에서 빠르게 순환되어 식물이 더 효율적으로 흡수할 수 있으며, 그렇게 자란 식물이 다시 여러 동물의 먹이가 된다. 맥가비는 설명을 덧붙였다.

"그러니까 들소는 식물 생장을 촉진할 뿐만 아니라, 생태계 전반에서 질소 순환의 속도를 높여주는 역할도 하죠."

또 들소의 배설물에는 인 같은 필수 영양소가 풍부해, 이런 땅에서는 초지와 들소 모두 계절 변화의 영향을 덜 받게 된다.

카우프만은 늑대 연구 외에도 동물의 움직임을 지도화하는 작업을 해왔다. 그는 계절마다 이어지는 동물의 이동을 일종의 춤 동작으로 본다. "노새사슴은 봄의 흐름에 맞춰 이동 과정을 안무하듯 조율하죠."

봄이 오면 노새사슴은 새싹이 올라오는 흐름을 따라 점차 더 높은 지대로 이동한다. 이러한 움직임을 '초록 물결 타기'라 부른다. 하지만 카우프만과 동료들이 관찰해 보니 들소는 다른 초식동물과 달리 초록 물결을 따라가지 않고 한곳에 오래 머무는 경향을 보였다. 카우프만은 처음에 이렇게 생각했다. '저런, 들소는 춤을 잘 못 추는 모양이야.'

그런데 한 동료가 새로운 의견을 제시했다. 들소 무리가 같은 곳에 머물며 무성하게 자란 풀을 뜯어 먹으면 초지를 푸르고 싱싱한 상태로 유지하는 데 도움이 될 수 있다는 것이다. 이처럼 들소는 다른 동물들이 초록 물결을 따라 이동할 때도 한자리에서 자기만의 방식으로 물결을 만들어낸다. 초록 물결의 확장판인 셈이다.

5월 초에 접어들면 들소는 흥분하는 모습을 보이기 시작한다. "해마다 이때가 되면 에너지가 최고조에 이릅니다. 해도 길어졌고요. 들소는 갓 태어난 불그스름한 새끼를 보면 다 같이 흥분하는 것 같아요. 여기저기 뛰어다니고 서로 쫓고 새끼들을 보러 몰려옵니다." 옐로스톤의 수석 들소생물학자로 일하다 은퇴한 릭 월렌의 말이다.

계절이 지나면서 생명의 기운이 점차 번식으로 이어진다. 옐로스톤에는 수컷이 암컷을 따라다니며 짝짓기를 시도하는 대규모 무리가 형성되는데, 많게는 800마리에 달하기도 한다. 지축을 울리는 울음소리, 땅을 긁는 발굽, 피어오르는 먼지 구름. 이 시기의 전형적인 풍경이다.

"영양분은 똥에서만 나오지 않아요." 맥가비가 말을 이었다.

"오줌도 마찬가지예요. 여름에 들판에 나가면 바닥에 유난히 파릇한 지점이 보일 겁니다. 바로 지난여름 들소가 오줌을 싼 자리죠. 질소가 집중적으로 퍼진 흔적이에요."

이는 단순한 생리현상이 아닌 번식의 흔적일 수 있다. 들소의 짝짓기 행동은 때때로 장관을 이룬다. 생태학자 데일 롯은 《미국 들소 American Bison》에서 이렇게 썼다. "수컷은 암컷의 소변 줄기에 주둥이를 밀어 넣고 머리를 치켜든 채 윗입술을 말아 올려 입안의 혀를 굴리는데, 표정과 몸짓이 고급 와인을 음미하는 미식가처럼 보인다. 수소가 입술을 말아 올리는 행동에서 암소 곁을 따라다니며 밀착하는 행동으로 넘어가면, 그날 안에 짝짓기가 이루어질 가능성이 높다."

그렇다면 실로 고급 와인이라 할 만하다. 그 여운은 다음 세대 들소의 탄생은 물론 옐로스톤을 뒤덮은 초록빛 풀밭으로 이어진다.

옐로스톤과 미국 서부 및 중서부의 몇몇 외딴 지역을 제외하면 수천 킬로미터를 달려도 들소를 한 마리도 보기 힘들다. 그러나 유럽계 이주민들이 처음 그레이트플레인스를 가로질렀을 때는 전혀 다른 상황이었다.

1871년 미 육군 리처드 도지 대령은 북쪽으로 이동 중이던 거대한 버펄로 무리에서 빠져나오기까지 약 40킬로미터를 달려야 했다면서 "온 세상이 거대한 버펄로 떼로 보였다"라고 기록했다.

동식물학자 윌리엄 호나데이는 다음과 같은 기록을 남겼다. "들소가 너무 많아서 강을 건너던 배가 자주 멈추었고, 초원을 지나던 여행자들은 겁에 질렸으며, 나중에는 기차와 자동차 운행이 어려워지기도 했다. 철도 기관사들은 들소가 철로를 지날 때는 기차를 멈춰야 한다는 것을 경험으로 배우게 되었다."

과거 북미에서 들소가 분포한 범위를 살펴보면 그들이 돌아다니지 않은 지역을 찾는 것이 더 어려울 정도다. 우드버펄로는 캐나다 서스캐처원 북부에서 브리티시컬럼비아까지 분포했고, 남부 개체군은 멕시코 두랑고까지 서식지를 넓혔다. 노스캐롤라이나 해안 습지에도, 서부 오리건의 캐스케이드산맥에도 들소가 살았다. 유럽인이 처음 도착했을 당시 북미 대륙은 수천만 마리에 달하는 들소의 땅이었다.

그러나 상황은 곧 바뀌었다. 19세기에 그레이트플레인스에서 3000만 마리가 넘는 들소가 도살당했다. 1875년에 이르자 수백만을 헤아리던 남부 개체군은 자취를 감췄다. 호나데이는 《미국 들소의 절멸 Extermination of the American Bison》에서 이렇게 적었다. "남은 것은 리퍼블리컨강 상류와 네브래스카 남서부 일대에 간신히 살아남은 몇몇 무리뿐이었다."

텍사스 팬핸들 지역에 몇 마리가 남아 있었고, 이 가운데 일부는 생포되기도 했지만 호나데이는 이 "비참한 유물"마저 결국은 다 사라졌다고 기록했다. 캔자스에서 1년을 보낸 도지 대령은 저서에 다음과 같은 글을 남겼다.

"1년 전만 해도 버펄로가 들끓던 땅에 이제는 수없이 많은 사체가 널려 있었다. 끔찍한 악취가 진동했고, 생명으로 넘쳐 나던 광활한 평원이 단 1년 만에 썩어가는 황무지로 변해버렸다."

19세기 미국 서부의 전설적인 사냥꾼 윌리엄 F. 코디는 이렇게 썼다. "범죄에 가까운 아무 의미 없는 도살이 대대적으로 벌어졌다." 그는 철도 회사에 고기를 납품하는 계약 사냥꾼으로 버펄로 4000마리를 사냥해 '버펄로 빌'이라는 별명을 얻었다. 미국 버펄로 보존 운동의 역사를 생생히 다룬 마이클 푼케의 저서 《라스트 스탠드Last Stand》에 따르면, 죽은 버펄로는 두 번 '수확'되었다. "한 번은 가죽 사냥꾼들에게, 또 한 번은 뼈 수집가들에게."

버펄로 사체는 웬만한 교회 건물만 한 높이로 쌓여 있다가 비료로 팔리거나 당시 '본 블랙bone black'으로 불리던 가장 어두운 색소의 재료가 되었다. 1894년에는 뼈마저도 모두 사라졌다. 사체와 뼈를 남길 버펄로 무리 자체가 남아 있지 않았기 때문이다.

무엇이 사라졌을까?

들소 무리의 조화로운 움직임, 그들이 몸을 뒹굴며 만들던 웅덩이, 늑대 등 여러 포식자와의 관계, 장거리를 오가던 이주 행렬. 그 모든 것이 자취를 감추었다. 들소가 보이지 않자 대초원도 제 모습을 잃어갔다. 수천 년 동안, 생태계를 건강하게 가꿔온 선주민들의 '불놓기' 전통도 끊어졌다. 그들은 불을 놓아 초원과 숲 주변에 공간을 만들고 참나무, 밤나무, 히커리 등 화재에 강한 견과류 나무의 성장을 돕는 역할을 해왔다.

초원이 줄어들자 불도 초식동물도 없는 세상이 되었다. 그러자 안정성에 대한 잘못된 믿음이 퍼졌다. 20세기 내내 사람들은 생태계가 결국에는 극상 군락climax community과 뿌리 깊은 초목이

주를 이루어 변화가 거의 일어나지 않는 노령화된 체계에 도달한다고 생각했다.

이 안정성에 대한 집착은 들소를 국립공원 외부 지역으로 다시 돌려보내는 일에 걸림돌이 되었다. 한편 공원 내부에 방목한 들소의 개체 수는 천천히 증가해 1870년대에 25마리도 안 되던 수준에서 1980년대에는 약 3000마리에 이르렀고, 내가 방문했을 때는 5000마리로 늘어난 상태였다. 이 들소들은 때로는 보호를 받았고, 때로는 도태되기도 했다. 브루셀라병의 확산을 막는다는 이유로 공원 관리 당국이 들소의 공원 외부 이동을 제한하지 않았다면 들소 개체 수는 훨씬 더 많아졌을지도 모른다. 브루셀라병은 가축에서 옮아 간 세균성 질환으로 이제는 들소가 보균하고 있다. 2021년에는 공원을 벗어난 약 900마리의 들소가 도살되거나 포획되었다. 운 좋게 밖으로 나가더라도 서식할 곳도 마땅치 않다.

"들소가 정말 좋아하는 계곡 바로 아래 지역은 인간도 선호하죠. 택지와 목장을 조성하기 좋은 땅이거든요."

매가비의 말이다. 과거 대초원에서 들소가 맡아온 역할을 되살리려면 인간이 다른 땅을 알아보아야 할 것이다.

"우리에게는 여전히 들소에 관한 노래도, 이야기도, 의식도 남아 있지만 밖을 내다보면 어디에서도 들소를 볼 수 없어요."

어느 날 오후 리로이 리틀 베어가 캐나다 서스캐처원주에 있는 자택에서 내게 말했다. 앨버타주 레스브리지대학에 재직 중인 그는 '블랙풋Blackfoot'이라고도 불리는 니치타피족 출신 학자다. 그의 말처럼 버펄로는 여전히 니치타피족에게 중요한 존재인데, 버펄로 서식지가 과거의 1퍼센트 수준으로 크게 줄었다. 리틀베어는 상황을 이렇게 표현했다. "교회가 전부 사라진 세상에서 기독교인으로 살아가는 것과 같아요."

수천 년 동안 그레이트플레인스에 살아온 사람들은 사방에 널린 버펄로라는 거대한 존재를 삶의 일부로 받아들였다. 버펄로 가죽으로 담요를 만들어 깔고 티피tepee(원뿔형 천막) 테두리를 감싸며, 뼈로는 괭이질을 했다. 똥은 말려두었다가 나무가 없는 평원에 불을 놓을 때 연료로 사용했다. 푼케는 그의 책에 이렇게 언급했다. "대초원에서 살아온 인디언들은 버펄로 가죽 위에서 태어나 버펄로 가죽에 싸여 죽음을 맞이했다." 태평양 북서부 선주민에게 연어가 그러했듯 버펄로는 이들의 경제와 문화의 기반이었다. 이들은 심지어 파리를 잡을 때도 버펄로 꼬리를 활용했다. 살아 있는 버펄로가 꼬리를 휘두르듯이 말이다.

"버펄로는 생계에 큰 도움이 되는 동물입니다." 리틀 베어는 이렇게 말했다. "우리는 그들을 친척이라고 생각해요. 스승으로 여기기도 하고요. 부족 어르신들은 이런 우리의 관계를 노래, 이야기, 의식 속에 담습니다. 버펄로가 돌아다니는 모습을 보면 마치 우리의 의식을 보는 것 같아요. 항상 시계 방향으로 움직이고, 봄이면 커다란 원을 그리듯 산을 돌아 멀리 나갔다가 겨울이 되면 안식처를 찾기 좋은 산 근처로 돌아오죠."

2009년, 리틀 베어를 포함해 블랙풋 연맹에 속한 원로들이 모여 '버펄로 복원 계획Iinnii Initiative'을 시작했다. 토착 초식동물인 버펄로를 들판에 되돌려 놓는 동시에 젊은 세대를 부족 전통문화와 다시 연결시키려는 계획이었다. 이후 이 운동은 40여 개 선주민 공동체가 서명한 '버펄로 조약'으로 발전했다. 목표는 미국과 캐나다 서부 약 2만 5000제곱킬로미터 면적의 땅에 버펄로를 돌려보내는 것이다.

"버펄로는 문화적으로나 생태적으로나 핵심종입니다."

리틀 베어가 말했다. 작은 포유류와 새는 들소의 두터운 갈색 털을 가져다 둥지를 짓는다. 곤충은 들소가 흙바닥을 뒹굴 때 생기는 움푹한 웅덩이에서 번식한다. 흙에 몸을 비비는 사이에 들소는 몸에 있는 해충을 털어내고, 털에 붙은 씨앗을 퍼뜨리며 곤충과 새에게 새로운 서식지를 제공한다. 버펄로는 이런 식으로 자신의 영역을 일구는 존재다. 리틀 베어가 말을 이었다.

"버펄로가 뛰노는 모습을 보면, 마치 발굽으로 땅을 갈아 새순이 나오게 하는 것 같습니다. 우리는 이들을 생태계 엔지니어라고 불러요. 약초나 식용식물이 자랄 수 있도록 환경을 조성하니까요."

들소 웅덩이에 관한 최근 연구에 따르면, 들소가 지나간 자리에서 여러 토착 작물이 무성하게 자라는 현상이 나타난다. 선주민들은 들소 이동 경로를 따라가며 섬프위드, 호박, 보리, 해바라기 등의 작물을 발견했고 수천 년 전 농경의 초기 단계에서부터 이들을 재배하기 시작했다.

"버펄로가 돌아오면 식물도 때맞춰 싹을 틔우고 열매를 맺는 모습을 볼 수 있습니다."

그렇기에 버펄로가 움직이면 사람들도 그 뒤를 따랐다. 이러한 전통적인 가르침에는 초록 물결의 흐름이나 들소 웅덩이에서 고대 농작물이 자라는 현상 등 최근 과학자들이 밝혀낸 지식이 이미 담겨 있었던 셈이다.

과학자들과 대화하다 보면, 리틀 베어가 들려준 이야기와 (본질은 같지만) 약간 다른 관점의 해석을 접하곤 한다. 버펄로 같은 대형 초식동물은 이동 범위가 넓고, 무리를 지어 이동하기 때문에 생태계에 미치는 영향이 크다. 들소는 다른 어떤 초식동물보다 더 많은 풀을 뜯어 먹고, 더 많은 나무 사이를 돌아다니며 훨씬 많은 똥을 싼다. 대초원의 한 구역에 파고들어 바닥이 드러날 때까지 먹어 치우는 한편, 그 옆은 발도 딛지 않는다. 덕분에 다양한 식생 구조가 형성된다.

실제로 캔자스의 '콘자 대초원Konza Prairie'은 들소를 방목한 지 30년 만에 완전히 달라졌다. 토종 식물 개체 수가 두 배로 늘고, 외래종은 줄었으며, 가뭄에도 끄떡없는 생태계를 이루게 되었다. 이와 달리 사육되는 소는 일정한 패턴으로 꼼꼼히 풀을 뜯기 때문에 식물 다양성에 미치는 영향이 그리 크지 않다. 게다가 소는 죽으면 인간의 식탁으로 가지만 야생 들소는 죽은 뒤에도 거대한 사체로 남아 청소동물을 불러들이고 대초원에 영양분을 돌려준다.

콘자의 방목지에는 그래도 울타리가 있지만, 일부 부족 지역에서는 좀 더 개방적인 환경에 들소를 풀어놓는 새로운 실험이 이루어지고 있다. 그동안 들소 수천 마리가 서부 전역의 여러 부족 지역으로 들어갔다. 그중에는 옐로스톤에서 본 들소 무리 출신도 섞여 있었다. 맥가비의 말에 따르면 지금까지 19개 부족이 지역 내에 들소를 들였다. 2020년에는 수컷 들소 세 마리가 알래스카 코디액섬에 사는 한 부족에게 항공편으로 보내지기도 했다. 근처 무인도에 먼저 방사한 70마리의 들소 무리에 유전적 다양성을 더하기 위해서였다. 맥가비는 당시 감동이 떠오르는 듯 흥분한 어조로 말했다.

"부족 공동체에게 들소가 얼마나 중요한 존재인지 깨닫게 해준 일이었습니다. 들소 세 마리를 부족 땅에 들이려고 3만 달러를 모을 정도라니요!"

최근 들어 미국 내 일부 선주민 공동체는 이른바 '문화 무리cultural herds'로서 들소를 들이기 시작했다. 상업적 목적이 아니라 공동체의 정체성과 문화적 복원을 위해서다. 이런 움직임이 사방에서 기하급수적으로 일어나고 있다고 리틀 베어가 말했다. 현재 미국에는 65개 부족 지역에 약 2만 마리 이상의 들소가 살고 있다. 리틀 베어는 이 '귀환'을 열렬히 반겼다.

하지만 이는 시작에 불과하다. 이제껏 들소 연구는 주로 콘자나 옐로스톤처럼 비교적 고립된 보호 지역에서 이루어졌다. 선주민들과 환경보호 운동가들, 정책 입안자들이 한목소리로 주장하는 바에 따르면, 생태계 복원은 들소 무리가 대초원이나 반사막semi-desert 등 다채로운 지대를 자유롭게 이동할 때에야 가능할 것이다.

"생각해 보면 인간의 생존이 달린 문제이기도 합니다. 우리는 버펄로에게 우리 존재를 빚지고 있어요." 리틀베어의 말이다.

내가 도울 수 있는 일이 있을지 묻자 그는 웃으며 말했다.

"사람들에게 들소 버거를 좀 먹으라고 하세요."

엉뚱하게 들렸지만 어쩌면 그것이 오래된 길을 되살리고, 새로운 초록 물결을 일으키는 첫걸음일지도 모르겠다는 생각이 들었다.

2022년의 그 일요일 밤, 내가 옐로스톤 외곽의 쿡시티에서 잠자리에 들 때만 해도 세상은 평소와 다르지 않아 보였다. 습도가 다소 높긴 했지만 말이다. 나는 날이 밝으면 느긋하게 시간을 보내다가 오후엔 라마계곡에 가서 들소와 늑대, 불곰을 관찰할 계획이었다.

그런데 다음 날 아침, 잠에서 깨자 라디오에서 기자들이 속보를 전하고 있었다. 지난 24시간 동안 이 지역에 내린 비가 관측 사상 최고치에 이르렀다고 했다. 주말 사이 산에 쌓였던 눈이 녹아내리면서 비탈을 타고 물이 한꺼번에 쏟아져 내렸다. 진흙과 바위도 함께 떨어졌고, 강물은 제방을 넘어 새로운 길을 찾듯 퍼져나갔다. 불과 몇 시간 전만 해도 늑대를 관찰하던 이들로 붐비던 도로가 침수되었다. 내가 매킨타이어와 함께 옐로스톤으로 들어갈 때 지나간 길도 물에 휩쓸렸고, 하수관도 파열되었다. 옐로스톤강은 수위가 약 4.2미터까지 치솟아 1918년 이래 최고 수위를 60센티미터 이상 넘어섰다.

공원은 전면 폐쇄되었고 여행은 중단되었으며 현장 탐사도 연기되었다. 북쪽 출입구도 폐쇄되었다. 다리 아홉 개가 교각에서 떨어져 나가는 바람에 맥가비와 생물학자들이 가디너 커뮤니티에 고립되었다. 옐로스톤 직원 몇 명은 집이 무너져 강물에 떠내려가면서 보금자리를 잃었다. 공원 관리 책임자인 캠 숄리는 "천년에 한 번 일어날 만한 사건"이라고 했다.

강은 유동적이며 홍수라고 해서 꼭 나쁜 것만은 아니다. 때로는 고립된 서식지를 되살리고 이를 강의 본류와 연결해 물고기나 양서류, 곤충이 이동할 수 있게 해 준다. 하지만 이 당시에는 6월에 폭풍이 몰아친 데는 기후 변화가 한몫했을 가능성이 있다는 우려가 제기되었다. 앞으로 다가올 혼란, 즉 대형 산불이나 이상 고온, 긴 가뭄과 대규모 홍수가 일상화될 미래의 전조로 보였던 것이다. 모든 재해를 기후 변화의 탓으로 돌릴 수는 없지만, 과학자들은 앞으로 연간 강수량이 늘어나고 적설량은 줄어들 것이며 여름은 더 건조해져서 옐로스톤에 불이 날 위험이 높아질 수 있다고 예상한다.

마을에서 빠져나가는 유일한 길을 따라 구명보트가 속속 들어오고 있었다. 호텔 주인은 내게 숙박비를 환불해 줄 테니 마을을 떠나라고 했다. 원래는 일주일 머물 예정이었지만, 마침 응급구조대원이기도 한 경험 많은 현지인이 당장 떠나야 한다고 하니 아무래도 그래야 할 것 같은 기분이 들었다. 이런 젠장Andskotinn! 내 안의 아이슬란드인이 욕설을 내뱉었다.

우리는 랜드로버를 타고 마사이마라Maassai Mara의 비포장 도로를 덜컹이며 달렸다. 띄엄띄엄 나타나는 질척한 웅덩이를 제외하면 사바나는 바싹 말라 있었다. 마라강 가에 다다라 차를 세웠다. 강변을 따라 가파르게 깎인 둑이 보였다.

어맨다 서벌러스키와 그의 남편 크리스 더턴은 15년째 케냐에서 일하고 있다. 처음에는 마라강의 수질을 조사하는 기술직으로 시작했다. 연구 초반에 그들은 마을과 농경지를 지날 때보다 국립공원 보호 지역을 가로지르는 구간에서 강물의 질소 농도가 높고 세균도 많다는 사실을 발견했다. 처음에는 이해가 되지 않았다. (연구자들은 벼락 치듯 깨달음을 얻는 순간보다 '어, 이상하네?' 싶은 느낌에서부터 새로운 사실을 발견하는 경우가 훨씬 많다.)

북미에서는 주로 농장이나 잔디밭에서 흘러나온 비료가 질소와 인을 포함한 영양분 과잉을 초래한다. 야생 지역이라면 영양분이나 분변성 박테리아 수치가 더 낮고, 수질도 더 맑아야 하지 않을까?

그러다 그들은 무언가를 떠올렸다. 바로 하마였다. 하마는 커다란 머리를 천천히 움직이며 마치 잔디깎이처럼 풀을 뜯는다. 그러다 보면 짧고 깔끔하게 정돈된 '하마 초지'가 형성된다. 그들은 꼬리를 프로펠러처럼 휘휘 돌려 똥을 사방으로 뿌려대는 행동도 보인다. "서로 얼굴에 똥을 퍼붓기도 해요" 서벌러스키는 길가에 남겨진 똥을 가리키며 말했다. '잔디 깎기'를 마치면, 하마는 매일 초원에서 약 1.5킬로미터 떨어진 강가로 이동해 '하마 웅덩이'라 불리는 물 속에서 쉬면서 몸을 식힌다. 서벌러스키가 눈을 동그랗게 뜨며 말을 이었다.

"하마 똥이 정말 어마어마하게 많아요. 강 바닥을 완전히 뒤덮을 정도죠. 바위들도 전부요."

하마 컨베이어벨트였다. 하마 똥에서 나온 영양분이 조류와 수생 식물의 성장을 촉진한다. 조류 번성 때문인지 아니면 똥 자체를 노리기 때문인지 확실치 않지만, 물고기와 무척추동물은 그곳으로 몰려들었다. 한 가지 단서는 있었다. "우리가 75센티미터쯤 되는 길이의 커다란 메기 한 마리를 잡았거든요. 완전 강의 괴물이었죠. 배를 열어보니 하마 똥 천지였어요." 조수석에 앉아 있던 서벌러스키가 말했다.

차창 밖으로 하마 몇 마리가 물 위에서 몸을 반쯤 드러낸 채

햇볕을 쬐고 있었다. 강 한가운데에서 하품을 하는 개체도 보였다. 나일악어 한 마리가 물살을 따라 하류로 내려가고 있었다. 그러다 갑자기 눈앞이 깜깜해지면서 동물들이 사라졌다.

사실 나는 그들과 화상으로 현장을 탐사하고 있었다. 옐로스톤에서 오지로 들어가려던 계획이 홍수로 무산되자 나는 곧 서벌러스키와 더턴에게 연락을 취했다. 하지만 코로나19, 가족 문제, 취소된 항공편, 세 달간 누적된 피로까지 겹쳐 결국 집에 머무를 수밖에 없었다. 그래서 몸은 연구실에 둔 채 화상으로 마사이마라를 돌아다닌 것이다. 위층에서는 우리 집 개가 산책하러 나가자며 짖어댔다.

이후 서벌러스키와 더턴은 우리가 관찰하던 하마들이 강에 단순히 영양분만 공급한 것이 아니라는 사실을 알아냈다. "하마의 똥과 장내 미생물이 강물과 섞이면서, 하마 웅덩이가 장내 미생물에게 이상적인 환경으로 바뀌었죠." 서벌러스키가 말했다.

하마 웅덩이 밖의 물에 서식하는 미생물 군집은 다른 경로로 생겨났고 다양성도 높았지만, 똥으로 뒤덮인 웅덩이 바닥의 미생물 군집은 하마의 장내 미생물과 매우 유사했다. 하마가 웅덩이에 똥을 싸고 그 물을 마시는 동안 거대한 미생물 군집이 형성된 것이다. 더턴과 서벌러스키는 이를 '외부장metagut'이라고 이름 붙였다. 하마의 장내 미생물은 몸 밖으로 나가서도 장내에서와 다름없이 풀을 분해하는 등 생물지구화학적 과업을 수행했다.

웅덩이의 물이 한 차례 씻겨 나가면 그곳의 미생물 군집은 다시 강과 비슷해진다. 그러다 하마들이 돌아오면 똑같은 과정이 되풀이된다. 하마는 고래나 바닷새와 마찬가지로 똥을 통해 생태계에 지속적으로 영향을 미치고 있었다. 하지만 해마다 한 번쯤은 예기치 못한 영양분이 급격히 유입되는 현상이 나타났다.

"어느 날 강에 나갔더니 소용돌이 구간에 누 사체가 한가득 떠 있었어요." 서벌러스키가 말했다.

이들 부부는 누가 해마다 세계 최대 규모로 꼽히는 이주에 나선다는 사실을 알고 있었다. 매년 100만 마리 가까운 누들이 세렝게티와 마사이마라를 가로질러 이동한다. 하지만 이처럼 대규모로 떼죽음을 당하기도 한다는 사실은 몰랐다. 사체가 산처럼 쌓였다. 독수리가 날아들었고 밤에는 하이에나가 찾아와 배를 채웠다.

75년 전만 해도 누 떼가 이렇게 강을 건너는 일이 드물었다. 누는 20세기 중반 당시 가축 사이에 돌던 우역rinderpest 바이러스에 감염되어 거의 전멸할 뻔했다. 2011년에 이 질병이 완전 박멸되면서 누의 개체 수가 기하급수적으로 늘어났다. 이렇게 살아남은 개체들이 수십만 마리의 가젤, 얼룩말과 함께 아프리카 초원을 이동한다. 이들이 초원을 돌아다니며 풀을 뜯는 활동은 세렝게티의 토양 속 탄소soil carbon 회복에 도움이 된다. 만약 풀이 그대로 자라 쌓이면, 불을 내기 쉬운 연료가 되어 넓은 지역이 화재에 취약해진다.

실제로 누가 돌아오자 대형 화재가 줄었다. 그들이 풀을 먹고 싼 똥을 곤충이 분해해 탄소를 흙으로 돌려보낸 덕분이었다. 그 결과 세렝게티 생태계는 들불로 탄소를 내뿜던 주요 탄소배출원에서, 연간 수백만 톤의 이산화탄소를 흡수하는 탄소 흡수원으로 전환되었다.

평소에는 이 지역에서 누를 볼 일이 별로 없다. 하지만 6월이면 상황이 완전히 달라진다. "아침에 일어나면 사방에 후추가 뿌려진 듯한 풍경이 보여요. 이게 무슨 일인가 싶죠. 말 그대로 눈에 보이는 모든 곳에 누 떼가 가득한 풍경이 펼쳐져요." 서벌러스키가 말했다.

누는 일 년에 여러 차례 마라강을 건넌다. 수위가 낮으면 발목만 적시는 정도로 끝나겠지만, 물이 차오를 때는 매우 위험하다. 강둑에서 급류를 바라보며 우왕좌왕하다가도, 한 마리가 뛰어들면 군집 본능이 작동해 무리 전체가 휩쓸려 들어간다. 이들은 수영을 잘하지 못해 대부분 강을 건너는 데 실패한다.

"누 떼가 나타나기 직전이 강물 시료를 채취하기에 가장 위험한 시기예요. 나일악어는 누가 건너는 지점을 알고 있어서, 30~40마리쯤 되는 대형 악어 무리가 그곳에 몰려들거든요."

서벌러스키와 동료들은 무슨 일이 일어날지 모른 채 그저 물을 채취하고 물고기를 잡으며 미생물을 채집했다.

"그러던 어느 날 강둑에서 난데없이 강물에 떠다니는 수백 구의 누 사체를 목격한 거예요."

이후 바로 그 지점에 포식자와 청소동물이 몰려들었고, 심한 악취가 진동했다. 죽음의 냄새는 대개 에탄티올ethanethiol이라는 황 화합물에서 비롯된다. 인간은 10억 개의 분자 중에 에탄티올 분자가 하나만 섞여 있어도 감지할 정도로 이 물질에 민감하다. (프로판가스에도 이 성분이 첨가되는데, 가스가 새고 있다는 걸 알리고 성냥을 켜지 않도록 하기 위해서다. 미국 캘리포니아의 석유 노동자들이 가스 누출 지점마다 터키콘도르가 모여드는 것을 보고, 이 냄새를 활용하면 가스를 탐지할 수 있으리라는 것을 알아챘다고 한다. 그 뒤로 원래는 냄새가 나지 않는 가스 연료에 이 화합물을 섞게 되었다는 이야기가 있다. 죽음을 피하려고 죽음의 냄새를 넣은 셈이다.)

썩은 고기 냄새는 인간에게 불쾌감을 주지만 파리나 독수리 같은 청소동물에게는 자극적인 향이다. 에탄티올을 포함한 휘발성 냄새 물질이 워낙 매력적이어서 데드호스아룸 같은 식물은 이 냄새를 풍겨 수분을 매개할 검정파리를 유인한다.

수백 마리의 누 사체가 강에 쌓이면 생태계에 어떤 일이 벌어질까? 서벌러스키와 더턴은 감지 카메라를 설치해 청소동물의 수를 기록했다. 수 킬로미터 밖에서 독수리 떼가 날아들었고, 하이에나도 조심스레 강으로 들어섰다. 파리가 꼬이자 따오기와 몽구스도 찾아왔다. 서벌러스키는 《애틀랜틱 The Atlantic》과의 인터뷰에서 그때의 일화를 전했다.

"누 사체 위에서 어린 악어 한 마리가 햇볕을 쬐고 있는 모습을 사진으로 찍었어요. 무척 행복해 보이더라고요"

서벌러스키는 마라강에 축적된 뼈의 양을 대왕고래 약 50마리 분량으로 추산했다. 뼈가 부패하면서 그 속에 포함된 인이 강물로 스며들었고, 메기는 그 뼈를 덮은 조류막을 뜯어 먹었다.

어디서 들어본 적 있는 얘기 아닌가? 아마 짐작할 것이다.

"저는 연어의 회귀를 잘 알고 있었어요."

서벌러스키는 대학원 시절 밥 네이먼 교수가 멘토가 되어준 덕에 연어에 관한 자료를 아주 많이 읽었다고 했다.

서벌러스키가 아프리카에서 수행한 '동물의 영양 보급'에 관한 연구는, 마치 지구를 순환하는 혈류처럼 영양분이 파동을 타고 이동하는 생태계의 순환 구조를 인상적으로 보여준다. 누 떼를 관찰하고 북미 대륙 생태에 관한 초기 기록들을 읽으며 서벌러스키는 또 하나의 장거리 이주 동물을 떠올리게 되었다. 바로 들소였다.

그레이트플레인스에서는 봄이면 들소들이 강을 건너다 집단 익사하는 일이 흔했다. 1795년 어느 날 모피 상인 존 맥도넬은 캐나다 매니토바의 아시니보인강에서 익사한 들소 사체를 하루종일 세었다. 7360마리까지 세고 나니 날이 저물어 사체를 그대로 두고 강을 건넜다.

서벌러스키와 동료들은, 수천만 마리의 들소가 이주하던 시절에는 해마다 20만 마리 정도가 강에서 익사했을 것으로 추산했다. 그 무게를 다 합치면 연간 약 10만 톤에 달하는데, 이는 대왕고래 1000마리 혹은 자유의 여신상 네 개와 맞먹는 중량이다. 이들이 남긴 뼈는 마라강의 누 뼈처럼 강에 인을 천천히 방출했고 매해 새 뼈가 더해지면서 장기적인 인 저장고 역할을 했다.

한 지역에서 일어나는 이런 움직임을 지구 전체로 확장해보면 어떤 모습일까?

서벌러스키가 예일대학 대학원생일 때 막스플랑크연구소 이주행동구의 마르틴 비켈스키가 세미나를 열었다. 서벌러스키는 그때 불붙은 열정이 지금까지 타오르고 있다고 말했다. 비켈스키의 웹사이트 Movebank에 접속하면 수천 종의 동물에 부착한 추적기에서 얻은 수십억 개의 위치 정보를 시각화한 자료를 볼 수 있다. 바다거북, 대왕고래, 들개 등 다양한 동물들의 이동 경로가 북극에서 남극까지 그리고 그 사이 모든 곳에 형광빛 선으로 그려진다.

혈류 속을 흐르는 세포와 마찬가지로 지도 위의 무수한 점과 선은 저마다 하나의 생명체를 나타낸다. 디날리국립공원을 가로지르는 늑대 한 마리, 스코틀랜드 해역을 헤엄치는 물범 한 마리처럼 말이다. '프린세스'라는 이름의 홍부리황새는 어린새였던 1994년부터 생을 마감한 2006년까지 독일에서 남아프리카공화국 사이를 매년 왕복 비행했는데, 그 여정도 이 웹사이트에 고스란히 기록되어 있다.

"볼 때마다 전율이 일어요." 서벌러스키가 감탄하며 말했다.

그는 동물이 지구를 가로질러 이동하면서 어떻게 영양분을 다른 생태계로 전달하는지를 오랫동안 주목해 왔다. 이러한 영양 이동은 대개 생산성과 영양분이 풍부한 '공급 생태계donor ecosystem'에서 비롯된다. 바닷새에게는 바다가, 고래에게는 고위도 해역이, 하마에게는 초원이 그런 장소다.

하지만 동물들은 여러 이유로 터전을 떠난다. 포식자가 너무 많아서 혹은 짝짓기나 휴식, 육아를 위해서 다른 서식지로 이동한다. 목적지는 대개 섬, 강, 열대 해변처럼 상대적으로 영양이 부족한 '수혜 생태계recipient ecosystem'이다. 동물들은 새로운 서식지에서 배설하고, 새끼를 낳고, 때로는 생을 마감하기도 한다. 그러면서 이들이 남기는 생리적·생물학적 흔적이 그 생태계를 풍요롭게 만든다. 스웨덴의 생물학자 토마스 알레르스탐과 요한 배크만은 학술지 《현대생물학Current Biology》에 이렇게 썼다.

> 수십억 마리의 동물이 여행하는 삶에 적응해 왔다.
> 이들은 헤엄치고 날고 달리고 걸으며
> 지구 곳곳의 생활 거점 사이를 규칙적으로 이동한다.

마사이마라의 누와 하마는 이 거대한 순환계의 일부일 뿐이다. 인체의 혈류 순환이 나빠지면 사지가 괴사하듯이, 동물 개체 수가 줄어들고 이주 경로가 끊어지면 영양분 이동이 차단된다. 그 결과 생태계는 점점 생산성을 잃고 기후 변화에도 취약해질 것이다.

옐로스톤을 강타한 폭풍은 사상 최대 규모의 홍수를 일으켰다. 그 원인으로는 기후 변화와 **지구 이상화**global weirding(홍수, 빙설 폭풍, 허리케인 등 극단적인 날씨가 잦아지는 현상)⁺가 지목되었다. 물이 불어나자 나는 '버펄로 빌'이 세운 마을인 코디로 몸을 피했다. 커다란 통나무 하나가 옹벽을 떠받치고 있는 모습이 불길해 보였다.

이번 홍수는 재산을 잃거나 여름 수입을 날린 주민들에게는 큰 피해였지만, 폭풍에 직접적으로 영향을 받지 않은 야생동물들에게는 뜻밖의 기회가 되었을지도 모른다. 나는 차를 몰며 상상해보았다. 전날까지만 해도 라마계곡을 가득 메웠던 차량들이 온데간데없이 사라져 당황했을 들소와 늑대, 회색곰의 입장을 말이다. 어쩌면 그들은 이제 더 이상 스트레스를 받지 않을지도 모른다. 2001년 9·11 테러 이후 해양 교통이 멈춰 바다가 조용해졌을 때 일부 고래종의 스트레스 수치가 떨어졌다는 연구가 있었다. 맥가비는 늑대와 곰이 코로나19 봉쇄 기간에 그랬던 것처럼 인간이 낸 길을 따라 새로운 영역을 탐색하고 있을지도 모른다고 말했다.

옐로스톤을 떠나 치프 조지프 하이웨이를 타고 남동쪽으로 달리다 보니 멀리 언덕 위에 검은 소 떼가 쉬고 있었다. 듬성듬성 풀이 난 황량한 언덕에 자리 잡은 까맣고 커다란 소들이 꼭 들소처럼 보였다. 그런데 철조망 울타리 안에 갇힌 저 소들이, 과거 야생을 누비며 이동하던 사촌 격의 동물들과 유사한 생태적 역할을 수행하고 있을까?

"소들도 물론 풀을 뜯어 먹긴 하죠. 하지만 들소처럼 포식자에게 잡아먹히지는 않아요. 포식자가 나타나면 목장주가 총을 쏘아 죽이니까요." 들소생물학자로 일했던 월렌은 내게 이렇게 말했다.

소는 대규모로 이동하던 들소와는 다른 방식으로 땅을 활용한다. 들소보다 갈증을 더 자주 느끼는 소는 강이나 개울 주변에 머무는 시간이 길어 침식과 유출을 심화시킨다. 이런 현상에 더해, 인간이 미국 서부의 광범위한 지역을 잠식하면서 들소가 돌아오기는 더욱 어려워졌다.

"18세기 후반 리처드 도지가 묘사한 것처럼, 길이 30킬로미터에 폭 3미터쯤 되는 들소 떼가 철도를 가로지르던 풍경이 오늘날 고속도로에서 재현된다면, 그 파급 효과는 지금과 전혀 다를 겁니다." 월렌은 옐로스톤, 선주민 보호구역, 미주리강을 따라 조성 중인 미국 대초원 보호지 같은 특별한 지역 외에서는 지금의 사회가 야생 들소를 받아들이지 못할 것이라고 본다. 실제로 몬태나 북부에 있는 약 4000제곱킬로미터 규모의 찰스 M. 러셀 국립야생동물보호구역에 들소를 다시 들이는 계획을 두고도 논란이 계속되고 있다. 선주민 부족들은 이 계획을 지지하지만 일부 농장주들이 반대하고 있다.

"만만치 않은 상황이에요. 이렇게 양극화된 사회가 옐로스톤에서 그랬던 것처럼 중대한 사안을 놓고 협력할 가능성이 있을지, 솔직히 비관적입니다. 하지만 희망을 버리지는 않았어요." 월렌이 무거운 표정으로 말했다.

야생동물 복원에 성공한다면, 그들은 날씨처럼 뉴스에 오르내리고 계절처럼 예측 가능한 존재가 될지도 모른다. 하지만 정작 기후 자체를 예측할 수 없다면 어떻게 될까? 옐로스톤처럼 동물의 역할이 중요한 곳에서도 집중호우나 때 이른 해빙, 그리고 장기간의 가뭄 같은 기후 혼란이 동물의 영향력을 압도할 수 있다.

최근 몇 년 사이 들소, 늑대, 비버 등 토착종이 눈에 띄게 회복세를 보이면서 생태계와 경관의 복원에 대한 기대가 커졌다. 그러나 더 극단화되는 기후 현상으로 인해 지금까지 쌓인 야생동물 보존의 규범이 흔들리고 있다. 2070년이면 옐로스톤의 기온은 2000년 대비 5~6도 높아질 것으로 예측되고, 세기 말에는 최대 10도 가까이 오를 가능성도 있다. 이러한 변화에 적응하는 동물도 있겠지만, 어떤 종은 옐로스톤을 떠나고 또 어떤 종은 완전히 사라질지도 모른다.

과연 동물은 인간이 지배하기 전처럼 생태계에서 강력한 존재가 될 수 있을까? 이제 우리는 인류가 어떻게 이 지점에 이르게 되었는지를 되돌아볼 필요가 있다.

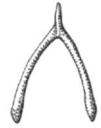

어느 날 오후, 연구실을 나서는데 새소리보다 자동차 경적 소리가 더 많이 들렸다. 눈앞에 펼쳐진 광경은 자전거며 트럭, 승용차를 타고 오가는 사람들의 행렬뿐이었다. 이제 도시는 사람과 자동차 소리로 가득하다. 한때 이 땅을 활보하던 대형동물들은 다 어디로 갔을까?

우리는 지구에서 몸집 큰 동물이 거의 사라졌다고 생각하기 쉽다. 하지만 생물량만 따져보면 이야기는 조금 다르다. 현재 지구에 사는 포유류의 총무게는 인간이 햇빛을 독차지하기 전보다 오히려 늘어났다. 문제는 그 대부분이 우리가 식탁에서 만나는 네 발 달린 동물이라는 점이다.

소, 돼지, 양. 우리가 기르는 이 동물들의 무게는 약 1억 톤에 달해 지구상 모든 포유류 생물량의 60퍼센트를 차지한다. 우리 인간도 약 6000만 톤으로 36퍼센트에 이른다. 그럼 야생 포유류는 얼마나 될까? 고작 700만 톤, 전체의 4퍼센트에 불과하다.

이 내용을 《미국국립과학원회보 Proceedings of the National Academy of Sciences, PNAS》에서 처음 읽었을 때 나는 눈을 의심했다. 인간과 가

지구상 포유류의 생물량
무게 기준으로 인간이 36퍼센트, 가축이 60퍼센트를 차지하며, 대형고래를 포함한 야생포유류는 4퍼센트에 불과하다.

축의 무게가 코뿔소, 하마, 코끼리, 엘크, 해달, 곰, 심지어 고래까지 합한 것보다 24배나 많다고?

사실이다. 인류는 아프리카 초원을 장악한 뒤 세계 곳곳으로 퍼져나가며 야생 포유류의 약 85퍼센트를 몰아냈다. 1만여 년 전, 대형동물이 거의 다 사라지자 인류는 그 자리를 가축으로 메꾸었다. 오늘날 야생동물이 생태계 엔지니어로서의 가치를 인정받지 못하는 현실은 어쩌면 당연한 결과일지도 모른다. 인류세, 즉 인간이 지구 환경에 지배적인 영향을 미치기 시작한 이 시대에, 야생 포유류의 비율은 오차범위에 가까울 정도로 줄어들었다.

새들도 크게 다르지 않다. 닭, 칠면조, 오리 같은 가금류의 총 무게는 온갖 야생조류(타조, 콘도르, 황제펭귄, 풀머, 재갈매기, 파랑새, 박새, 메뚜기참새 등)를 모두 합친 것보다 두 배 이상 많다. 물론 야생 조류에게 남겨진 자리는 야생 포유류만큼 좁지는 않지만, 전체 조류 생물량 중 야생의 비율은 30퍼센트에 불과하다.

이런 변화는 생태계에도 영향을 미쳤다. 오늘날 많은 동물은 목초지나 초원이 아닌 빽빽한 공장식 축사에서 사육된다. 이곳에서 쏟아져 나오는 분뇨는 대기 중에 암모니아를 방출해 산성비와 질소 오염을 유발하며, 지하수를 질산염으로 오염시키기도 한다. 소는 전 세계 초지와 사육장, 낙농 축사에서 섬유소와 곡물을 섭취해 몸 안에서 발효시킨다. 이 화학 반응의 부산물로 발생하는 것이 바로 메탄이다. 소 한 마리에서 연간 약 90킬로그램의 메탄이 방출되어 고스란히 대기 중에 쌓인다. 메탄은 이산화탄소보다 80배나 강력한 온실가스로, 인류가 유발하는 메탄 총배출량의 3분의 1 이상이 소고기와 우유를 생산하는 과정에서 나온다.

인간이 생태계에 일으킨 변화는 해양의 기본 법칙마저 무너뜨렸다. 예전에는 미생물에서 고래에 이르기까지 해양생물의 크기별 생물량이 거의 같았다. 지구상에 존재하는 작은 동물성플랑크톤의 총중량이 그보다 큰 먹이 어류의 총중량과 같고, 이 규칙은 상어나 고래 같은 거대 동물에게도 그대로 적용되었다. 이러한 생물량 분포의 법칙을 **셸던 스펙트럼**Sheldon spectrum이라고 한다. 이를테면 크릴은 몸집이 대구보다 1만 배 작지만 개체 수는 1만 배 더 많다.

그런데 어업과 포경업이 산업화하면서 모든 것이 달라졌다. 몸집이 큰 동물은 대부분 사라지고, 작은 생물이 바다를 지배한다. 1800년 이후로 고래와 기타 해양 포유류, 대형 어류는 90퍼센트 줄어들었다.

이제 인류세는 잊자. 해양생태학자 대니얼 파울리는 이 시대를 **점액의 시대**Myxocene(muxa는 고대 그리스어로 '점액'을 뜻함)라 불렀다. 물고기 떼도 상어도 바닷새도 고래도 사라져 버린 바다. 그곳에서는 더 이상 경외감을 자아내는 해양 항해자를 만날 수도, 먹이를 얻을 수도 없다. 그렇다고 인간이 자연과 완전히 분리된 독립적 주권 왕국을 세운 것은 아니다. 환경사학자 도널드 워스터의 말처럼 "생태적 연결망을 벗어나기는 사실상 불가능하다."

우리가 야생을 울타리로 가두고 포유류·어류·조류의 80퍼센트 이상을 제거하기 전까지만 해도, 지구에는 분명 영양소 순환의 균형이 유지되고 있었다. 영양소는 바위나 흙에서 하류로 녹아내리기도 하고, 날고, 헤엄치고, 달리기나 기어 다니던 동물의 똥·살·뼈가 되어 지구 곳곳에 다시 흩뿌려졌다. 그러나 그 균형이 깨지자 우리는 영양소를 다른 방식으로 구해 와야만 했다.

1802년, 프로이센의 탐험가 알렉산더 폰 훔볼트는 아메리카 대륙을 횡단한 끝에 페루 태평양 해안에 다다랐다. 당시 세계에서 가장 높은 산으로 꼽히던 침보라소화산을 등반한 지 얼마 지나지 않은 때였다. 험난한 산행에 대비되지 않은 상태였는데도 훔볼트 일행은 인류 기록상 가장 높은 고도(5917미터)에 도달했다. 침보라소 정상에 서서 고도에 따라 달라지는 식생을 바라보며 훔볼트는 "대륙을 넘어 기후대에 따라 작용하는 전 지구적 힘으로서의 자연"이라는 새로운 관점으로 식물을 바라보게 되었다.

지상으로 내려온 훔볼트는 잉카인이 비료의 원천으로 귀하게 여기던 바닷새 섬으로 향했다. 이 섬의 바닷새는 꼭 날아오르기 직전에 똥을 쌌고, 그 결과 오랜 세월에 걸쳐 똥과 알껍데기, 사체가 쌓여 섬을 뒤덮었다. 현지인들은 이 백악질 물질을 '새똥'을 뜻하는 '와누wanu'라 불렀다. 잉카법에서는 바닷새를 죽이거나 산란기 동안 괴롭히는 자를 사형에 처할 정도로 와누를 귀히 여겼다.

훔볼트는 지역민이 채집한 바싹 마른 판형 물질을 보고 그것이 유럽의 석탄층처럼 과거의 어떤 환경적 변화나 사건으로 형성된 것이라 짐작했다. 암모니아 냄새에 재채기를 연발하면서도 그는 남미산 구아노를 프랑스로 가져가 친구이자 화학자인 루이 보클랭에게 넘겼다. 보클랭은 이 물질에 질소 함유량이 높은 요산이 농축되어 있어 토양의 비옥도를 높일 가능성이 있다는 사실을 밝혀냈다.

이후 실험을 통해 구아노가 돼지나 소의 분뇨보다 훨씬 뛰어난 비료임이 입증되었지만, 훔볼트와 동료들은 당시 이 물질의 기원을 알지 못했다. 유럽은 수 세기에 걸쳐 영양분 보급이 절실한 상태였다. 중세 영국에서는 농민이 귀족의 땅에서 양을 방목할 수는 있었지만, 몰래 양의 배설물을 가져가다 적발되면 가혹한 처벌을 받았다.

시간이 흘러 농민들이 도시로 이주하자 상황이 달라졌다. 그들이 배설한 소변과 분변이 도시 곳곳에 퍼졌다. 이로 인해 감염병이 확산되자, 오물을 처리하기 위한 '위생 혁명'이 일어났다. 하수 설비를 따라 오물은 도심에서 호수와 강으로, 결국에는 바다로 방출되었다. 귀한 질소와 인도 함께 빠져나갔다. 이전에는 시골 들판에 버려지던 동물 사체도 도시의 정육점과 저장고로 옮겨졌다. 그 시절에는 넝마장수가 도시 곳곳을 돌며 뼈와 누더기를 수집했는데, 뼈는 잘게 쪼개져 접착제로 가공되거나 비료로 만들어지거나 설탕 정제 과정에 쓰였고 천 조각은 종이로 재탄생했다.

그런데 도시에서 뼈를 구하기 어려워진 19세기 영국에서는 도굴꾼들과 뼈 채집자들이 유럽 각지를 떠돌며 라이프치히, 워털루, 아우스터리츠 등지의 전장에서 죽은 군인과 말의 유골 수천 개를 발굴했다. 세계 최대의 인골 밀거래상이 된 영국인들은 시칠리아의 묘지에서 해골을, 이집트의 무덤에서 미라를 걷어 갔다. 그중 상당량은 헐Hull 항구로 들어가 요크셔주의 분골 공장에서 분쇄되었다. 그래도 유럽에서 발굴할 수 있는 인간 뼈에는 한계가 있었다. 하지만 남미 해안의 구아노는 달랐다. 적어도 초기에는 무한정 공급될 것처럼 보였던 자원이었다.

남미의 잉카인은 구아노를 하나의 생활 자원으로 제대로 인식하고 있었다. 수백만 마리에 달하는 페루의 가마우지, 펠리컨, 부비새가 양분이 풍부한 태평양 바다에서 먹이 활동을 했다. 그러고는 똥을 뿌렸다. 새끼들은 섬 위에 분화구 모양의 구아노 고리를 형성했는데, 잉카인은 이것을 '달의 질the moon's vagina'이라는 뜻의 '퀴야이라카quillairaca'라 불렀다. 바닷새 섬은 고온 다습하지만 비가 거의 내리지 않아 새똥이 바닷물에 씻겨 나가지 않고 천연 광물질 덩어리를 형성했다. 오랜 세월을 거치며 이 덩어리는 크고 단단한 바위처럼 변해갔다. 페루의 몇몇 섬에는 이 구아노층이 60미터까지 쌓였다. 바닷새 똥으로 이루어진 18층 건물이 서 있는 셈이다. 지구상에서 질소와 인의 농도가 가장 높게 나타난 곳이 바로 이 바닷새 군락 아래 퇴적층이었다.

《구아노와 태평양 세계의 시작Guano and the Opening of the Pacific World》를 쓴 환경사학자 그레고리 쿠시먼은 남미에서 영국으로 질산염과 구아노 등의 질소 비료가 처음 보급된 1830년을 인류세의 시작점으로 본다. 현지인들은 구아노를 땅에서 곡괭이로 파낸 뒤 수레에 실어 대기 중인 선박으로 옮겼다. 구아노 무역이 국제적으로 성장하면서부터는 중국에서 건너온 노동자 수만 명이 죄수나 채무자인 현지인과 함께 일하게 되었으며, 대부분 노예와 같은 조건으로 일했다. 미국, 영국, 독일의 선박들은 화물을 가득 채우기 위해 페루 해안에 몰려들었다.

쿠시먼은 구아노가 화석 연료만큼이나 산업혁명에 핵심적인 자원이었고, 유럽인이 구아노를 발견한 그때가 인류사에서 결정적인 순간이었다고 주장한다. 그 가치를 처음 밝힌 훔볼트의 동료들은 구아노 운송을 도덕적 사명으로 여겼다. 질소와 인의 확산이 인류 전체에 이익이 된다고 믿기 때문이다. 실제로 구아노 덕분에 토양이 비옥해지면서 집약농업이 시작되었고, 농경지와 목초지의 생산성이 크게 높아졌다. 그 결과 도시민이 늘어나 사회가 번영했다.

19세기에 널리 알려진 격언으로 "풀잎 한 장 나던 곳에 두 장이 나게 하라"라는 말이 있다. 이를 실현시킨 것이 바로 구아노였다. 소규모 자급농 중심의 안정된 농경 사회가 끝날 무렵 등장한 이 비료는 기계 생산과 증기기관, 그리고 도시 시장을 겨냥한 새로운 농업의 시대에 활력을 불어넣었다.

19세기는 그야말로 구아노의 시대였다. 이 강력한 비료를 둘러싼 경쟁이 전 지구적 무역을 촉발했고, 그 중심에는 페루 해안이 있었다. 구아노 무역의 중요성은 아무리 강조해도 지나치지 않다. 1841년에 영국이 수입한 페루산 구아노는 2톤 정도였으나, 4년 뒤에는 약 22만 톤으로 급증했다. 오늘날에도 영양소의 이동이 식량 생산을 좌우한다.

구아노로 만든 비료는 북반구의 질소 순환을 송두리째 바꿔놓았고, 호주와 뉴질랜드 변두리의 초원 생태계 또한 완전히 재편했다. 남반구의 목초지는 점차 비옥해졌고 이곳에서 사육된 소와 양의 고기가 유럽, 미국, 중동으로 팔려 나갔다. 쿠시먼이 썼듯이 "페루산 구아노는 주로 북반구 소비자에게 고기와 설탕을 제공하는 데 쓰였다." 세계 기아 문제를 해결하려는 목적이 아니었다는 말이다.

한때 페루의 바닷새는 몸값이 10억 달러에 이를 정도로 세상에서 가장 값비싼 새였다. 구아노 시장은 1870년 무렵 절정을 이루었다. 하지만 동시에 바닷새의 주식인 안초베타(페루멸치)가 지나친 어획으로 급감했고, 중부 태평양의 구아노섬에 살던 수많은 새는 쥐와 고양이, 돼지로 인해 큰 피해를 입었다.

20세기에 들어서는 외딴섬들이 핵 실험지로 쓰이면서 번식 중이던 수천 마리의 바닷새가 깃털이 모두 타버리거나 눈알이 그을려 죽어갔다. 제2차 세계대전 이후 수년간 이어진 핵실험에서도 수백만 마리의 바닷새가 방사능 낙진에 거듭 노출되었다.

그런 문제를 차치하더라도 구아노의 감소는 이미 예견된 일이었다. 마르지 않는 샘이란 없으니 말이다. 인간은 다시 비료를 공급해 줄 동물을 찾았다. 이번에는 인을 함유하고 있는 고대 생물의 뼈가 표적이 되었다. 플로리다의 본 밸리는 마이오세(신생대 중기 지질 시대)⁺ 시기 포유류와 해양생물의 화석이 풍부한 지역으로, 19세기 말에 채굴의 중심지가 되었다. 곳곳에 수많은 광산이 새로 개발되었고, 인광석 처리 공장이 들어섰으며, 광산 폐기물인 석고 더미가 산처럼 쌓였다. 초기에는 사람이 곡괭이와 삽으로 직접 채굴했다. 작가 조라 닐 허스턴은 자서전에서 광산의 노동을 이렇게 묘사했다.

> 그들은 인산염 광산에 내려가 머나먼 곳의 사람들이 기름진 땅을 일구어 먹고살 수 있도록, 선사시대 괴물의 축축한 뼛가루를 퍼 올린다. 하지만 전부 다 가루는 아니다. 배에서 척추까지 약 6미터나 되는 거대한 갈비뼈… 노동자의 손바닥만큼 넓은 상어 이빨….

노동자들은 주로 흑인 남성이었고, 플로리다 주정부에서 보내주는 죄수들도 있었다. 그들은 수시로 다이너마이트가 터져 바위가 튀는 광산에서 하루에 열 시간 이상 무릎 높이의 물에 발을 담근 채 뼛조각을 캐냈다. 무장한 경비대가 말을 타고 순찰을 돌며 노동자들이 도망가지 못하도록 감시했다.

21세기에 들어 인산염 소비가 정점에 달했다는 우려가 커지고 있다. 미국은 중국과 모로코 다음으로 큰 규모의 인산염 채굴국이며, 페루와 칠레에서는 여전히 구아노가 채취되고 있다. 하지만 고대의 것이든 새로 쌓인 것이든 인 공급원은 언제든 고갈될 수 있어 다시 농업을 위협할 가능성이 있다. 과연 전 지구적 위기가 실제로 닥칠 것인지, 그 시기가 언제일지를 두고 논쟁이 끊이지 않는 가운데, 바닷새는 개체 수가 줄어든 지금도 여전히 섬과 해안, 산호초를 비옥하게 만들고 있다. 일설에 따르면 이들을 통해 해안 생태계에 공급되는 인과 질소의 가치는 연간 4억 7300만 달러이며, 관광 및 수산업 수입까지 포함하면 11억 달러에 달한다고 한다. 페루의 가마우지, 펠리컨, 부비새는 예전만큼 흔하지는 않지만 다른 바닷새들과 함께 여전히 수십억 달러의 가치를 지니고 있다.

우리는 지금 '새의 시대'에 살고 있다. 다만 그들은 날지 못하고 햇빛조차 거의 보지 못한다. 닭의 경우 세계적으로 매년 500억 마리가 도축되고 있으며, 미국에서 사육되는 육계민 헤도 연간 80억 마리에 이른다. 메릴랜드에서 텍사스로 이어지는 육계 지대 Broiler Belt에서 도축용으로 기르는 닭은 1만 마리 넘게 무리 지어 자라며 평생을 실내에서만 보낸다. (육계만이 아니라 산란계도 마찬가지다. 산란하는 암탉은 조그만 철창에 갇힌 채 나란히 또는 층층이 얹혀 산다.) 부화한 순간부터 죽을 때까지 닭은 신선한 공기나 자연광은 구경도 못한 채 가금류와 똥과 먹이밖에 없는 환경에서 살아간다.

"이런 사육장은 입구에서부터 지독한 악취가 코를 찔러요. 매캐한 공기에 숨이 턱 막히죠. 기침이 나고 눈물이 흐르고 숨을 쉴 수가 없어요. 잠깐도 견디기 힘든데 이런 곳에서 평생을 보낸다는 건 상상도 할 수 없어요." 동물보호단체 머시포애니멀스Mercy for Animals 대표 리아 가르세스는 내게 그 현장을 이렇게 전했다.

무기수 신세인 이 닭들은 조상과 닮은 점을 찾기 어렵다. 인류는 동남아시아에서 닭을 가축화한 후로 6000년에 걸쳐 골격과 유전자, 역학까지도 바꿔놓았다. 닭의 뼈는 가축화되지 않은 적색야계red jungle fow보다 세 배 넓고 두 배 더 길어졌다. 성장 속도는 야생조류보다 세 배 빠르며 아직 어린 나이인 6주 무렵에 도축되어 죽는다. 중세 시대를 거치며 농장에서 선별 사육되면서 몸집이 전보다 두 배 가량 커졌고, 20세기에는 다섯 배까지 늘었다. 가축화된 닭은 야생 개체에 비해 유전적 다양성이 낮고, 호르몬 수용체에 발생한 돌연변이로 인해 연중 번식할 수 있다. 유전자조작과 산업화된 집약사육의 관행으로 인해 닭이 넘쳐 날 뿐 아니라, 생산과정에 들어가는 실제 비용을 제쳐두고 보면 닭값도 놀랄 만큼 저렴한 세상이 도래했다.

하지만 그중에는 도축당하기 전까지 6~7주도 버티지 못할 만큼 병들거나 허약해 고등학교 급식이나 햄버거 사이에 들어갈 새도 없이 사라지는 닭이 5억 마리쯤 된다. 살아남은 닭들도 질병과 부상에 시달리는 처지다. 가르세스가 말을 이었다. "부자연스러운 급성장으로 인해 쇠약해진 수만 마리의 닭이 켜켜이 쌓이는 배설물 위에서 뒹굴 수밖에 없는 상황에 놓여 있어요. 우리가 식당이나 식료품점에서 사 먹는 닭이 바로 이런 상태입니다." 그들의 발과 가슴은 욕창 같은 상처로 얼룩져 있다.

비단 닭뿐만 아니라, 산업 농장에서 사육되는 소와 돼지를 비롯한 여러 동물에게 삶이란 철제 우리와 금속 상자, 움직일 틈 조차 없는 좁은 공간에 갇힌 거대한 무리, 생산성 향상을 위해 새끼마저 빼앗겨야만 하는 처지로 점철된 것이다. 게다가 개체 수가 많다 보니 조류인플루엔자를 비롯한 각종 동물 매개 감염병의 배양처이자 슈퍼 전파자가 될 위험도 안고 있다.

오늘날 이렇게 몸집이 커진 닭들의 뼈가 수많은 매립지를 채워가고 있다. 그중에서도 다리뼈, 가슴뼈, 날개뼈는 이 시대를 대표하는 지표가 될 가능성이 높다. 우리는 닭 뼈를 통해 고대 인류의 이주 경로를 추적할 수도 있다. 연구자들은 칠레의 한 유적에서 기원후 1400년경으로 추정되는 닭 뼈를 하나 발견했는데, 이 뼈와 DNA가 일치하는 닭이 바누아투를 비롯한 남태평양의 여러 섬에서도 발견되었다. 이는 인간이 폴리네시아에서 남미로 이동했음을 증명하는 동시에, 1532년 스페인 정복자들이 페루 땅을 밟기 이전부터 닭이 이미 그곳에 존재했음을 보여준다.

지구는 '닭의 행성'이라 불러도 좋다. 혹은 '소의 행성'이라 해도 될 것이다. 뭐가 되었든 간에 이 땅의 많은 동물이 가축이 되었다. 전 세계를 돌아 결국 남미에 이르기까지, 인간이 이동하며 지구에 영향을 끼친 역사는 1532년보다 훨씬 전으로 거슬러 올라간다.

2010년 크리스 다우티는 옥스퍼드대학에서 박사후연구원으로 '탄소와 숲의 역학'을 연구하고 있었다. 어느 날 그는 노란 벽돌로 뒤덮인 런던 자연사박물관 입구 쪽을 지나다가 메가테리움, 즉 땅늘보의 뼈를 발견했다. 남미에 서식하던 땅늘보는 키가 약 4미터가 넘고 발톱이 길고 아래턱이 도드라진 동물이었다.

코끼리보다 컸던 땅늘보는 오늘날 남미에 남아 있는 맥(코가 뭉툭한 초식 포유류)⁺과 패커리(돼지아목에 속하는 포유류)⁺의 아주 먼 조상이다. 나무에서 사는 현대의 친척, 나무늘보와 달리 땅늘보는 느리지 않았다. 이 거대한 초식동물은 사바나를 자유로이 돌아다니며 들소와 하마 같은 방목동물이 대체로 그렇듯 장내 발효를 통해 먹이에 든 섬유소를 분해했을 것으로 보인다. 하지만 장 속에 메탄이 축적되면 위험해질 수 있기 때문에, 일반적으로 하마보다 더 큰 동물에게는 이 방식이 적합하지 않다. 땅늘보는 몸무게가 6000킬로그램 가까이 나갈 정도로 몸집이 컸다. 한 생물학자는 땅늘보가 풀을 그렇게 잔뜩 먹고도 폭발하지 않은 것이 신기하다며 농담을 던지기도 했다.

다우티는 이런 의문을 품었다. 키가 약 5미터에 이를 만큼 자란 이 거대한 동물이 먹고, 싸고, 죽는 과정을 통해 숲과 초원에 어떤 영향을 주었을까?

그의 관심은 땅늘보에게만 국한된 것은 아니었다. 인간이 아프리카에 등장하기 전, 지구는 대형동물이 지배했다. 거대한 거북, 코끼리새, 모아, 글립토돈, 만화가 수스Seuss나 소설가 보르헤스Borges의 작품에 나올 법한 생명체들. 그중에 톡소돈이라는 동물은, 다우티의 묘사에 따르면 하마와 코뿔소를 섞어 놓은 것처럼 생겼다. 뿔은 없고 노새만큼 이빨이 크고 털이 북슬북슬한 이 동물은 한때 남아메리카에서 가장 흔한 유제류hoofed mammal(발굽이 있는 포유동물)⁺였다. 검치호랑이, 아메리카사자, 거대 곰과 늑대, 몸 길이가 3미터에 달하며 '공포의 새'로 불린 동물 같은 포식자들도 아메리카 대륙 전역에 존재했다. 이들은 먹잇감을 두고 치열하게

플라이스토세Pleistocene에 아메리카 대륙에 존재한 생물종
땅늘보(오른쪽 끝), 글립토돈(오른쪽 아래), 엄니 달린 매머드, 아에피카멜루스 낙타(가운데), 말과 닮은 모로푸스. 맨 왼쪽에 있는 들소는 대부분의 거대 초식동물보다 작았는데, 이 그림에 등장하는 동물 중에서 유일하게 플라이스토세 멸종에서 살아남았다.

싸웠다. 육식동물의 화석 기록을 보면 이빨이 뿌리가 드러날 정도로 닳아 있는데, 골수까지 파먹으려던 행동의 흔적으로 해석된다.

그 시기의 생태계에는 코끼리도 많았다. 약 300만 년 전 코끼리와 그 친척을 포함한 33종의 장비목Proboscidean(긴 코를 지닌 포유동물. 대부분이 멸종해 현재는 코끼릿과만 남아 있다)✦ 동물이 세계 곳곳을 누볐다. 이들은 개체 수가 많고 생태적으로 영향력이 커서, 계통수 evolutionary tree(생물군의 진화 양상을 나무와 같은 형태로 배열해 보여주는 그림)✦에서 큰 가지를 차지하며 번성했지만, 약 10만 년 전 기후변화와 인간의 사냥으로 몇몇 종만을 제외하고 멸종되었다.

수백만 년에 걸쳐 먹고, 싸고, 죽어간 이 거대동물들은 매일 움직이고 계절에 따라 이주하면서 자연에 어떤 영향을 미쳤을까? 다우티와 동료들은 땅늘보와 톡소돈이 서식하던 남미 지역에서 이를 연구하기로 했다.

"모든 곳에서 영양분의 농도 차이가 나타났어요." 다우티가 말했다.

고위도에서 저위도로 영양분을 옮기는 고래처럼 대형 포유류를 비롯한 거대동물들도 영양분 농도가 높은 곳에서 낮은 곳으로 이동할 수 있다. 노던애리조나대학 부교수로 재직 중인 다우티의 연구실을 방문했을 때 그는 내게 이렇게 설명했다. "저는 이것을 하나의 통합된 시스템으로 봐요. 그리고 이 시스템을 관통하는 중요한 요소 중 하나가 인이에요. 인은 동물에게 필수적인 성분인데, 이를 얻으려면 식물을 먹어야 해요. 식물은 땅으로부터 인을 흡수하죠. 그래서 땅에서 식물로, 식물에서 동물로 인이 얼마나 효율적으로 전달되는지를 파악하는 게 중요해요. 동물은 식물의 잎을 뜯어 먹고, 어느 정도 이동한 뒤 똥을 싸지요."

다우티는 이 마지막 움직임, 즉 똥의 확산을 파이ø로 정량화했다. 이는 한 생태계에서 다른 생태계로 동물이 옮기는 양분의 수평 이동을 의미한다. 쉬르트세이처럼 새로 생성된 땅에는 질소가 거의 없지만, 화산암에는 인이 많다. 반면 애팔래치아산맥이나 아마존 열대림 등 오래된 지역에는 인이 부족하다. 수백만 년에 걸쳐 많은 양의 인이 강물에 휩쓸려 바다로 흘러갔기 때문이다.

인은 암석과 광물이 물, 얼음, 바람에 의해 풍화되면서 생겨나는 부스러기, 즉 풍성 분진Aeolian dust을 통해 새로이 공급되기도 한다. 그러나 화산이 새로 생기거나 바람이 알맞은 방향으로 불지 않는 이상, 한 번 하류로 흘러내린 인을 상류까지 되돌려놓을 방법은 동물의 배설물과 살점, 그리고 뼈를 통하는 것뿐이다.

과일을 먹는 동물의 똥에는 씨앗이 많아 질소와 인이 든 비료 반죽에 씨앗을 묻어놓은 듯한 상태가 되곤 한다. 무게가 수 톤에 이르는 땅늘보와 곰포테리움, 톡소돈의 사체도 어마어마한 양분 더미였다. 다만 이런 종들은 수명이 길어 분해자와 식물이 그 사체에서 양분을 얻기까지 상당한 시간이 걸린다는 문제가 있었다.

"열대 지방에서는 모든 조건이 인을 재활용하기 좋은 방향으로 진화했어요. 그래서 인 손실률이 상당히 낮죠." 다우티가 말을 이었다. 이 과정이 어떻게 진행되는지는 아마존에서 실제로 확인할 수 있다. 점심을 먹고 숲에서 똥을 싸면 벌레와 습도로 인해 해체되어 저녁이 되기 전에 흔적도 없이 사라진다. 칼라하리처럼 건조한 곳에서는 분변이 몇 달째 그대로 굴러다니기도 하지만, 열대 우림에서 동물이 옮기는 인은 금세 분해되어 주변 식물에 곧바로 재흡수된다.

열대지방 같은 곳에서 일어나는 인 순환에 새삼 관심을 기울이는 이유는 무엇일까? 다우티는 이렇게 말했다. "인이 없으면 식물의 성장 속도가 느려져요. 열매와 꽃이 적게 달리면서 생산성이 떨어지죠. 하지만 인을 투입하면 광합성이 늘어나 성장률이 올라가요."

그렇게 되면 식물은 더 많은 에너지를 번식에 쏟을 수 있다. 동물도 식물처럼 인이 필요한데, 이들은 필요한 만큼만 흡수하고 나머지는 분변과 소변으로 꾸준히 내보낸다. 몸집이 큰 동물은 뼈에 함유된 인이 많아 고농도의 양분 공급원이 될 수 있지만, 대개 수명이 길고 사체가 분해되기까지도 많은 시간이 걸린다. 사체는 똥보다 더 많은 영양분을 제공할 수 있지만, 다우티가 계산한 파이 값에 따르면 인을 비롯한 여러 영양분의 이동량, 즉 영양분 발자국은 사체보다 똥에서 훨씬 더 빈번하게 나타났다.

이러한 양분 이동 경로를 전 지구적 순환계로 파악한 연구자는 내가 알기로 다우티가 처음이다. 앞서 보았듯 동물은 지구에서 뛰는 심장과 같다. 땅늘보와 아르마딜로, 마스토돈은 주로 양분이 풍부한 지역에서 인과 질소를 포함한 필수 영양분을 얻어 대륙 너머까지 널리 퍼뜨렸다. 오늘날에는 바다를 가로질러 헤엄치는 고래가, 해안에 날아드는 바닷새가, 들판을 옮겨 다니는 곤충이 그 역할을 대신하고 있다.

약 30만 년 전 호모 사피엔스가 그 이전 조상으로부터 갈라져 나왔을 때, 지구에는 지난 45억 년 역사상 그 어느 때보다도 다양한 동식물과 균류가 존재했다. 인류는 생물다양성의 산물이면서 동시에 그것을 파괴한 주된 원인이기도 하다.

인류가 아프리카를 벗어나기 시작하면서 지구상에 존재하는 생물종 수는 점차 줄어들기 시작했다. 미 대륙에서는 플라이스토세 말기에 대형 초식동물의 대멸종이 일어났다. 특히 땅늘보, 글립토돈, 매머드, 마스토돈 같은 대초원 동물들이 사라지면서 멸종은 절정에 달했다. 약 1만 3000년~1만 2000년 전의 이 시기는 인류가 미 대륙에 도래하고 기후변화가 심화되던 때였다.

플라이스토세가 끝날 무렵에는 거대 육상동물인 대형 포유류 178종이 멸종했다. 그러자 검치호랑이 같은 대형 포식자도 함께 사라졌다. 이러한 대형동물의 피부나 내장에 붙어 살던 종들 혹은 이들이 만드는 웅덩이나 초원에 의존하던 종들도 마찬가지였다. 곧이어 몸집 큰 동물의 피를 빨던 흡혈박쥐, 어마어마한 양의 똥을 처리하던 쇠똥구리, 사체를 먹고 살던 독수리도 모두 자취를 감추었다. 생태학에서 **동반멸종**coextinction이라 불리는 이 현상은 매우 광범위하게 일어났다.

기후 변화와 과도한 사냥이 플라이스토세 멸종에 어떤 영향을 미쳤는지에 대해서는 아직도 의견이 분분하다. 하지만 나는 덴마크 오르후스대학의 옌스 스베닝과 멕시코대학의 펄리사 스미스를 비롯한 여러 연구자가 제시하는 증거가 설득력 있다고 본다. 이들은 플라이스토세 말기 거대동물 멸종의 주원인이 인간의 과도한 사냥이었다는 연구 결과를 내놓았다. 스베닝은 이렇게 경고했다. "공룡이 멸종한 이유를 두고 토론이 끊이지 않듯, 이 논쟁도 절대로 끝나지 않을 겁니다." 다우티는 이를 "혈투"라고 표현했다.

우리 조상들이 구덩이를 파고 창을 날려 오늘날 아프리카 사바나에 사는 코끼리보다 훨씬 더 큰 매머드를 사냥했다는 사실은 놀랍기만 하다. 매머드 일곱 종 모두 인류가 등장한 이후 자취를 감췄다. 생태계에서 대형동물이 사라진 현상은 인간이 지나간 자취를 보여주는 핵심적인 지표다. 다우티에 따르면 인간과 장비목이 마지막으로 격돌한 곳은 남미였다(이 지역은 약 1만 2000년 전까지 인간이 살지 않은 유일한 대륙이었다). 현생 코끼리의 먼 친척인 곰포테리움은 이 대결에서 패해 약 1만 1000년 전에 멸종했다.

인간이 이동하는 사이에 육상동물의 크기는 점점 작아졌다. 그리고 인류는 덩치 큰 동물이 사라지면서 남은 서식지에서 식량을 얻었다. 생물은 원래 자원을 두고 경쟁하기 마련이다(생태학 용어로는 이를 '경쟁적 대체competitive displacement'라고 한다). 인간은 대형동물이 있던 자리를 소와 닭, 양으로 대체했다. 야생에서든 사육 환경에서든 식물과 동물이 활용할 수 있는 태양 에너지에는 한계가 있다. 매머드와 땅늘보, 글립토돈을 비롯한 플라이스토세의 생태계 엔지니어들이 멸종하면서 현생 인류의 세상이 열렸다.

다우티가 지적했듯 인류는 땅늘보에서 마스토돈에 이르는 거대 야생동물의 곁에 붙어 전 세계로 퍼져나갔다. 몸집이 가장 큰 동물부터 찾아 사냥한 뒤 점차 더 작은 동물로 사냥 범위를 넓혀갔다. 그 여정은 아프리카에서 시작해 유라시아, 호주, 아메리카 대륙까지 이어졌다.

마스토돈이 사라진 대지에서는 흰꼬리사슴이 왕이다. 이처럼 야생동물이 줄어드는 경향은 결국 바다로도 확장되었다. 약간의 차이는 있을지언정, 육지와 바다에 사는 동물 모두 점액의 시대에 접어들었다.

이러한 개체군 감소의 흔적은 화석 기록에서뿐만 아니라 살아 있는 동물의 유전자에서도 확인된다. 스베닝과 동료들은 현재 남아 있는 대형 포유류 100여 종의 게놈을 분석했다. 동물 DNA에는 개체군의 역사가 암호화처럼 기록되어 있어, 약 7만 년 전에 인류가 겪었던 개체군 병목 현상의 증거를 지금도 확인할 수 있다.

유전자 변이 기록에 따르면 곰, 퓨마, 들소, 사슴 등의 대형 포유류는 지난 100만 년 사이에 개체군이 크게 증감하는 일이 잦았다. 그러다 약 10만 년 전부터 개체군 크기와 관련된 유전적 다양성이 감소하기 시작했다. 인류가 지구 전면에 등장한 때이다. 몸집이 가장 큰 종의 상당수가 대대적으로 멸종한 뒤, 지구상의 다른 종들도 이 시기를 기점으로 심각한 병목 현상을 겪었고, 그 여파는 지금도 이어지고 있다. 스베닝은 인류가 등장하기 전까지만 해도, 지금은 상상조차 할 수 없을 정도로 동물이 전 세계 생태계를 가득 메우고 있었다고 말했다. 그러나 이제 우리는 대형동물이 보이지 않는 풍경을 오히려 자연스러운 상태로 받아들이게 되었다.

플라이스토세가 끝날 무렵, 남미에서는 곰포테리움, 땅늘보, 글립토돈 등 몸무게가 약 10킬로그램이 넘는 동물 가운데 70퍼센트가 멸종했다. 이들이 살아가던 서식지의 범위도 좁아졌다. 몸집이 작은 동물은 위장관도 짧아 먹이를 먹고 배설하기까지 걸리는 시간이 훨씬 적었다. 평균 수명도 3분의 1 수준으로 줄었다. 플라이스토세에는 먹고 배설하기까지 평균 거리가 약 10킬로미터였으나, 대멸종 이후에는 1.5킬로미터 정도로 크게 단축되었다.

남미의 대형동물은 대초원과 숲에서 매일 움직이고 계절에 따라 이주하면서 영양분을 옮기는 중요한 존재였다. 우리가 과카몰레나 다크초콜릿을 먹을 수 있는 것도 오래전 사라진 이 동물들 덕분이다. 이들 대형 포유류는 식물의 커다란 씨앗을 퍼뜨리는 역할을 하며 함께 진화해 왔기 때문이다. 생산자인 식물과 소비자인 동물 사이의 밀접한 관계는 유라시아, 아프리카, 북미, 호주에서도 생태계의 중심축을 이루었다.

플라이스토세의 거대 동물들이 사라진 뒤, 영양분 발자국은 무려 98퍼센트나 감소했다. 한 해 평균 5킬로미터에 이르던 이동 거리가 약 30미터로 줄어든 것이다. 아마존에는 1만 년이 지난 지금도 옛 경로의 흔적이 남아 있지만 그마저도 점차 사라지고 있다. 인류가 지구 전체의 생물지구화학적 순환에 중대한 영향을 미치기 시작한 시점은, 핵폭탄이 등장하기 전이나 화석 연료를 추출하고 구아노 무역이 시작되기 전이 아니라, 농업의 출현 이전까지 거슬러 올라간다.

다우티와 동료들은 아마존에서 발생하는 인 부족 현상과 영양 순환의 단절 등 인류세의 몇 가지 양상이 플라이스토세 멸종과 함께 이미 시작되었을 가능성이 있다고 지적했다. 인류의 등장은 동물 순환계에 관상 동맥 질환이 발생한 것이나 마찬가지다. 치명적이지는 않더라도 심각한 손상을 남긴 것이다. 우리는 열대 우림을 그저 나무만 가득 들어선 곳으로 착각하기 쉽다. 그러나 원숭이, 왕부리새, 패커리, 맥, 재규어, 가위개미 등 현재 아마존에 서식하는 동물들 또한 분명 무시할 수 없는 존재다. (이러한 동물이 없는 지역은 있는 지역보다 암모니아 수치가 90퍼센트 낮다.) 남미에서는 이미 수많은 종이 멸종했고, 숲 속에서 바스락거리는 동물도 예전만큼 많지 않다. 생태학적 차원에서 동물의 중요성을 증명하려 할 때, 남미는 흔히 후순위로 밀리는 지역이다. 하지만 자세히 들여다보면 나무 아래로 난 동물들의 통로가 아직도 선명히 관찰된다.

플라이스토세 멸종 이후, 전 세계적으로 큰 변화가 일어났다. 약 1만 3000년 전, 풀을 뜯는 거대한 '유기체 엔진'이던 매머드가 사라지자 메탄으로 가득하던 트림도 함께 사라졌다. 그 결과 온실가스가 줄어들면서 기온이 10도나 떨어졌고, 1300년 동안 빙하기가 지속되었다. 현재 우리는 빙하기가 다시 찾아올 것을 크게 염려하지는 않지만, 동물이 사라지면 생태계가 핵심 기능을 상실할 위험에 처하게 된다. 이 시스템을 회복하려면 들소와 맥 같은 여러 토종 초식동물이 대초원과 풀밭, 숲으로 돌아오도록 도와야 한다.

문제는 이 대책을 국립공원이나 야생동물보호구역 바깥에서는 실행하기 어렵다는 점이다. 아프리카에서도 야생동물을 울타리 안에 두는 경우가 많다. 20세기 대규모 밀렵 이후 사바나의 코끼리 개체 수는 불과 10분의 1로 줄어들었다. 다우티는 내게 이렇게 말했다. "당신이 연구하는 고래가 부러울 지경이에요. 육상에는 대형동물이 설 자리가 전혀 없어요. 여전히 사람이 코끼리에 의해 목숨을 잃는 사고가 발생하니까요."

잠시 눈을 돌려 우리 몸의 근육이 어디에서 왔는지 살펴보자. 이두박근에 있는 질소 중 절반은 산업 공장에서 만들어진 것일 가능성이 크다. 유전자 암호를 형성하는 질소는? 아마 자연적으로 생성되었을 것이다. 그 코드를 해독해 단백질을 만드는 RNA는? 식물이나 미생물, 또는 번개를 거치지 않았다면 동물이 확보할 수 없었을 무기 질소로 만들어졌을 것이다.

페루와 칠레의 구아노는 경제와 농업의 확장을 주도하며 세상을 바꿔 놓았다. 남태평양의 해양 영양분은 영국산 콘월 클루티드 크림과 호주산 메리노 울, 이탈리아의 파르마산 치즈가 되었을 것이다. 그러나 구아노는 줄어들고 있었다.

사람들을 먹여 살리는 데 쓰였던 해양 유래 영양분은 질산염 형태로 사람을 죽이는 데에도 사용되었다. '초석saltpeter'이라고도 불리는 질산칼륨Potassium nitrate은 숯, 유황과 더불어 19~20세기에 발달한 화약의 핵심 성분이었다. 이 중 숯과 유황은 구하기 쉬웠지만 질산칼륨은 희귀한 편이었다. 그 때문에 구아노로부터 이산화 화합물을 얻는 화약 공장이 많았다.

　제1차 세계대전이 발발하자 구아노 상인들은 편을 가리지 않고 독일, 영국, 미국에 물자를 공급했다. 그러나 영국 해군이 칠레를 통한 보급로를 차단하자 독일은 폭약에 쓸 새로운 형태의 질소를 찾으려 안간힘을 썼다. 기체 상태의 질소를 포집하는 방법 자체는 이미 나와 있었다. 1905년 독일 카를스루에에서 물리 화학자 프리츠 하버는 희귀한 촉매제인 오스뮴을 사용해 고압에서 대기 중 질소와 수소 가스를 결합시키는 새로운 암모니아 합성법을 개발했다. 하지만 오스뮴이 너무 비싸 널리 퍼지지 못했다.

　이후 산업화학자 카를 보슈가 저렴하고 구하기 쉬운 철을 촉매로 써서 암모니아를 대량 생산하는 방법을 개발해 냈다. 그로 인해 새로 만든 폭약으로 무장한 독일과 동맹국들은 전쟁을 4년간 이어나갔다. 전쟁이 계속되면서 하버는 염소가스를 비롯한 여러 독극물을 무기화하는 방법을 알아내어 1915년 4월 벨기에 전선에 이를 배치하는 데 기여했다. 3년 후 하버는 노벨 화학상을 받았다.

　하버가 고안한 암모니아 합성법과 보슈가 개발한 공정이 결합되어 탄생한 '하버-보슈법Haber-Bosch process'은 훗날 비료 생산에도 쓰이면서 농업 시스템에 혁명적인 변화를 불러왔다.

　$N_2 + 3H_2 \rightarrow 2NH_3$

　영국의 물리학자 마크 서턴과 동료들은 하버-보슈법을 "전 지구적으로 인류가 이룬 가장 위대한 지구공학적 실험"이라고 부른다. 질소가 고갈되었던 토지를 비옥하게 한 것은 분명 긍정적인 효과였다. 옥수수 같은 곡식을 재배할 때 농부들은 보통 에이커당 45킬로그램 정도의 합성 비료를 투입한다. (합성 비료를 사용하지 않는 유기농 농장에서는 윤작을 하거나, 곡식과 가축을 함께 기르거나, 유기농 거름과 퇴비를 사용하는데 그 경우 생산율은 낮은 편이다.)

인류는 암모니아처럼 반응성이 높은 질소를 한 해에 1억 6500만 톤이나 생산한다. 이는 자연적으로 생성되는 총량보다 더 많은 수치다. 그러니 전 세계 인구의 절반 정도는 하버-보슈법이 키워 냈다고 해도 과언이 아니다. 농학자 노먼 볼로그는 이 기법을 바탕으로 농업을 산업화해 기아를 줄이고자 했다. 미국 국제개발처 책임자는 이 새로운 농법을 "녹색혁명"이라 불렀다. 2년 뒤 볼로그는 노벨평화상을 받았다.

그러나 대가도 치러야 했다. 생산성이 낮던 숲과 대초원이 경작지로 바뀌었고, 수천억 리터의 화석 연료가 암모니아 합성에 쓰였다. 현대 농업에 불을 붙인 녹색혁명은 거름, 뼈, 구아노 같은 천연 비료를 인위적으로 제조된 질소 비료로 대체하면서 이루어졌다. 물론 우리는 쉬르트세이의 바닷새와 옐로스톤의 들소가 미치는 영향을 알고 있지만, 하버-보슈법의 효과는 그보다 훨씬 방대하다.

대기 중 질소 침적량atmospheric deposition이 스무 배나 증가해 질소가 부족한 환경에 익숙했던 생태계의 영양 균형이 바뀐 지역도 있다. 이러한 현상은 조류 번식으로 수질이 저하된 해안 지역에서 쉽게 확인할 수 있다. 예를 들어 멕시코만에서는 미국 중서부 농장과 도시에서 흘러나온 비료가 미시시피강을 타고 내려오면서 조류가 대대적으로 증식했다. 그 결과 산소가 차단되어 코네티컷주 크기에 달하는 저산소 수역이 형성되었다. 어류와 해양 포유류, 바닷새 무리는 이곳을 떠나거나 죽어나갔고, 어업도 결국 붕괴되고 말았다.

질소의 절반은 실험실에서 합성되는 반면 우리가 소비하는 인의 약 50퍼센트는 인산염 광산에서 채굴된다. 질소와 달리 인은 지상의 일반적인 조건에서는 기체 상태로 존재하지 않아 대기 중에 떠돌지 않는다. 새롭게 만들어내거나 파괴할 수도 없다. 이러한 특성 때문에, 앞으로 수십 년 내에 광석 자원 고갈로 인한 인산염 부족 현상이 식량 생산을 위협할 수 있다는 우려가 나오고 있다. 비록 완전히 고갈되지 않더라도 인산염 가격이 농부들이 감당하기 어려울 정도로 치솟을 가능성이 있다.

모로코의 올라드압둔 분지는 물고기, 상어, 거북, 악어 등 여러 척추동물의 화석이 약 2500만 년 동안 쌓여 형성된 해양 퇴적지층으로, 이곳에는 260억 톤에 달하는 인산염이 매장되어 있는 것으로 추정된다. 이 지역의 암석은 세상에서 가장 큰 차량으로 꼽히는 버킷휠 굴착기로 채굴된다. 채굴된 인광석은 비료로 가공된 뒤 유럽 각지의 들판과 잔디밭에 뿌려진다.

인은 흙에 섞여 있다가 가축의 몸과 작물에 흡수되어 거름으로 일부 재활용되기도 하지만, 대부분은 개울과 강을 거쳐 내려가 해로운 조류 번식을 일으킨다. 매년 2400만 톤 이상의 인이 담수에서 바다로 유입되며, 그중 토양에서 유실되는 양만 해도 1500만 톤이 넘는다. 이처럼 한때 재생 가능한 자원이었던 인이 사실상 재생 불가능한 자원이 되면서, 우리는 부족한 자원을 메우기 위해 바닷새 절벽은 물론이고 과거의 퇴적층까지 파헤치는 지경에 이르렀다.

인간은 전 세계적으로 질소와 인의 순환을 **지구위험한계선** planetary boundaries까지 몰아붙였다. 그 지점을 넘어선다면 돌이킬 수 없는 대대적인 변화가 일어나게 된다. 우리 인류는 이제 지질학적 세력이 되었다. 먹이그물을 찢고 생태계와 생물다양성을 무너뜨리는 데 그치지 않고, 탄소·인·질소의 순환 자체를 바꿔버린 지질학적 행위자가 된 것이다. 이런 동물이 존재한다는 사실이 믿어지지 않는가? 생태학자 조지프 범프의 말처럼, 하버-보슈법만 들여다보면 된다.

그 동물은 바로 우리 자신이다.

눈앞에 똥 덩어리가 스르륵 굴러떨어졌다. 지저분한 검은 트랙터가 빗속에서 노란 불빛을 번쩍이며 묵직한 거름 살포기를 끌고 가고 있었다. 트럭 옆으로 새어 나온 소똥이 마을로 들어가는 큰길을 뒤덮었다.

때는 5월 중순, 버몬트 시골 마을. 진흙 철이 지나 엽록소를 만들어내기 시작한 나무들은 연둣빛 잎사귀로 환히 빛났다. 공기에는 소똥 냄새가 진하게 배어 있었다. 썩은 냄새와 유황 냄새가 희미하게 뒤섞인 풀 내음이 났다. 강가의 건초 밭 가장자리는 짙은 거름으로 갈색 띠를 이루고 있었다. 낙농장을 찾아가 보면 냄새와 분뇨의 흐름, 먼 거리로 운송되는 우유와 고기를 통해 동물이 우리 삶에 얼마나 깊이 관여하고 있는지를 새삼 실감하게 된다.

이웃들은 화석 연료로 움직이는 트랙터를 이용해 축사에서 나온 똥을 목초지와 옥수수밭으로 옮긴다. 밭이 끝나는 지점, 위누스키강 주변에 가지런히 심어진 나무들 뒤편에는 하수처리장이 숨어 있다. 인류세의 삶이란 결국 '폐기물 관리'다. 소뿐 아니라 인간에게도 마찬가지다.

모든 생명체는 똥을 싼다. 배변과 배뇨, 다시 말해 똥과 오줌을 배출하는 행위는 지구의 수많은 동물이 일상적으로 치르는 의식이자 생태적 순환의 일부다. 동물이 지구의 순환계라면, 입에서 항문으로 이어지는 소화관은 영양분을 계속 흐르게 하는 펌프 역할을 한다. 우리 내장 속 세계에서 진행되는 더러운 작업은 대부분 미생물이 맡는다. 동물의 위와 장에 서식하는 박테리아와 균류 등 다양한 미생물이 동물이 섭취한 복잡한 탄수화물, 단백질, 지방을 분해해 체내에 흡수할 수 있게 해 준다. 이 미생물들은 우리가 살아가는 데 중요한 역할을 한다. 동물과 떠돌이 미생물들은 함께 어우러져 하나의 거대한 유기체처럼 작용한다. 둘 다 없어서는 안 되는 관계지만 만약 사이가 틀어진다면 나는 미생물 편에 설 것이다.

"먹고, 싸고, 반복하라."

이렇게 시작하는 논문에 어떻게 끌리지 않을 수 있을까? 2017년 학술지 《연성 물질 Soft Matter》에 실린 논문 〈배변의 유체역학 Hydrodynamics of Defecation〉이다. 나는 이 논문의 저자들에게 전화를 걸었다.

"이 질문부터 드릴게요. 연성 물질이 뭔가요?"

먼저 퍼트리샤 양에게 질문을 던졌다. 양은 조지아공과대학에서 박사학위를 받고 스탠퍼드대학에서 박사후과정을 거친 뒤 고향인 대만의 대학에 재직 중이었다.

"예전에는 유체와 고체밖에 없었죠. 고체역학과 유체역학에는 각각 고유의 기술이 있었고요. 그런데 어느 시점에 이르러서는 두 분야의 연구자들이 같은 결론에 도달했죠. '흠, 아무래도 이해가 안 가는군. 케첩, 치약, 장난감 점토처럼 유체와 고체 사이에 있는 것들은…' 처음에는 그 분야를 '고분자 과학'이라고 불렀어요. DNA나 단백질처럼 작은 단위들이 아주 많이 결합해 형성된 커다란 분자로, 유체처럼 움직이는 그런 물질 말이에요. 하지만 그렇게 명명하기에는 연구 범위가 너무나 넓었죠. 화학, 생물학, 공학을 아우르는 유동적인 분야인 만큼 연구자들은 좀 더 유연한 용어를 쓰고자 했어요. 그래서 만들어진 이름이 말 그대로 소프트 매터, 연성 물질이에요.'"

양과 그의 지도교수인 수학자 데이비드 후는 이 주제에 특히 관심이 많았다. 두 사람은 배뇨 연구를 먼저 수행했고, 그 연장선상에서 분변의 유체역학 및 생체역학을 연구하고자 했다.

"수년간 야생동물 연구자들은 다양한 동물의 분변 형태와 크기를 관찰하고 기록해 왔지만, 분변의 생성 과정에 대한 통합된 이론이 제시된 적은 없어요."

배변 활동은 그 빈도와 외형에 따라 정성적·주관적으로 평가되어 왔다. 대변을 분류하는 방식은 몇 가지가 있는데, 인간에게는 '브리스톨 대변 차트'가 널리 사용된다. 변비로 인한 단단한 덩어리부터 설사 상태의 액상 점성 물질까지 대변의 다양한 생김새를 연속적인 단계로 분류하는 차트다. 그중 가장 이상적인 상태의 대변은 매끈하거나 표면에 균열이 있는 소시지 형태다.

연구진은 포유류가 배설하는 분변의 강도, 크기, 양을 수치화하고자 했다. 하지만 시료를 어디서 구할 것인가? 양은 애틀랜타 동물원을 방문해 동물들이 배변하는 모습을 관찰하고 촬영했으

분변의 유형학

브리스톨 대변 차트는 점도에 따라 딱딱한 변비(1)부터 묽은 설사(7)까지 나누며 (3), (4)를 건강한 분변 형태로 본다.

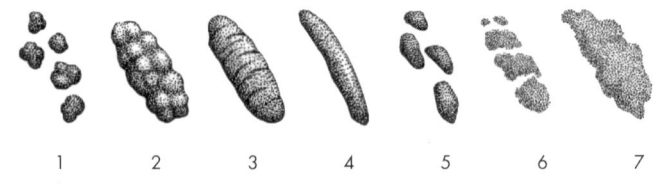

며, 동물원에 없는 종은 영상 자료로 살펴보았다. 코끼리, 판다, 사자, 혹멧돼지, 고릴라뿐 아니라 토끼, 고양이, 개와 같이 좀 더 길들여진 동물, 그리고 인간으로부터도 데이터를 수집했다.

양의 말로는, 동물의 분변은 원통형인 경우가 많고 배변에 걸리는 시간은 몸집에 상관없이 어느 동물이나 비슷하다고 했다. 코끼리는 하루에 개보다 100배나 많은, 약 7킬로그램의 똥을 내보낸다. 그런데 어떻게 배변 시간이 비슷할 수 있을까? 코끼리는 배변 속도가 초당 약 6센티미터로 개보다 여섯 배 빠르다. (인간의 평균 배변 속도는 초당 2센티미터 정도다.) 양은 여러 패턴을 고려한 모델을 만들기 시작했다.

"분변 기둥이 밖으로 밀려 나가는 운반 과정이 있어요. 몸에는 내부 압력이 있고, 힘을 주면 그 압력이 더 증가하죠. 체내 압력이 분변을 밀어내는 추진력으로 작용하고, 분변과 장벽 사이의 마찰 같은 상호작용이 저항력으로 기능해요."

배변에 걸리는 시간은 코끼리, 고양이, 인간 모두 거의 같다고 한다.

"마법의 숫자는 12초예요."

그들도 처음에는 놀랐다. 코끼리의 직장은 길이가 무려 약 3미터에 달하기 때문이다. 연구진은 분변이 유체처럼 흐르는지, 고체처럼 밀리는지를 두고 토론에 들어갔다. 참고할 만한 명확한 모델은 없었다.

"물질에는 개성이 있어요. 땅콩버터는 퍼내도 형태를 유지하고, 케첩은 나름의 방식으로 흐르죠. 이런 물질들은 저마다 성질이 달라요. 마치 다양한 유체가 한데 모여 있는 동물원 같다고나 할까요."

연구진은 점도와 탄성도를 측정하는 유량계rheometer를 동원했다. 후는 이 기계를 오레오 쿠키에 비유했다. 두 개의 원판이 서로 마주 보며 회전하는 방식으로, 이는 마치 쿠키 두 조각을 비틀어 크림을 떼어내는 데 필요한 힘을 측정하는 것과 같다는 것이다. "쿠키 속에 들어 있는 게 크림이 아니라 똥이라고 상상해 보세요."

그들이 사용하던 공동 실험실에는 유량계가 한 대 더 있었다. 똥 따위는 측정할 일 없는 옆자리 물리학자가 쓰는 그 장비는 마치 고급 에스프레소 머신처럼 깔끔했다. 그리고 바로 그 옆에 분변, 점액, 타액 등 온갖 더러운 물질을 측정하는 '후 유량계'가 놓여 있었다.

양은 실험 중에 시료의 냄새와 부력도 기록했다. 육식동물은 대체로 잘 가라앉고 냄새나는 똥을 싸는데, 밀도가 높고 악취가 심하다. 반려동물의 배변 봉투나 신발에 묻은 개똥 냄새, 쓰레기통에 배는 냄새를 떠올려 보자. 이들은 고기를 쉽게 소화하기 때문에 똥의 양이 적다.

그런가 하면 채식 동물의 똥은 물에 잘 뜨고 은은한 흙 내음이 나는 편이다. 환기가 잘되는 마구간이나 소 방목지를 떠올려 보자. 내가 옐로스톤에서 주운 들소 똥에서는 기름진 흙냄새가 났는데, 실제로 비옥한 흙과 다름없었다.

분변이 액체인지 고체인지 논쟁하던 연구진은 측정치를 확인하고 새로운 깨달음을 얻었다. "우리가 엉뚱한 방향으로 가고 있었다는 걸 알게 됐어요."

똥은 고형 물체처럼 움직이지만, 그보다 더 중요한 것은 똥을 감싸고 있는 얇은 막, 바로 '점액mucus'이다. 이 점액이 장내 이동을 유도하는 윤활제 역할을 한다. 점액층의 두께는 동물의 크기에 따라 달라진다. 몸집이 클수록 분변의 양이 많고 점액층도 두꺼워지기 때문에 고양이, 인간, 코끼리 모두가 비슷한 시간 안에 똥을 쌀 수 있다. 이 점액이 없으면 엄청난 힘을 들여 튜브에서 치약을 짜내듯 분변을 밀어내야 할 것이다.

"그렇게 되면 분변이 일그러질 테고, 제대로 배설이 되지 않겠죠." 후가 설명했다. 나는 브리스톨 대변 차트 한가운데 자리한 '소시지형'을 떠올렸다.

"우리 몸은 대변을 말끔히 내보내고 싶어 하기 때문에, 결국 외부에서 윤활유를 넣어줘야 할 겁니다."

후와 양은 이 배변의 역학을 예인선tugboat이 바지를 밀어내는 원리에 비유했다. 뉴턴의 운동 제1법칙에 따라 정지한 물체는 계속 정지해 있으려 하지만, 직장 근육의 압력이 가해지면 분변이 몸 밖으로 밀려 나와 숲 바닥이나 고양이 화장실, 변기 속으로 떨어진다. 이때 점액이 분비되어 분변이 매끄럽게 미끄러지도록 돕는다. 말하자면 배변은 바나나가 껍질에서 빠져나오는 과정과도 비슷하다. 혹은 워터슬라이드를 타는 것과도 같다.

배변의 유체역학은 분변의 폭과 길이, 대장의 지름, 대장 벽에서 분비되어 분변의 이동을 돕는 점액의 양에 좌우된다. 몸에서 빠져나온 점액은 곧 증발하기 때문에, 양은 생쥐만큼 작은 동물부터 인간만큼 큰 동물까지, 배변 직후 분변의 무게를 잰 뒤 경과 시간에 따른 무게 감소를 추적했다. 예를 들어 토끼 똥에서는 대략 30초 사이에 45밀리그램의 점액이 증발했다. 외형에도 변화가 있었다. 처음엔 반들반들하던 분변이 점차 광택을 잃었다. 동물이 클수록 똥도 크고 점액층도 두꺼웠다. 후와 양은 훗날 이 연구를 **통합된 배변 이론**a unified theory of pooping이라고 명명했다.

조지아 공과대학에 있는 후의 연구실에 처음 들어갈 무렵, 양은 따로 연구 주제를 정해두지 않은 상태였다.

"연구실에 흥미로운 연구 주제가 굉장히 많았어요."

후는 응용수학자로서 소금쟁이나 뱀의 이동 방식, 포유류가 털을 말리려고 몸을 흔들 때의 진동 등 폭넓은 주제로 논문을 발표한 바 있었다. 그렇다면 어디서부터 시작하면 좋을까?

양이 연구실에 합류할 무렵 후는 막 아버지가 된 참이었다. 그는 아들의 기저귀를 갈다가 아기의 만만찮은 소변량에 흥미를 느꼈다.

"조그만 애가 오줌을 어찌나 많이 싸던지 정말 신기하더군요. 몸 크기는 내 10분의 1밖에 안 되는데 소변을 참 오래 보더라고요."

후는 동물도 마찬가지일지 궁금해졌다. 몸무게가 천 배쯤 차이 나는 집고양이와 코끼리를 비교하면 어떨까? 현장 조사가 필요한 단계였다. 양이 내게 말했다.

"어느 날 후가 동물원에 갈 일이 있다고 했어요. 오줌 싸는 걸 지켜봐야 하는데 같이 가겠느냐고 묻더군요. 전 어디든 갈 거라고, 동물이 있는 곳이면 오히려 더 좋다고 대답했어요."

양은 연구를 준비하며 요도 길이, 소변 유속, 방광 용량 등에 관한 자료를 논문에서 찾아보았지만, 가장 유용한 자료는 학술 데이터베이스가 아닌 다른 곳에 있었다.

"애틀랜타동물원에서 본격적인 실험을 하기 전까지 유튜브 영상을 정말 많이 봤어요." 양이 말했다.

동물원 방문객들은 동물들의 배뇨 장면을 구경하고 촬영하기를 좋아한다. 그런 영상이 유튜브에 많이 올라와 있어 이들로부터 풍부한 데이터를 확보할 수 있었다. 이후 연구진은 논문 말미에 그 사실을 밝히며 감사를 전했다. 애틀랜타동물원과 국립과학재단 젊은연구자상, 그리고 유튜버 열다섯 명의 아이디가 나란히 언급되었다.

본격적으로 연구가 시작되었다. 양은 동물원의 코끼리 우리를 주기적으로 관찰했지만 가장 좋아한 곳은 동물 체험 구역이었다. "돼지나 염소처럼 친근하고 귀여운 동물들이 많아요. 그냥 만질 수도 있고, 오줌 쌀 때 엉덩이 가까이 다가갈 수 있죠."

자료를 분석하기 전까지 후와 양은 요도를 단순히 방광과 외부를 잇는 관으로만 여겼다. 그러나 분석 결과, 요도는 단순한 통로가 아니라 소변의 흐름을 가속화하는 기관이라는 사실을 발견했다. "공학 교수에게 코끼리가 거대한 방광을 비우기까지 얼마나 걸릴지 물어보면 아마 30분쯤 걸린다고 할 거예요." 양이 〈뉴 사이언티스트 New Scientist〉와의 인터뷰에서 한 말이다.

실상은 전혀 달랐다. 코끼리의 능력은 놀라웠다. "누가 보든 전혀 신경 쓰지 않아요. 게다가 나름의 일정도 있죠. 매일 아침 7시 30분, 같은 장소에서 오줌을 싸요."

시간이 언제든, 코끼리가 소변을 보기 시작하면 모든 대화가 멈췄다. 워낙 소리가 크기 때문이다. "암컷 코끼리의 요도는 1미터 50센티미터나 돼요. 너비와 길이를 고려하면, 코끼리의 오줌은 마치 샤워기 다섯 개를 동시에 틀어놓은 듯이 쏟아져요."

수많은 동물의 배뇨 장면을 관찰한 끝에 연구진은 하나의 모델을 만들 수 있었다. 그에 따르면 몸무게 3킬로그램 남짓한 고양이부터 4.5톤에 달하는 코끼리에 이르기까지, 동물이 소변을 보는 데 걸리는 시간은 모두 21초였다. 몸집이 클수록 방광도 크고 요도도 길어서 오줌을 배출하는 속도가 오히려 더 빨라졌다.

다만 박쥐나 쥐 같은 작은 포유류는 소변을 제트 분사 형태로 내보내지 않고 방울방울 떨어뜨리기 때문에, 이 법칙에서 벗어난다. 이런 동물들의 배뇨는 초고속으로 이뤄져 보통 1초도 걸리지 않는다.

이처럼 배변에는 12초 규칙이, 배뇨에는 21초 규칙이 나타났다. 다만 소변의 경우 변동폭이 더 컸다. 21초 법칙이 성립하는 이유는 대부분의 동물이 방광이 약 3분의 2 정도 찼을 때 소변을 보기 때문이다. 하지만 동물의 행동 특성도 배뇨 시간에 영향을 줄 수 있다. 예를 들어 개는 의사소통 방법의 하나로 소변을 통해 영역을 표시한다. 그래서 방광이 다 차기 전에도 짧게 소변을 내보내곤 한다.

후의 설명에 따르면, 나이 든 동물은 방광의 근 긴장도가 떨어지기 때문에 노화도 배뇨 소요 시간에 영향을 준다. 어떤 사람은 소변을 3~5분 동안 보기도 한다. 물론 젊은 사람이 화장실에 오래 머무는 건 완전히 다른 이야기다. 이런 경우는 배변 시간이 길어서라기보다는 혼자만의 시간이 필요하거나 밀린 글을 읽어야 하는 쪽에 더 가깝다.

〈뉴욕 타임스〉 북 리뷰에는 매주 한 작가에게 침대 머리맡에 무슨 책이 있는지 묻는 코너가 있다. 내 욕실 선반에는 조지 손더스의 《작가는 어떻게 읽는가》, 로버트 새폴스키의 《Dr. 영장류 개코원숭이로 살다》, 피터 고드프리스미스의 《후생동물》, 니콜라 데이비스의 《똥》이 놓여 있다. 물론 아무도 묻지는 않았지만.

2015년, 양과 후의 연구 결과가 《미국국립과학원회보》에 게재되었다. 그해 두 사람은 이그노벨상을 수상했다. 하버드대학에서 수여하는 이 상은 실제 연구에 기반을 두되, 다소 엉뚱하고 우스꽝스러운 주제를 다룬 과학자들에게 주어지는 풍자 상이다. 수상 연설 당시 후는 변기 시트를 목에 걸고 등장했다. 이들은 이후 웜뱃wombat의 똥이 왜 정육면체인지에 관한 연구로 또 한 번 이그노벨상을 수상했다.

미국에는 7900만 마리, 유럽에는 9300만 마리 정도의 개가 살고 있다. 이들의 반려인은 누구나 동물의 배뇨와 배변이 언제, 어떤 형태로, 어떤 냄새와 영양분을 동반해 이루어지는지 관찰할 수 있다. 개의 배설물은 야생의 바닷새, 고래, 연어가 그러하듯이 주변에 영양분을 흩뿌리며 생태계에도 영향을 미친다. 반려동물 배설물 수거법이 일반화되기 전, 과학자들은 개의 배변 활동으로 인해 공원 흙 속의 인 농도가 높아진다는 사실을 밝혀냈다. 연구 결과 이 영향은 개의 출입이 금지된 후 수년이 지나도록 지속되었다. 벨기에의 과학자들은 도시 인근의 숲길과 초지, 기타 자연 산책로 주변에서 개들이 에이커당 약 50킬로그램의 질소를 남긴다고 추정했다. 농부들이 경작지에 뿌리는 비료보다 많은 양이다.

나는 이처럼 개에서 유래한 영양분이 이전되는 현장을 수년에 걸쳐 직접 눈으로 확인할 수 있었다. 매일 아침 6시 30분이면 반려견 조이와 함께 조용한 골목길을 산책한다. 기운이 넘치는 조이가 신나게 꼬리를 흔드는 모습을 보며 하루를 시작하는 것도 좋지만, 아침 산책은 반려견의 배변과 배뇨 활동이라는 생리적 의식을 주의 깊게 관찰하는 시간이기도 하다. 여름이라면 느긋하게 걸어도 괜찮지만 겨울에는 사정이 다르다. 똥을 싸기만 기다리며 겨울의 샘플레인 계곡을 서성이는 것도 고역인데, 첫 시도에서 시원하게 볼일을 보지 못해 한 시간 후 다시 나가는 건 더 괴롭다.

후와 양, 두 사람과 대화한 후로 나는 조이의 일상적인 배설 습관을 새삼 다른 시선으로 바라보게 되었다. 앉아서 오줌을 눈 뒤 앞발과 뒷발로 풀밭을 긁어 발가락 아래 냄새샘을 드러내는데, 그 모습이 마치 옐로스톤의 우두머리 암컷 늑대가 자신의 영역을 표시하는 것처럼 보였다. 조이의 배뇨 시간은 13초 정도로 21초 법칙보다 짧았다. 아마도 우리가 주거지 경계를 따라 걷던 중이어서 오줌을 조금씩 흩뿌리며 자기 영역을 넓게 표시하려 했던 것 같다. 잔디밭 가장자리, 도로변, 마을 광장 등 다른 개와 마주칠 법한 지점마다 어김없이 그런 행동을 반복했다.

개가 목줄에 묶인 채 산책할 경우, 돌아다닐 수 있는 범위가 줄어들면서 특정 구역의 질소 농도가 높아진다. 핀란드의 연구진은 헬싱키의 산책로를 따라 위치한 나무, 가로등, 잔디밭 주변의 총 질소 농도가 개의 통행이 거의 없는 잔디밭보다 훨씬 높다는 사실을 알아냈다. 그리고 해당 위치의 질소에 담긴 화학적 지문을 분석한 결과, 주요 공급원은 바로 개였다. 산책로는 일종의 '질소 수송로' 역할을 한다. 태평양 연어가 하천을 통해 질소를 실어나르듯, 개들은 산책로를 통해 도시의 녹지로 질소를 운반한다.

개들은 대체로 일정한 시간에 맞춰 소변과 대변을 보도록 훈련받는다(그들의 배변 패턴에 반려인이 길들여진 것일지도 모른다). 플로리다 국제대학에서 해양 포유류를 연구하는 제러미 키슈카 박사는, 이런 세심한 훈련 방식이 바다 생물의 배설에 관한 의문을 푸는 데 도움이 될 수 있지 않을까 생각했다.

솔직히 말해 현장 조사 기간에 고래의 분변을 안정적으로 채십하는 일은 기의 불가능에 가깝다. 안개가 끼고 바람이 불며 배에 문제가 생기기도 하고, 고래가 나타나지 않는 날도 있다. 고래가 많이 보여도 배변하는 개체는 단 한 마리도 없는 날이 흔하다. 몇 주에 걸친 야외 조사 동안 확보할 수 있는 표본은 많아야 열두 개 남짓이다. 그나마 눈에 보이는 덩어리가 있는 분변뿐이고, 소변을 현장에서 채집하는 일은 사실상 불가능하다. 이는 마치 공공 수영장에서 누군가가 소변을 보고 있는지 알아차리려는 시도와 같다. 하지만 고래의 수영장은 훨씬 더 크고 물이 다소 탁하며 깊이가 600미터에 이르기도 한다.

    키슈카 박사는 해결책을 떠올렸다. 그는 수족관 연구자가 아니라, 세이셸과 마다가스카르 근해에서 상어와 고래에 대한 해양 현장 조사를 수행해 온 과학자다. 카리브해 세인트빈센트에서 포경업자들과 협력해 DNA 및 중금속 분석을 위한 생체 조직 시료를 채취한 경험도 있다. 야생 고래와 고래 사체까지 다뤄본 그는 다음과 같은 아이디어를 떠올렸다. 현장에서 다루기 어려운 문제들을 사육 환경에서 해결하면 어떨까? 사육 중인 큰돌고래에게 대소변을 '요청에 따라' 제공하도록 훈련시킨다면, 이 까다로운 문제에 새로운 접근이 가능할지도 모른다.

    돌고래에게 배변 훈련을 시킨다는 이야기에 사람들은 눈이 휘둥그레졌다. "이 친구들이 똥을 엄청나게 많이 싸요. 진짜 굉장하다니까요. 신호를 주면 소변도 누도록 훈련했어요." 8월 말 어느 오후 키라르고로 향하는 검은색 지프 안에서 그는 연신 감탄하며, 지난 몇 달간 키라르고의 운하를 이용해 만든 아일랜드 돌핀 케어라는 작은 인공 석호에서 큰돌고래 여덟 마리와 그들을 돌보는 조련사들과 함께 작업했다고 말했다.

    나는 키슈카와 함께 맨발로 부교 위를 걸었다. 무심코 물속을 들여다보니, 얼룩진 수면 아래에서 귀여운 돌고래 한 마리가 나를 따라오고 있었다. 순간 가슴이 두근거렸다. 크고 검은 눈동자와 분홍빛이 도는 환한 미소, 몇 개의 반점이 찍힌 매끈한 피부를 지닌 벨라가 내 발에 닿을 뻔했다. 하지만 나는 전문가의 태도를 잃지 않고 의연히 부교 위에 그대로 서 있었다. (이 시설에는 '돌고래와 함께 수영하기' 프로그램도 있다.)

2000년 11월에 태어난 벨라는 아일랜드돌핀케어에서 특히 인기가 많은 돌고래였다. 여전히 어미 돌고래 사라와 함께 지내고 있었지만, 내내 나를 바라보며 장난스럽게 유혹하는 듯했다. 나는 잠시 넋을 놓고 말았다.

"정말 매력적이죠." 키슈카가 짓궂은 눈길로 말했다. 그는 키라르고로 오는 차 안에서도 자신과 벨라 사이의 관계를 자랑하듯 이야기했었다. 질투는 잠시 묻어두고 우리는 본래 목적에 집중했다. 수석 조련사 루크 불렌이 금속 호루라기와 손짓으로 돌고래를 불렀다. 돌고래들은 줄지어 다가와 차례로 불렌의 발 위에 등을 기대고, 분홍빛 배를 하늘로 향한 채 누웠다.

동물보건사 리즈 괴첼이 돌고래 스쿼트의 항문에 길이 약 15센티미터의 가느다란 붉은색 도관을 조심스럽게 삽입한 뒤 초콜릿색 분변 한 덩이를 꺼냈다. 키슈카는 채집한 표본을 투명한 원심분리기용 튜브에 담으며 이렇게 말했다. "이제 보상을 할 시간이군요." 스쿼트는 물고기 몇 마리를 받았다.

"잘했어. 이제 소변도 봐야지." 불렌이 손을 툭 팅기며 말했다. 스쿼트는 수영을 하다 원을 그리며 돌아와 또 한 번 하늘을 향해 배를 드러냈다.

"어디 보자. 바짝 말랐으려나, 아니면 나이아가라 폭포처럼 쏟아지려나?" 시설의 돌고래 여덟 마리 이름이 적힌 하늘색 티셔츠 차림의 괴첼이 혼잣말처럼 중얼거렸다. 그는 스쿼트의 방광 위에 주먹을 살짝 얹어 소변을 유도했지만, 그럴 필요도 없었다. 곧 스쿼트의 생식기 주변으로 노란 물웅덩이가 퍼졌다. 괴첼은 작은 플라스틱 주사기로 소변을 채취했다.

"나이아가라였네! 잘했어." 괴첼이 활짝 웃으며 말했다.

우리는 마치 아기에게 배변 훈련을 시킬 때처럼 박수를 쳤다. 스쿼트는 보상으로 물고기를 하나 더 받았고, 불런이 손짓과 함께 링 모양 장난감을 던지며 배변 과정을 마무리했다.

키슈카는 괴첼이 건넨 주사기를 받아 햇빛에 노출되지 않도록 소변을 갈색 플라스틱병에 담았다. 모든 과정은 칭찬과 간식이라는 든든한 보상과 함께 효율적이고 친근한 분위기에서 진행되었다. 돌고래 한 마리가 배변하는 동안 인턴들이 나머지 돌고래들과 놀아주며 기분을 맞추고 주의를 분산시켰다. 돌고래들이 사실은 '배설물 수거 작전'을 불편하게 여겼을지도 모르지만, 적어도 겉으로는 내색하지 않았다.

키슈카 박사의 대학원생이 작은 목소리로 말했다.

"닥터 두리틀의 과학 시간 같네요."

카슈카는 이렇게 수거한 시료로 소변과 분변에 포함된 질소, 인, 철 등의 영양소 함량을 분석할 예정이었다. 그는 또한 먹이 섭취 후 배설까지 걸리는 '장 통과 시간'도 측정할 수 있게 되었다. 지금까지는 고래와 돌고래의 먹이 섭취, 소화, 대사 과정을 추정할 때 주로 물범이나 바다사자를 모델로 삼아야 했다. 하지만 키슈카는 이제 고래류의 영양 생태가 어떻게 작동하는지를 보다 정밀하게 파악해 가고 있었다.

이는 대단히 의미 있는 시도다. 하와이 주변의 긴부리돌고래를 비롯한 많은 돌고래들은 보통 먼바다에서 먹이를 잡아먹고 연안의 얕은 해역에서 휴식을 취하는데, 키슈카와 동료들이 채집한 시료는 산호초·해초 군락·플랑크톤·어류 등 해양 생태계에 공급되는 돌고래 유래 질소와 인의 양을 보다 정확하게 추정하는 데 기여할 것이다.

우리가 부교 위에서 시료를 정리하는 동안, 돌고래들은 석호 안에서 숨을 내뿜으며 딸깍거리는 소리와 휘파람으로 서로 소통하고 있었다. 돌고래는 사람 이름처럼 각자 다른 '시그니처 휘파람'이 있어 저마다의 소리로 평생 신호를 주고받는다. 또 반향위치측정echolocation 능력을 통해 주변 사물의 속도, 크기, 밀도를 파악한다.

그런가 하면 개처럼 소변을 일종의 표시 수단으로 사용하기도 한다. 이들은 친구나 동맹처럼 친숙한 개체의 소변을 식별하고, 낯선 개체나 잠재적 위협의 흔적은 무시하거나 피한다. 개와 다른 점이라면, 돌고래는 후각망울이 없어 냄새를 맡지 못한다. 대신 미각을 통해 개체를 구분하며, 소변의 맛으로 주변에 어떤 개체가 있는지, 번식 상태는 어떤지를 감지한다. 소변에는 그 외에도 다양한 정보가 담겨 있을 가능성이 있다.

알고 보니 벨라, 세라, 스쿼트를 포함한 돌고래들은 조련사들의 눈을 피해 따로 행동하고 있었다. 조련사들이 각 개체가 받는 먹이 양을 매우 엄밀하게 관리하고 있었지만, 키슈카는 영양소 분석 외에도 DNA 바코딩을 통해 돌고래들이 매일 섭취하는 오징어, 청어, 정어리 등의 먹이 DNA가 분변에서 검출되는지 확인하고자 했다. 이 방식이 야생 고래류 식단 분석에도 적용 가능한지 검토하려는 목적이었다. 검출된 먹이 종은 대부분 식단에 따라 예상했던 것들이었지만 한 가지 예외가 있었다. 시료가 오염된 것일까? 확인 결과, 그것은 현지에 서식하는 도미였다. 일부 돌고래가 그물을 통과해 석호 안으로 들어온 도미를 간식으로 몰래 먹고 있었던 것이다. (이 석호는 그물로 둘러싸여 있어 돌고래는 밖으로 나갈 수 없지만, 도미나 다른 물고기들은 드나들 수 있다.)

마지막 시료 채취를 마친 키슈카는 도움을 준 이들에게 감사를 전했다. 그날 그는 소변 시료 여섯 개와 분변 시료 다섯 개를 챙겼다. 야생에서 이 정도의 분변 시료를 모으려면 몇 주는 걸렸을 테고, 훈련된 돌고래와 조련사가 없었다면 소변은 아예 채취할 수 없었을 것이다.

할 일을 마친 키슈카는 서둘러 자리를 떴다. 집에서 오줌을 참고 있을 독일셰퍼드 볼프강을 돌보러 가야 했기 때문이다.

"배뇨 연구는 데이터가 무척 흥미로웠고, 괜찮은 모델도 만들어볼 수 있겠다 싶어서 시작했을 뿐이에요. 그런데 그걸로 이그노벨상을 받을 줄은 몰랐죠." 후가 감개무량한 듯 말했다. 하지만 곧 이어진 말은 의외였다. "그 덕분에 이상한 사람들을 많이 만나게 됐어요." (우리 대화가 고래와 돌고래의 배설에 관한 내 연구 이야기로 흘러가던 참이었기에, 나는 이 말을 사적으로 받아들이지 않으려 애썼다.)

후가 새로 알게 된 사람 중에는 캐나다의 토목공학자 데이비드 마이어가 있었다. 그는 난민 캠프 같은 감염병 고위험 지역에서 설사 발생을 감지해 질병의 확산 여부를 조기에 알아낼 방법을 고민하고 있었다. 그래서 두 사람은 함께 '자동 콜레라 감지기'를 화장실에 설치하는 방안을 구상하게 되었다.

"콜레라 발생률이 높아지면, 캠프 전체에 경고 신호를 보내 상황을 빠르게 인지할 수 있도록 하려 했죠." 후는 이렇게 설명했다.

콜레라는 치료 시기를 놓치면 생명을 위협할 수 있는 질병이다. 특히 의료 환경이 열악한 난민 캠프에서는 적절한 치료를 받지 못할 경우 사망률이 60퍼센트에 이를 수 있다. 하지만 조기에 진단하고 치료를 잘하면 사망률은 1퍼센트 미만으로 떨어진다.

후와 그의 동료들은 기계학습machine learning 기술을 활용해 '설사 소리를 감지하는 마이크'를 설치하는 방안을 검토 중이었다. 수질이나 위생, 건강 상태의 변화를 정밀하게 측정하는 일은 쉽지 않지만, 소리는 익명성이 보장되기 때문에 방대한 데이터를 비교적 손쉽게 수집할 수 있다는 장점이 있었다. 감염병이 발생하면 이 같은 소리 데이터를 기반으로 조기 경보 체계를 작동시킬 수 있을 것이라고 그들은 기대했다.

"구체적으로 어떤 소리를 말하는 건가요?" 내가 묻자, 후가 설명을 이어갔다.

"오줌을 눌 때는 일종의 제트 분사처럼 요도 끝에서 소변이 물방울로 쪼개지면서 '쪼록쪼록' 또는 '쨍쨍' 하는 소리가 납니다. 반면 배변은 일정한 간격으로 일어나는 연속적인 사건이에요. 분변이 배출되는 속도와 크기에 따라 '풍덩' '퐁당' 같은 소리가 나죠. 그리고 방귀는 액체가 아니라 기체니까 완전히 다른 원리로 소리가 발생해요. 괄약근 주변의 주름이 진동하면서 울림을 만들죠. 꾸르륵거리다 '뿌웅' 하는 소리예요."

이렇게 해서 소음을 감지하는 체계가 만들어졌다. 배뇨는 쪼록쪼록, 배변은 퐁당, 방귀는 뿌웅(참고로 방귀 소리는 우피 쿠션 장난감을 이용해 재현했다). 설사는 훨씬 묘사하기 까다롭다. 앞의 세 가지가 모두 한꺼번에 일어나는 현상이라 보면 된다. 브리스틀 대변 차트에서 가장 묽은 상태인 '7번'은 거의 순간적으로 분출된다. 대변 시간과 방식에서 기존의 규칙을 따르지 않는 설사는 '통합된 배변 이론'에서 벗어난다.

"우리는 오디오 센서로 그런 상황을 구별할 수 있기를 바랐어요." 후가 설명했다.

이를 위해 연구자들은 유튜브에서 수백 분 분량의 실험 영상을 수집했다.

"인터넷에는 일반적인 대소변보다 설사 관련 자료가 훨씬 많더라고요." 후는 웃으며 말했다. "예를 들어 다이어리아갓Diarrhea God이라는 유튜버는 대장내시경 준비약을 마신 뒤 설사 소리만 녹음해서 긴 영상을 올려요."

후의 동료 중 한 명은 직접 자기 몸을 실험 대상으로 삼아 여러 차례 데이터를 수집했다. 물론 그때마다 배우자에게 사과하고 청소용품을 들고 화장실로 향해야 했다. 사실, 금식 중인 고래에 관한 내 연구 아이디어도 대장내시경 검사를 앞둔 어느 날 화장실에 앉아 있을 때 떠올랐다. 맑은 액체만 마시고 완하제까지 복용한 상태에서 문득, 단식 중인 고래도 장 속이 거의 비어 있지 않을까 하는 생각이 들었던 것이다.

충분한 소리 데이터를 확보한 연구팀은 화장실에서 소리를 재현하는 시뮬레이터를 제작했다. 다음 단계는 이 오디오 센서를 실제 환경에 설치해 시험하는 것이다.

후의 폭넓은 연구는 실로 놀라울 정도다. 물 위를 걷는 소금쟁이의 유체역학부터, 모래 위를 몸을 비틀며 기어오르는 뱀의 사이드와인더 운동, 프라이팬에서 밥을 볶는 동작의 물리학까지, 그의 관심은 전통적인 과학의 틀을 벗어나 일상의 사소한 현상들을 파고든다. 수학자 G. H. 하디가 남긴 유명한 말을 정면으로 반박하는 듯하다. "평범한 응용수학자의 처지는 어딘가 조금 비참하지 않은가? 뭔가 유용한 연구를 하려면 따분한 방식으로 일해야 하고, 높은 경지에 오르고 싶어도 상상력을 마음껏 펼치지 못한다." 그런 말을 할 자격이 하디에게 있을까? 그의 이름을 딴 '하디-바인베르크 평형' 이론은 집단유전학의 핵심 원리로, 전 세계 생물학과 학부생들을 괴롭혀 왔다. (정작 하디 자신은 이 접근법이 매우 단순하다고 생각했지만 말이다.)

내가 본 후는 상상력을 한껏 펼치면서도, 콜레라와 같은 감염병 확산 방지라는 실질적인 문제에도 주저 없이 파고드는 학자였다.

인공지능 화장실이 실제로 구현되든 그렇지 않든, 후와 양이 수행한 연구는 배변의 역학을 이해하는 데 결정적인 기여를 했다. 이후 두 사람은 최초로 (아마도 이그노벨상을 계기로 만났을 또 다른 괴짜 연구자들과 함께) 인간과 가축, 그리고 말, 당나귀, 노새 등 운송 수단으로 활용되는 동물이 해마다 배출하는 분변의 총량을 계산해 냈다. 후의 동료가 쓴 표현을 빌리면, 어떤 연구비 지원도 없이 그저 맥주 한 잔을 앞에 두고 시작된 '냅킨 위의 과학'이었다. 분변학자에게는 흔히 일어나는 상황이긴 하지만 말이다.

포유류는 일반적으로 하루에 체중의 약 1퍼센트에 해당하는 분변을 배출한다. 다시 말해, 코끼리는 3~4개월마다 자기 몸무게에 맞먹는 양의 똥을 싼다는 얘기다. 개, 하마, 곰, 그리고 짐작컨대 고래도 마찬가지다. 그렇다면 인간도 1년에 대략 세 사람 무게에 해당하는 똥을 변기나 옥외 화장실을 통해 내보내고 있을 것이다.

여기에 가축이 더해지면 그 양은 기하급수적으로 늘어난다. 소, 닭, 양을 중심으로 가축이 해마다 배출하는 분변의 총량은 약 4조 킬로그램에 달한다. 무게로 치면 엠파이어스테이트빌딩 1만 채와 맞먹고, 부피로 치면 기자의 대피라미드 700개 분량에 달하는 수준이다. (형태만 비교하면 피라미드가 똥 이모지와 더 흡사하긴 하다.)

인류는 해마다 약 1조 킬로그램에 이르는 분변을 만들어낸다. 인간 역시 동물이기에, 똥을 통해 유실되는 질소와 인을 다시 제조하거나 광물로 대체하지 않더라도 이 순환의 고리에 중요한 역할을 할 수 있다. 오늘날 우리는 이런 영양분을 외부에서 인위적으로 공급하지만, 사실은 오랫동안 스스로 순환을 이루며 살아왔다. 소박한 옥외 화장실, 나무에 비료로 쓰기 위한 구덩이형 화장실 arborloo, 톱밥과 공기를 이용해 분해를 촉진하는 퇴비화 화장실 등은 그 오랜 지혜와 실천을 보여주는 사례들이다.

거대동물이 사라지고, 다우티가 고안한 분변 확산 지표 '파이 phi'마저 거의 바닥으로 떨어진 지금, 인간은 또 하나의 아이러니를 만들어냈다. 농장과 잔디밭에서는 작물을 수확하거나 잔디를 깎는 과정에서 토양 속 영양분이 점점 줄어드는 반면, 그 아래를 흐르는 강과 호수, 해안가에는 질소와 인이 넘쳐 나게 된 것이다. 그리고 그 결과는 익숙하게 느껴질 만큼 반복된다. 물속에서 조류가 빠르게 번식하면서 산소가 점점 줄어, 결국 물고기와 무척추동물들이 떼죽음을 맞는다.

샘플레인호수에서 남세균 번식이 심각하다는 뉴스가 나오던 8월의 어느 날 오후, 나는 버몬트주 브래틀버러에 있는 '리치어스 연구소Rich Earth Institute, REI'를 찾았다. 입구 옆에는 물을 거의 쓰지 않는 '제로-플러시' 변기, 자연 분해를 돕는 '에코-플러시' 변기, 그리고 퇴비화 기능이 있는 다양한 친환경 화장실이 늘어서 있었다. 이곳을 안내해 준 사람은 공동 창립자인 킴 네이스와 교육 책임자 줄리아 카비치였다. 이들의 목표는 간단하면서도 대담하다.

사람의 소변을 다시 자원으로 돌려놓자.

이름하여 **피사이클링**peecycling이다. 장밋빛 뿔테 안경에 은빛 머리카락, 코에 낀 피어싱, 그리고 따뜻한 미소로 이 운동의 유쾌한 분위기를 온몸으로 보여주는 네이스는 2012년, 자기 집 지하실에서 연구소를 열었다. 지금은 브래틀버러 외곽의 산업 지대, 고형폐기물 관리구역 인근에 자리 잡은 대형 연구소로 성장했고, CBS와 〈뉴욕 타임스〉 등 유수의 언론 매체로부터 주목받고 있다.

"뉴욕 타임스에 기사가 나가고 댓글이 수백 개나 달렸는데, 그중 절반은 '나도 이거 수년째 하고 있었어요'라는 거였어요." 네이스가 웃으며 말했다. 한 편의 기사 덕분에, 그동안 속으로만 실천하던 사람들이 "나도 사실 피사이클링 중이에요"라고 공개적으로 이야기할 수 있게 되었다. "뉴욕 타임스가 이걸 공공연히 말해도 괜찮은 주제로 만들어준 셈이죠."

현재 연구소에는 자신의 '신체에서 나온 영양분'을 직접 가져다주는 소변 기증자가 약 200명에 이른다. 이 밖에도 집에서 나오는 소변을 정원에 뿌려 비료로 쓰는 이들 역시 적지 않다. 작은 물줄기에서 시작된 실천이 새로운 순환의 흐름을 만들어내고 있다.

물을 내리기 전에 한번 생각해 보자.

하수도로 흘러간 영양분은 대부분 정화 시설을 거쳐 그대로 강, 호수, 심지어 우리가 마시는 식수로까지 흘러 들어간다. 물 속에 인이 지나치게 많아지면 해로운 조류가 번식하고, 그 결과 마비성 패류 중독 같은 질병이 생기거나 물고기, 야생동물, 반려동물이 목숨을 잃을 수도 있다.

사람들이 밤에 몰래 치우던 대소변, 즉 거름night soil을 농장이 아닌 단순한 처리 시설로 보내면서부터, 인간과 인의 순환 고리는 끊기고 말았다. 애틀랜틱에 기고한 줄리아 로즌의 표현을 빌리면 "순환 고리가 단방향 관으로 바뀐 셈"이다. 리치어스연구소는 이 끊긴 고리를 다시 잇고자 했다.

먹고 → 싸고 → 살균하고 → 땅에 주고 → 다시 길러라

그 핵심에는 오줌, 아니 '액체 금liquid gold'이라 불리는 자원이 있다. 소변을 재활용하면 비료 원료 채굴이나 에너지 소모가 심한 하버-보슈 공정을 줄일 수 있다. 그 가치만 해도 연간 130억 달러에 이른다.

도시 하수 속에는 농업용 비료 수요의 13퍼센트를 충당할 만큼의 질소, 인, 칼륨이 들어 있다. 또, 무려 1억 5800만 가구에 전기를 공급할 수 있을 정도의 에너지가 암모니아 같은 분자 형태로 들어 있다.

하수처리장에서 오줌을 회수해 지역 농가에 영양분을 나눠 주는 방식이라면 '로컬푸드 운동'의 새로운 버전으로 봐도 괜찮지 않을까? 우리 셋이서 리치어스연구소를 둘러보며 걷는 동안, 이따금 소변 냄새가 스쳐 지나갔다. 방출 전 정화 과정을 거치며 나는 냄새였다.

"소변 비료로 키운 토마토인데 하나 드셔보실래요?"

사회조사국장 태탸나 슈라이버가 선골드라는 품종의 방울토마토 한 알을 내게 건넸다. 아주 잠깐 망설였던 것 같기도 하다.

"좋죠."

한입 베어 문 토마토는 이름처럼 밝고 산뜻한 맛이었다.

브래틀버러 외곽 산업단지 끝자락에 자리한 그들의 텃밭은 우리 집 밭과 비교도 안 될 만큼 무성하고 생기가 넘쳤다. 소변 비료를 먹고 자란 토마토는 주렁주렁 열렸고, 가지는 탐스럽게 자랐으며, 옥수수는 하늘을 향해 우뚝 솟아 있었다. 리치어스연구소는 지역 기반 활동을 넘어, 다른 마을과 도시로도 소변 재활용 시스템을 확산하려 애쓰고 있다.

"저는 수거통 기반 위생 시스템의 열렬한 팬이에요." 네이스가 말했다. "중앙집중식 하수처리장의 문제 중 하나는요, 폭우가 오거나 하수도가 넘치면 엄청난 양의 오수가 고스란히 수계로 흘러든다는 거예요." 한마디로 강, 호수, 해안에 오수가 순식간에 퍼져 나간다는 뜻이다. "반면 수거통 기반 시스템은 모듈형이라 관리가 쉬워요."

연구소를 나서려던 찰나, 한쪽에 놓인 반투명 용기들이 눈에 들어왔다. 빨간 깔때기가 꽂혀 있었고, 9리터짜리 수거통이 연결된 이 '피사이클러' 장비들은 언뜻 마르셀 뒤샹의 〈레디메이드〉 조각처럼 보였다. 카비치는 실내 놀이터 볼풀에서나 볼 법한 커다란 컨테이너에 가득 담긴 수거통을 가리키며 말했다. "하나 골라 보세요.. 마음에 드는 색깔로요."

나는 연구소에서 받은 휴대용 소변 수거통을 집으로 들고 왔다. 한동안 그것은 지하 연구실로 내려가는 계단 위에 놓여 있었다. 원래는 욕실에 지속 가능한 다다이즘의 감각을 더해보겠다는 야심을 품었지만 가족들의 반응은 단호했다. 그들은 현대미술이든 아니든 피사이클러에 일말의 관심도 없었고, 욕실은 물론 간이 욕조, 심지어 내 개인 연구실에 설치하는 것조차 완강히 거부했다.

나는 얼마 전 들은 첼시 월드의 강연을 인용하며 맞섰다. 《파이프 드림스: 화장실 전환을 요구하는 긴급한 전 지구적 요청 Pipe Dreams: The Urgent Global Quest to Transform the Toilet》의 저자인 그는 인류가 수천 년 전부터 소변을 비료와 약으로 써왔는데 현대식 변기의 발명 즉, 위생 혁명으로 그 전통이 끊어졌다고 했다. 그 때문에 소변 속 영양분은 땅속 깊이 혹은 바다로 사라지게 되었다. 나는 가족을 설득했다.

"그런데 우리가 다시 소변을 비료로 쓴다면 전 세계 질소 비료 생산량의 4분의 1을 줄일 수 있어. 물 내릴 일이 없으니 1인당 연간 약 1만 5000리터의 물도 절약할 수 있지. 그뿐만 아니라 영양분 오염(질소·인의 과잉 축적으로 인한 수질 오염)⁺도 절반 가까이 줄어들 거고, 하수처리에 드는 에너지를 절감해 온실가스 배출량도 줄일 수 있다니까."

그러자 가족은 이렇게 정리했다.

"우린 위생 혁명으로 충분히 만족해. 피사이클러 같은 건 절대

집 안에 들일 수 없어."

그렇다면 집 밖에 놓아둘까 생각해 봤지만, 이웃들의 시선을 고려하면 다소 '위험하고 위태로운' 선택이 될 것 같았다.

결국 나는 연구원 생활을 위해 임대한 케임브리지의 숙소로 텅 빈 '레디메이드'를 챙겨 갔다. 그제서야 마침내 나만의 피사이클러를 쓸 수 있게 되었다.

나는 피사이클러를 개봉하기에 앞서 17세기 연금술사 헤니히 브란트를 떠올렸다. 한때 맥주 애호가들을 모집해 실험 재료를 모았다는 그에게 경의를 표하며 크래프트 맥주 두어 잔으로 몸을 예열했다. 수거 통이 가득 차기까지는 약 2주가 걸렸다.

소변을 재활용하면 실용적 이점 외에도 얻을 수 있는 보너스가 더 있다. 환경을 위한 올바른 행동을 했다는 심리적 포만감이다. 지속가능성 연구에서도 이 '좋은 기분'이 실천에 뒤따르는 내적 보상으로 명시되어 있다. 리치어스연구소의 목표도 바로 그런 방향으로 우리를 이끄는 데 있다.

내 소변 수거통의 내용물은 점점 고색창연한 청동빛으로 변해 갔다. 나는 그 통을 겨우내 지하실에 두어 발효시켰다(리치어스연구소에 따르면 아주 바람직한 일이다. 발효가 소변을 자연스럽게 살균하는 데 도움이 되기 때문이다).

이제 이 귀중한 액체를 어디에 쓸 것인가? 텃밭에 뿌리자고 하자 가족은 단칼에 반대했다. 친구들은 올해는 채소를 안 키운다며 얼른 발을 뺐다. 게다가 리치어스연구소는 허가 없이 소변을 살포하는 일을 엄격히 금지하고 있었다.

결국 어느 봄날 오후, 나는 수거 통을 들고 브래틀버러 도심에 위치한 REI 피사이클링 센터로 향했다. 그리하여 내 소변은 마침내 순환 고리의 일부가 되었다. 먹고 → 배출하고 → 살균하고 → 비료로 뿌리고 → 다시 기르는, 바로 그 순환 고리 말이다.

네이스와 동료들은 세계보건기구WHO의 가이드라인에 따라 소변을 저온 살균한 뒤, 인근 농가의 비료로 활용한다. 대부분은 건초 밭으로 가는데, 에이커당 약 4000리터, 즉 여덟 명이 1년간 배출하는 분량이 합성비료 대신 투입된다. (하버와 보슈, 그들의 전성기가 꺾이는 모습을 보는 듯했다.)

브래틀버러에서 돌아오는 길에 문득 깨달았다. 사람들이 소변 비료에 느끼는 저항감은 어쩌면 하수나 시신처럼 '감춰야 할 것들'을 본능적으로 외면해 온 우리의 오랜 습관과 다르지 않다는 사실을.

똥과 오줌은 대개 변기 물을 따라 정화조로 흘러가 처리되거나, 하수관을 타고 바다로 향한다. 이것이 우리의 일상적인 순환 구조다. 그러나 여기에 마지막 한 번의 '방출'이 더 남아 있다. 바로 죽음이다. 죽은 인간의 몸은 관에 담겨 화장되거나, 땅이나 벽 속에 안치된다. 그리고 이 모든 과정에는 적지 않은 환경적 비용(탄소 배출과 각종 오염 물질)이 따라붙는다.

그렇다면 우리도 자연의 일부로 되돌아가는 순환에 기여할 수는 없을까? '시체 농장'이라는 별칭으로 더 유명한 웨스턴캐롤라이나대학 법의골학연구소에서는 수년에 걸친 연구 끝에 인체를 퇴비로 전환하는 최적의 방식을 개발했다. 이 기법에 따라 시애틀의 친환경 장례 서비스인 '리컴포즈Recompose'는 시신을 나뭇조각,

알팔파, 짚 등으로 채운 캡슐에 안치한다. 사망 후 부패의 다섯 번째 단계에서 발생하는 카다베린cadaverine과 푸트레신putrescine 같은 악취 가스는 생물여과 장치를 통해 걸러낸다. 이후 남은 뼈는 곱게 갈아 가루로 만든다. 하나의 몸이 흙으로 완전히 돌아가는 데 걸리는 시간은 4주에서 6주 정도다.

"기술은 이미 갖추어졌지만, 죽음을 둘러싼 변화는 언제나 느리다." 장례 문화 개혁을 주장하는 장의사 케이틀린 다우티의 말이다. 현재로서는 캘리포니아주, 워싱턴주, 버몬트주 등 일부 주에서만 인체 퇴비화가 합법화되어 있다.

그렇다면 이렇게 만들어진 사람의 흙은 어디에 쓰일까?

묘지에 뿌려지거나, 무덤에 안치되거나, 유족에게 전달되어 정원에서 사용되기도 한다. 하지만 좀 더 색다른 방법도 고려해 볼 만하다. 리컴포즈에서는 이 '인간 퇴비'를 워싱턴주의 벨스마운틴 보전림에 기증할 기회를 제공한다. 기증된 약 800리터의 흙은 묘목에 뿌려져 계곡에 영양분을 제공할 것이다. 그렇게 되면 연어와 무지개송어의 산란 서식지가 복원될 수 있다. 연어의 사체가 사라지면서 비어버린 자리를 인간의 유해로 채우는 셈이다.

만약 지금 이 책을 열대의 해변에서 읽고 있다면, 당신은 꽤 운이 좋은 사람이다. 지나가던 바닷새 한 마리가 당신이 펼쳐 든 책 위에 똥 세례를 선사한다면 말이다(내 경우엔 피터 매티슨의 《천상의 새》 위에 정확히 명중했다).

거친 모래에 손을 집어넣어 보자. 해변의 모래 한 알에는 날치에서 군함조에 이르기까지, 코코넛 야자에서 엘크혼 산호와 비늘돔까지 아우르는 생물권이 담겨 있다. 하와이의 해변에 드러누운 사람들은 대부분 자신이 동물 배설물로 가득한 침대에 누워 있다는 사실을 알지 못한다. 생물 유래 모래Biogenic sand는 비늘돔의 내장을 통과해 나오기도 하고, 해면 골편과 따개비 조각 등 잘게 부서진 생물 잔해나 산호말류에서 생겨나기도 한다.

나는 모래의 근원을 찾아보려고 하와이 빅아일랜드의 코나 앞바다에 들어갔다. 산호초는 스노클링하는 사람들이 무심코 남겼을 자국들로 손상되어 있었지만, 여전히 주변에는 브로드웨이의 조명처럼 화려하고 커다란 물고기들이 헤엄치고 있었다. 하와이에서 '우후'로 불리는 비늘돔이었다. 스노클링을 하며 그들 뒤를 따라가는데 까드득 하는 소리가 크게 들렸다. 쫓아가 보니 비늘돔 한 마리가 산호초에 주둥이를 들이대고 있었다.

그날 난생 처음 본 우후는 청록색으로 빛나는 유리 작품처럼 아름다웠다. 이들은 제대로 맞물리지 않는 턱에 촘촘히 난 부리 모양 이빨로 산호의 뼈대를 깨물어댔다. 비늘돔은 석회암, 즉 탄산칼슘을 갉아 먹고 모래나 진흙 찌꺼기를 똥으로 배출하거나 아가미 틈으로 내보낸다. 그저 영양분을 옮기는 데 그치지 않고 죽은 산호를 긁어내거나 바위에 붙은 큰 해조류와 작은 조류, 심지어 미생물까지 뜯어 먹으면서 물리적인 환경을 조성하는 존재이기도 하다.

또 다른 비늘돔이 밝은 주황색 지느러미 뒤로 흰 모래를 줄줄이 내보냈다. 그 물질은 하늘거리는 천처럼 흘러 다니다 바닥에 가라앉았다. 똥이었다. 근처에 있던 다른 비늘돔은 아가미 틈으로 부스스한 모래 뭉치를 내뿜었는데 그 모양이 마치 기이한 기관차처럼 보였다. 비늘돔이 내보낸 똥을 손으로 훑어보니 가루가 되어 파스스 흩어졌다.

어떤 동물이든 오래 쫓아다니다 보면 언젠가는 똥이 나오는 장면을 볼 수 있다. 모든 동물은 똥을 싸게 마련이니 말이다. 나는 눈여겨본 비늘돔을 쫓아 산호초 가장자리를 돌아다녔다. 사실 모든 물고기가 다 마음에 들었지만, 그날 내가 따라간 개체는 하와이어로 '포누후누후'라고 하는 별무늬비늘돔이었다. 몸통은 형광 파랑색이며 눈가에 분홍색 별무늬가 있는 이 물고기는 먹이를 먹으면서 거의 동시에 똥을 쌌다. 놀랄 일은 아니다. 태평양의 다른 어딘가에서는 혹비늘돔이 죽은 산호를 1분에 세 입씩 먹고 한 시간에 스물두 번이나 똥을 싸니까!

비늘돔은 해안 생태계에서 중요한 역할을 한다. 단단하게 맞물린 이빨로 산호와 해초, 바위, 모래를 먹으며 해변의 형태를 잡아간다. 비늘돔이 삼키는 먹이는 '인두 분쇄기'로 불리는 목구멍의 작은 이빨 사이에서 소화하기 쉬운 형태로 갈린다. 이 과정에서 석회암 조각은 모래로, 모래는 더 고운 모래로 바뀐다. 열대 해변에 가득한 모래 알갱이 다섯 알 중 네 알은 비늘돔이 먹이를 먹고 싼 똥인 셈이다. 비늘돔의 먹이 활동은 산호를 뒤덮는 해초의 확산을 막고 침입종을 줄이는 작용을 한다. 그들이 지나간 자리에 새로 생긴 공간에는 어린 산호와 여러 해저 생물이 정착해 자라난다.

인도양과 태평양에 자생하는 약 1미터 길이의 녹색혹비늘돔 한 마리가 한 해 동안 싸는 똥은 4500킬로그램에 달한다. 가능하다면 당장이라도 고용하고 싶은 존재다. 세 마리만 있어도 매년 레미콘 한 대 분량의 모래를 해변에 공급할 수 있기 때문이다. 비늘돔은 입이 클수록 산호를 더 많이 섭취하고 더 많은 모래를 해변에 배설한다.

멀리 섬 주변을 둘러싼 크림색 띠가 눈에 띄었다. 앞서 관찰한 비늘돔은 혹비늘돔보다 몸집이 작지만 한 해 동안 모래주머니 25개와 맞먹는 400여 킬로그램의 모래를 생성한다. 나는 저마다 똥을 싸며 천천히 빅아일랜드의 해변을 만들어나가는 비늘돔을 오래도록 지켜보았다.

인도양의 차고스제도에서 쥐와 바닷새의 광범위한 영향을 연구한 닉 그레이엄은 최근 비늘돔에 관심을 가지게 되었다. 그는 이 초식성 물고기들이 바닷새 섬 주변에서 더 큰 몸집으로 성장한다는 사실을 밝혀냈다. 이유가 뭘까?

아마 이제는 독자들에게도 익숙한 내용일 것이다. 제비갈매기, 부비새, 갈색제비갈매기, 군함조가 싼 똥에서 흘러나온 질소와 인이 해초, 플랑크톤, 산호의 먹이가 되어 결국 물고기의 몸으로 들어간다. 질 좋은 먹이를 섭취해 덩치가 커진 비늘돔은 먹이 활동 비율도 세 배가량 높아진다. 이들의 덩치가 커질수록 해초는 감소하고 어린 산호가 자라날 터전이 마련되며 아름다운 열대 모래도 대량으로 생성된다.

그레이엄은 이렇게 말했다. "해수면이 상승해도 이 바닷새들은 섬의 생명체들을 계속 키워줄 겁니다." 산호초에서 능선으로 이어지는 생태적 연결고리는 향후 저지대 환초를 보존하는 데 필수적인 생태 기반이다. 새들의 도움을 받아 물속에서 방화벽을 쌓아 올리는 비늘돔은 이 과정에 중요한 기여를 하게 될 것이다.

~~~

다음 날 나는 케알라케콰만으로 내려갔다. 그곳은 물이 더 맑았고 산호초의 빛깔도 훨씬 다채로웠다. 마치 수족관에서 헤엄치는 기분이 들 정도였다. 섬에는 세 가지 종의 토종 우후(별무늬비늘돔, 안경무늬비늘돔, 둥근머리비늘돔)가 서식하고 있었다. 그들이 먹이 활동을 할 때면 망치로 바위를 깨는 듯한 소리가 들렸다. 산호초 주변에 울려퍼지는 소음은 생태계가 건강하다는 신호다. 딱총새우가 만들어내는 파열음과 물고기가 내는 낮은 소리, 그리고 물 위로 고개를 내밀면 들려오는 바닷새 울음까지. 이는 살아 있는 산호초를 찾는 물고기와 무척추동물에게 풍부한 해양 공동체의 존재를 알려주는 표시다.

이렇게 안전해 보이는 곳에서도 비늘돔은 겁이 많았다. 나중에 알고 보니 비늘돔이 산호초 사이에서 자고 있을 때 현지 낚시꾼들이 작살로 포획해 오고 있었다. 그래서 내가 다가가면 매번 물고기들이 달아났던 것이다. 어느 생물학자는 2013년 하와이를 다시 찾았을 때 비늘돔 수가 너무 적어 충격을 받았다고 했다. 1970년대에는 넘쳐 나던 비늘돔이 이제는 놀라울 만큼 드물어졌다. 행동 방식도 달라져, 크게 무리 지어 다니기보다는 대부분 홀로 다닌다. 오아후섬에 남아 있는 개체 수는 과거의 20분의 1 수준이다. 95퍼센트라는 이 엄청난 감소치는 상업 어업과 야간 작살 낚시, 그리고 하수로 인한 오염의 결과다. 비늘돔이 사라지면 해변의 모래를 만들고 산호를 보호해 온 그들의 생태적 역할도 중단된다.

한편 바다에는 비늘돔 외에도 근사한 어종이 많았다. 그중에는 하와이주의 상징 어류로 지정된 '후무후무누쿠누쿠아푸아아'라는 산호초쥐치복, 화려한 주황색 무늬가 있는 큰뿔표문쥐치와 그물무늬나비고기, 깃대돔, 금테양쥐돔도 보였다. 대부분이 산호초에서 중요한 역할을 하는 어종이다. 일부 연구에서는 비늘돔과 나비고기처럼 산호를 먹는 어종이 산호의 생존에 필수적인 미생물의 확산에 기여한다는 연구 결과를 제시한다. 이들은 먹이 활동을 통해 산호의 조직 속에서 자라는 황록공생조류를 섭취하고 배설물을 내보내는데, 그 안에는 주변 바닷물에서 관찰되는 것보다 수백 배 더 높은 농도의 미세조류가 들어 있다.

결과적으로 이 물고기들은 산호초 지대를 돌아다니며 필수적인 공생 미생물을 다른 산호로 퍼뜨리게 된다. 그러면 생존에 필요한 미생물을 확보하지 못한 어린 산호에게 도움이 된다. 황록공생조류의 입장에서도 새로운 산호초로 퍼져나갈 기회를 얻는 긍정적인 효과가 있다.

이 공동체에는 이렇게 화려한 종 외에도 중요한 역할을 하는 생물이 있다. 바로 해면이다. 해면은 비교적 단순한 정주성 생물이지만 보기보다 산호초의 생산성에 큰 역할을 담당한다. 하와이대학 교수 롭 투넌은 내게 이렇게 설명했다. "영양분이 부족한 물속에 생물 다양성과 생산성이 매우 높은 체계인 산호초가 존재하는 이유가 뭘까요? 오랫동안 사람들은 산호가 광합성을 통해 생태계 에너지를 만들어낸다고 생각했어요. 하지만 사실 산호를 먹는 생물은 별로 없고 산호에서 생산되는 먹잇감도 그다지 많지 않아요."

사람들이 놓치고 있던 핵심은 넓게 무리 지어 자라는 해면이었다. 대개 규질골편glass skeleton을 가지고 있는 이 여과섭식생물들은 수중에 녹아 있는 유기물을 먹은 뒤 배설물로 내보낸다. 그리고 그 배설물은 산호초 다양성의 밑바탕을 이루는 단각류, 요각류, 다모류 같은 해양 무척추동물의 먹이가 된다. 투넌이 말했다. "산호초에 있는 영양분이 대부분 산호보다는 해면의 똥과 관련이 있다는 사실이 드러나고 있어요."

이 유기체는 가장 단순하고 정적이며, 눈에 띄지도 않지만 산호초를 변화시킬 수 있다. 해면은 고요하면서도 강력한 펌프인 셈이다.

어느 날 오후 나는 오아후섬의 가장 아름다운 해변에 서 있었다. 초록빛 화산 봉우리가 수평선에 드리운 가운데 동쪽으로는 둥근 달이 떠올랐다. 바닥에는 유기물과 현무암이 뒤섞인 부드럽고 따뜻한 모래밭이 매끈하게 다듬어져 있었다. 더러는 미세플라스틱도 섞여 있었다(요즘은 어느 해변에나 미세플라스틱이 조금씩 섞여 있다).

내 옆에는 산호초 어류계의 세계적인 전문가 두 명이 있었다. 하와이대학의 산호초생태학자 마크 힉슨과 산호초 어류 및 분자유전학 전문가인 생물지리학자 브라이언 보언이다(그는 플로리다대학 시절 나의 멘토였다). 우리는 수영과 스노클링 장소로 유명한 하나우마만에서 스노클링을 했다. 이곳은 약 3만 년 전, 인간이 등장하기 전에 폭발한 화산 분화구다. 화요일에는 출입이 통제되어 물고기들도 휴식을 취할 수 있다. 이날 우리를 초대한 이는 이곳에서 현장 연구 중이던 힉슨이었다. 그는 물에 들어갈 때 모래가 흐트러지지 않도록 조심해 달라고 부탁했다. 해변도 휴일이 필요하니까 말이다.

보언은 젊은 시절 DNA를 연구하기 위해 비늘돔을 포획하곤 했다. 하지만 결국 과학자들이 "침습적 시료 채취"라 일컫는 그 일에 회의를 느껴 그만두었다. 몇 년 전에 나는 동료들과 브라질 바이아의 한 해변에서 식사한 적이 있었다. 메뉴 중에는 진한 토마토소스를 끼얹은 근사한 흰살생선 스튜가 포함되어 있었다. 식사가 끝날 무렵 동료 한 명이 종업원에게 문의한 뒤에야 우리는 스튜에 비늘돔이 들어 있었다는 사실을 알고 깜짝 놀랐다. (해안에 사는 산호초의 육식성 어류 중 상당수가 이미 사라진 뒤였다.) 그 식당은 비늘돔이 조성하고 유지해 왔을 모래가 있는 반도에 자리 잡고 있었다. 지역 생태계 조성에 기여하는 종이면서 멸종위기에 처한 녹색등비늘돔을 우리가 먹어 치운 것이다.

주립수중공원으로 지정된 하나우마만에서는 낚시가 금지되어 있어서인지 비늘돔들이 덜 예민해 보였다. 나는 스노클링 중에 엄청나게 큰 안경무늬비늘돔을 발견했다. 그때까지 본 우후 가운데 가장 몸집이 컸던 그 비늘돔은 마치 콘크리트를 부수듯 산호와 바위를 갉아나갔다.

지나친 남획으로 어류 개체 수가 급감한 카리브해에서 주로 일했던 나는 다채로운 하와이 산호초와 형형색색의 물고기를 보고 감탄했다. 산호초는 바닷속에서 가장 번화한 지역으로, 생애의 한 시기라도 이 복합 서식지에서 보내는 해양 동식물이 약 100만 종에 달한다. 전체 해양 동식물종의 4분의 1에 해당하는 수치다. 우리는 40분 동안 스노클링을 하며 나비고기와 우아한 코리스놀래기, 거북복, 참복을 보았다. 산호초는 폭풍으로부터 해안을 보호하고, 해초 목초지나 맹그로브숲처럼 얕은 바다와 심해 생태계가 맞닿는 교차점 역할도 한다.

날이 흐려지자 나는 스노클링을 멈추고 해변으로 돌아갔다. 거기서도 커다란 비늘돔 한 마리가 모래 위를 스치듯 헤엄치고 있었다. 왜 얕은 물에 있는 걸까? 아마도 둥지를 들여다보러 왔을 가능성이 높았다. 잠시 후 그 비늘돔은 다시 어린 암컷을 쫓아 깊은 물로 돌아갔다.

사실 암컷은 모두 어린 개체다. 비늘돔은 자웅동체로, 개체군의 밀도와 성장률에 따라 수년 후 암컷에서 수컷으로 성전환을 거친다. 비교적 차분한 잿빛과 붉은빛을 띠던 몸은 이 과정에서 화사한 초록과 파랑으로 물들고 분홍, 노랑, 주황 등 색색의 무늬가 부리부터 꼬리까지 생겨난다. 유능한 수컷은 웬만한 미국 주택 면적보다 넓은 300제곱미터 정도의 영역을 지키며 두 마리에서 많게는 다섯 마리의 암컷과 둥지를 이룬다. 수컷이 죽으면 대체로 둥지에서 가장 몸집이 큰 암컷이 최종 단계인 수컷으로 전환해 그 자리를 이어받는다. 때로는 성전환을 하면서도 몸이 화려한 색으로 바뀌지 않는 경우도 있다. '위장 수컷sneaker male'으로 불리는 이런 개체는 몸집이 더 크고 화려한 수컷의 주의를 끌지 않으면서 암컷과 함께 돌아다니며 짝짓기할 수 있다.

물이 탁해져 시야가 흐려지자 힉슨이 미안해했다. 그러자 보언이 답했다. "다이빙처럼 스노클링도 어떤 경우든 무사히 돌아가기만 하면 그걸로 충분하죠." 우리는 코나브루잉컴퍼니로 자리를 옮겨 비늘돔에 관해 대화를 나누었다. 목이 긴 새 한 마리가 우리 식탁에 올라와 부스러기를 찾았다. 바에서 걸어 다니는 왜가리라니, 꼭 코미디의 한 장면을 보는 듯했다.

하와이 선주민의 창세 신화 쿠물리포Kumulipo에 따르면 세상은 산호 폴립 하나에서 시작되었다고 힉슨이 알려주었다. 그는 감색 야구모자에 하와이대학 티셔츠 차림이었는데, 얼굴에 걸친 선글라스 위로 마치 애벌레 같은 북실한 눈썹이 보였다. "정말 멋진 이야기라고 생각해요. 세상이 정확히 그렇게 시작되잖아요. 화산이 수면 위로 터져 나오고 산호 유충이 자리를 잡으면서 산호초가 생겨나죠. 아주 마음에 들어요."

나도 그랬다. 익숙한 이야기이기도 했으니까. 오래 전 다윈도 하와이인 못지않게 산호초의 발달 과정을 이해하고 있었다. 그는 고리 모양의 산호 환초가 화산의 잔재임을 직감했다. 산호는 새로 탄생한 화산섬이나 해저산 주변에 얕게 잠긴 현무암을 타고 자란다. 시간이 흐르면 화산암이 침식되고 해저산도 사라지지만 그 자리를 생명체가 이어받는다. 산호, 해면, 비늘돔, 바닷새가 만들어낸 고리 모양의 산호초와 모래가 그것이다. 산호 환초는 그 자리에 있던 화산섬의 흔적을 고스란히 보여준다.

앨프리드 러셀 월리스가 1800년대에 알아냈듯이, 산호초는 해양동물의 숲이다. 산호 폴립은 스스로 생성한 석회 골격 속에 거꾸로 들어 있는 해파리처럼 보인다. 이 책에서는 나무, 초원, 해초 숲 등 식물이 주를 이루는 생태계에서 동물이 어떻게 영향을 미치는지를 주로 다루고 있지만, 산호초는 특이하게도 동물이 직접 바다 경관을 형성하는 사례다. 해면, 바다조름, 서관충도 해양 숲을 조성할 수 있다. 산호는 바다의 농부와 같다. 해파리, 히드라, 말미잘과 가까운 관계인 산호는 공생하는 조류에게 보금자리를 제공하고 이산화탄소를 공급하며, 공생조류는 에너지가 풍부한 탄수화물을 합성해 숙주에게 제공한다. 무척추동물을 키우는 농부는 산호만이 아니다. 바닷속에서는 이런 공생 관계가 이미 여러 차례 있어 왔다. 조개, 말미잘, 해면의 세포 속에도 조류 공생체가 있는 경우가 많다.

"산호초에서는 해초를 먹는 물고기 같은 초식동물이 대단히 중요한 존재예요. 산호초 표면의 해초를 깨끗이 다듬어 산호가 자랄 수 있게 하니까요." 힉슨이 내게 말했다.

해초는 산호보다 빨리 자라며 빛과 공간, 영양분을 두고 경쟁

한다. 자칫 과도하게 번식하면 산호를 질식시킬 수도 있는데, 특히 육지에서 인분이나 농업용 비료처럼 영양분이 지나치게 많이 섞인 물이 흘러들 때 이런 일이 발생한다. 초식 어류는 각자 가진 기술과 선호하는 조류종에 따라 마치 정원사처럼 해초를 다듬는다.

"잔디를 깎고 생울타리를 정리하는 데 여러 가지 정원용 도구가 필요한 것처럼요." 힉슨이 말했다. 양쥐돔은 바위와 산호 표면의 해초를 뜯어 먹는다. "비늘돔은 초식 어류 중에서도 가장 중심이 되는 역할을 해요. 산호초의 잔디깎이라고 할 수 있죠."

우후는 부리처럼 하나로 이어진 이빨로 산호를 긁고 파내어 죽은 산호와 조류를 바다로 내보낸다. 힉슨의 말에 따르면, 이때 우후가 남기는 상처 자국에서 어린 산호가 자라난다고 한다. 또 비늘돔이 열어놓은 공간에서는 다른 물고기들이 해초를 먹는다. 이렇게 양의 되먹임 구조 속에서 산호초는 초식동물에게 안식처를 제공한다. 게다가 비늘돔은 해초를 먹는 행위로 새로운 산호가 등장할 공간을 여는 데 그치지 않고 산호의 경쟁자를 분변 형태의 비료로 바꾸어 내보낸다. 힉슨이 말했다. "산호는 물고기가 많은 곳에서 번성해요. 어류의 분변과 소변이 단세포 식물을 품고 사는 산호에게 비료가 되거든요. 건강한 산호초에는 이렇게 서로 주고받는 관계가 형성되어 있어요. 우후 덕분이죠."

내가 머무른 코코넛섬의 하와이해양생물학연구소 숙소는 전망이 아름다웠다. 카네오헤만 너머로 가파르게 솟은 초록빛의 헤아이아He'eia산이 내다보이고, 골짜기를 따라 시선을 내리면 푸른 바다와 짙은 산호초 그리고 내 방 창문 아래의 하얀 모래까지 한 눈에 들어왔다.

섬의 맑은 바닷물은 너무나도 매혹적이었다. 일이 일찍 끝난 어느 날 나는 모래사장으로 내려가 마스크와 오리발을 착용했다. (나를 초대한 브라이언 보언은 혼자 수영해도 괜찮다며 이렇게 덧붙였다. "죽지만 마세요.") 나는 산호초 가장자리를 따라 스노클링을 즐기며 놀래기와 나비고기 등 작은 물고기 떼를 감상했다. 산호는 무척 건강해 보였다. 조그만 베이지색 폴립이 가득했고 라이스코랄rice coral과 핑거코랄finger coral, 이 두 종이 주를 이루고 있었다. 머리 위로 화물기와 전투기가 수시로 굉음을 내며 지나다니고, 섬 주변은 대부분 콘크리트와 외래종 맹그로브로 둘러싸여 있어 자연 그대로의 풍경과는 거리가 멀었지만, 물고기와 산호는 번성하는 모습이었다.

보언과 대화하던 중 내가 바다 수영을 했다고 말하자, 그는 수십 년 전이었다면 물에 들어갈 마음이 들지 않았을 거라고 했다. 1940~1970년대 사이에는 산호초가 거의 남아 있지 않았다. "하수가 만의 남쪽 끝으로 바로 흘러들었어요. 그게 바다로 밀려나기까지 몇 주씩 걸리곤 했죠." 보언이 내게 말했다. 빛이 차단되고 영양분 수치가 상승했다. 게다가 새로운 준설 작업도 진행되었다. 한때 산호의 정원으로 불리던 카네오헤만은 서서히 병들어가고 있었다.

나는 토보연구소에 있는 보언의 공동 연구자 투넌을 만나기 위해 언덕을 올라갔다. 그가 몸담은 연구소에서는 하와이 산호초 어류와 전 세계 해양생물의 유전학을 다룬 논문을 수십 편 발표했지만, 나는 카네오헤만의 비자연적인 역사를 주제로 한 투넌의 연구에 관해 대화를 나누고 싶었다. 그는 자신이 코코넛섬에 도착한 2003년에는 산호초의 상태가 꽤 좋아 보였다며 다소 심각한 어조로 말했다.

"이 지역 주민들과 교류하면서 이곳의 '쿠푸나kūpuna'들이 간직해 온 역사를 접하지 않았다면, 저 역시 산호초가 사라진 적이 있었다는 사실을 전혀 몰랐을 거예요."

하와이어로 '조상' 또는 '존경받는 장로'를 뜻하는 쿠푸나는 전통 지식과 지역의 역사를 지키는 사람이다. 하와이는 수 세기 동안 산꼭대기에서 바다에 이르기까지 모두가 연결되어 있다는 인식 아래, 육상 생태계·담수 생태계·해양 생태계에 통합적으로 접근하는 아후푸아아ahupua'a 방식에 따라 유지되어 왔다.

그런데 20세기에 들어서면서 하와이의 전통적인 땅 관리 방식은 점차 사라졌다. 카네오헤만은 수십 년간 짓밟혔다. 군사기지에서는 대대적인 준설 작업이 이루어졌고, 방목으로 침식된 퇴적물이 유입되었으며, 남획이 일어났다. 오수구와 정화조, 카네오헤 해병대 비행장에서 나오는 하수가 만으로 방류되었다. 이로 인해 질소 같은 영양분의 수치가 상승했고 수질은 탁해졌으며 조류가 증식했다. 서구의 영향이 미치기 전에는 만 밑바닥의 80퍼센트가 산호로 덮여 있었는데, 농업 관련 침전물이 만으로 유입되면서 이 수치는 60퍼센트로 떨어졌다. 그리고 토지 개발과 하수 유입이 계속되면서 1970년대에 접어들 무렵에는 산호가 거의 전멸하게 되었다.

결국 산호초는 제기능을 잃었다. 너무 많은 영양분이 유입되어 조류가 생태계를 지배한 탓에, 산호가 번성할 만큼 충분한 빛이 들어오지 못했다. 산호가 사라지면서 비늘돔, 양쥐돔, 나비고기 같은 산호초 어류도 줄어들었다. 가축 방목으로 침식된 토양에서 흘러내린 침전물이 만의 밑바닥을 뒤덮었다. 〈길리건의 섬 Gilligan's Island〉(1964~1967년에 방영된 시트콤)을 시청하던 세대에게는 방송의 오프닝에 등장하던 코코넛섬에 대한 전형적인 이미지가 널리 퍼져 있는데, 아마 촬영 당시에도 섬 주변에 하수가 가득했을지도 모른다는 생각이 들었다.

그 시기에는 산호초는 물론 하와이 문화도 만신창이가 되어 있었다. 투넌은 내게 하와이대학 생물문화생태학 교수인 카위카 윈터를 만나보라고 권했다. 작은 섬이라 야자수 아래로 조금 걸어가니 금세 윈터의 연구실이 나타났다.

"1950~1960년대 사이에 하와이인이란 곧 무식을 뜻했어요." 알로하셔츠에 반바지 차림의 윈터가 꺼낸 말은 꽤나 묵직했다. 우리는 연구실 밖 휴게실에 앉아 이야기를 나누었다. "알다시피 게으르고 지능 지수가 낮고 범죄도 많이 저지른다는 편견이 가득했죠. 하와이 사람이라는 자부심은 전혀 느낄 수 없었어요. 1970년대에 이르러 상황이 바뀌기 시작했는데, 아메리카 인디언 운동과 앨커트래즈섬 점거 사건이 하와이 문화 부흥에 영감을 주었죠. 제 부모님 또래였을 사람들이 제가 태어난 1976년 무렵 섬을 다시 장악해 나갔어요."

윈터가 쓴 글에 따르면, '땅에 대한 사랑'이라는 뜻의 '알로하 아이나 aloha ʻāina' 정신에 기반한 선주민 주체성에 대한 인식이 점차 커졌다고 한다. 수십 년간 "관광객을 유치하기 위해 하와이 문화를 함부로 내다 팔던" 시절이 지나가고, 1970년대 들어 하와이의 언어·예술·문화·철학·영성이 부활했다. "그때 하와이인으로서의 자부심이 크게 되살아났죠. 땅을 수호하는 전통적인 문화적 관행도 다시 이어가기 시작했고요."

특정 시기에 낚시를 금하고 공동체 내에서 나눔을 장려하는 '카푸kapu'라는 관행도 그중 하나였다. (금기를 어기면 가혹한 처벌이 뒤따랐는데, 어류의 산란기에 낚시를 할 경우 특히 엄벌했다.)

1974년이 되자 만으로 배출되는 인분을 줄여야 한다는 압박이 커졌다. 능선에서 산호초까지의 생태계를 통합적으로 관리하는 하와이 전통 관행이 장려되었을 뿐 아니라 연방 정부의 수질오염 대응 방식에도 변화가 일어났다. 1979년에는 하수가 연안보다 더 깊은 바다로 유입되도록 배출 방식이 바뀌었다.

"만이 깨끗해지기 시작했어요. 다른 종류의 물고기도 나타났고요." 투넌의 말이다.

영양분 수치, 탁도, 식물성플랑크톤을 비롯한 대형조류의 수치가 모두 줄어들면서 남아 있던 산호에게 훨씬 살기 좋은 환경이 조성되었다. 10퍼센트 수준까지 떨어졌던 만의 산호초 면적은 60퍼센트까지 올라갔다. 준설을 제한하고 현지에 서식하는 어류를 보호하면서 만의 상태도 호전되었다. 불과 50년 전만 해도 얼마나 심각한 상황이었는지 젊은 과학자들은 상상도 못 할 정도였다.

하와이의 산호초는 그렇게 회복되기 시작했지만 토착 숲을 복구하는 것은 또 다른 문제였다. 물속에서는 다양한 빛깔의 산호가 눈을 사로잡았지만, 섬 위의 숲에서는 무채색 풍경이 펼쳐졌고 몇몇 외래 조류의 울음소리를 제외하면 무척 고요했다. 그 조용한 풍경 뒤에는 침입종의 영향이 있었다. 이 섬에 사는 돼지는 폴리네시아인을 통해 들어온 것으로 추정되었고, 쥐는 태평양의 다른 섬과 유럽인을 통해 대거 유입되었다. 이들은 서식지를 파괴하고 새를 잡아 먹었으며 모기를 널리 퍼뜨렸다. 약 600년 전 인간이 나타난 뒤로 하와이 토착 조류의 3분의 2가 사라졌는데, 그중 상당수는 포경선의 식수에 들어 있던 모기 유충이 옮긴 조류말라리아로 희생되었다. 《생명의 미래Future of Life》의 저자 E. O. 윌슨은 이렇게 썼다. "고대의 하와이가 언덕 위를 배회하고 있다. 그 슬픈 퇴장으로 우리 지구는 더 가난해진다."

"하와이 선주민의 지혜에 따르면 땅의 변화가 바다에도 영향을 미친다고 하는데, 반대로 바다의 건강은 땅에 어떤 영향을 줄까요? 제가 보기에 그 연결고리는 바닷새예요. 한때 이 섬의 하늘을 까맣게 뒤덮던 새들이 숲에 영양분을 잔뜩 쏟아 넣었어요." 윈터가 말했다.

하와이의 숲은 이 해양 유래 비료와 함께 진화해 왔다. 윈터의 표현을 빌리자면 "뿌리에 양분을 그대로 꽂은 거나 마찬가지"였다. 우아우(하와이슴새), 아오(뉴웰슴새) 같은 바닷새들이 실제로 나무 밑동에 굴을 파곤 했기 때문이다. 하지만 이 새들이 사라지자 숲에는 침입종들이 널리 퍼졌다. 이제 토종 숲은 산꼭대기의 일부 구역에만 남아 있는데, 기후가 따뜻해지면서 침입종이 계속 위로 뻗어나가고 있다. 윈터는 이렇게 지적했다. "구아노 비료가 토착 수목에 충분히 투입되지 않으니 숲이 예전만큼의 복원력과 세력을 보여주지 못하는 거예요. 어떻게 보면 당연한 현상이죠."

사람들은 침입종을 베어내고 토착 수종을 다시 심으면 된다고 생각하지만 윈터는 그것만으론 충분하지 않다고 지적했다. 영양분 체계가 무너진 데다 나무뿌리 주변의 균류 공생체, 즉 균근이 파괴되었을 가능성도 있기 때문이다. 윈터가 내게 물었다. "생태계에서 눈에 보이는 부분을 살려내려면 보이지 않는 어떤 요소를 복원해야 할까요? 저는 새들이 문제를 해결할 핵심이라고 봐요."

잃어버린 것은 단지 영양분 순환 고리만이 아니었다. 문화적 연결고리도 함께 끊어졌다.

"하와이 창세 신화에는 섬의 탄생, 땅과 바다의 생물다양성, 그리고 하와이 사람들에 관한 이야기가 담겨 있어요." 윈터가 말했다.

인간을 넘어 동식물로 확장되는 친족 관계 속에서 이들은 모두가 원로이자 조상이다. 하와이인은 지금도 멸종된 새들에 관한 노래를 부른다. 옛 노래와 훌라 속에 새들의 모습이 간직되어 있기 때문이다.

"노래를 부르면서도 이 새들이 어떻게 생겼는지 아무도 몰라요…. 사라진 지 너무 오래돼서 장로들도 이 새들이 어떻게 우는지 모른답니다." 이렇게 말하는 윈터의 목소리가 유독 낮게 느껴졌다.

하와이 문화는 이 행성의 모든 문화가 그렇듯 역동적으로 진화하고 있다. "언어는 살아 있으니 하와이어로 노래가 계속 지어지고 있지만, 그 새로운 노래에는 사라진 새들이 등장하지 않아요."

윈터는 이를 "동반 멸종"이라 부르는데 실로 적절한 표현이다. 하나의 종이 멸종하면 그와 관련된 기생충과 포식자, 또는 생태적 기능도 함께 사라진다. 하와이의 새를 잃는 일은 곧 문화와 이야기, 노래, 전통을 상실하는 것이다. 그는 코키 개구리를 소재로 한 전통 춤도 있다고 알려주었다. 이 개구리는 1980년대에 우연히 푸에르토리코에서 하와이로 유입된 종이다.

"우리는 우리를 둘러싼 생태계에 관한 예술을 창조해요. 조상들이 노래를 만들던 때만큼 생물다양성이 높지 않고 숲도 사라져버렸으니 이제는 코키 개구리 노래를 만드는 거죠. 그 시절의 노래와 사상은 더 이상 존재하지 않아요. 언어와 노래에는 우리가 모든 생물에게서 얻은 가르침이 담겨 있는데, 그 교훈이 사라지고 있는 거예요."

다행히도 그동안 연방 정부의 지침과 지역 내의 '알로하 아이나' 정신 덕분에 카네오헤만을 복원할 수 있었다. 야생동물을 복원하고, 야생 돼지 같은 침입종의 영향을 줄이는 데 집중한다면 하와이 전역에서도 같은 성과를 얻을 수 있을 것이다. 윈터는 현지 토지 관리인들과 사냥꾼들의 협력을 바탕으로, 토착 동식물을 보호하기 위해 돼지가 없는 구역을 설정하고, 사냥을 장려하는 구역에는 울타리로 병목 지대를 조성해 돼지를 더 쉽게 잡을 수 있도록 했다. 이 일은 식물, 토지 관리인, 하와이 주민 모두에게 좋은 일이었다. 사냥을 더 효율적으로 할 수 있게 되었으니 말이다.

윈터의 연구실을 나오며 나는 섬을 둘러싼 푸른 바다를 바라보았다. 하와이의 옛 노래 한 구절이 떠올랐다.

바다를 돌보라 그러면 바다가 너를 돌볼지니.

롱아일랜드의 사우스쇼어는 수정처럼 푸른 바닷물이나 생명력 넘치는 하와이 해변과는 거리가 멀어 보일 수 있다. 하지만 이곳 해안에서도 비슷한 오염 사태가 있었다. 1970년대에 뉴욕의 유명한 해변인 존스비치에 하수 찌꺼기가 밀려와 쌓인 것이다. 그때 해변과 바다에서는 인분과 기름띠, 의료폐기물, 피하주사기가 발견되었다는 보도가 나왔다. 오랫동안 도시의 골칫거리를 바다로 떠넘긴 결과였다.

19세기 말 위생 혁명 이후 많은 지자체가 하수를 연안에 버리거나 배관을 통해 인근 수로로 방류하기 시작했다. 그리고 1938년 뉴욕시와 뉴저지주는 지역 내 하수를 뉴욕 바이트 연안 약 19킬로미터 지점에 있는 쓰레기 투기 구역 '덤프사이트106'으로 배출하기 시작했다. 1970~1980년대에는 매년 평균 800만 톤의 하수 찌꺼기가 대륙붕에 투기되었다. (예인선 선장이었던 우리 할아버지도 선원들과 함께 바지선을 끌고 그곳을 오갔을지도 모르겠다.) 이로 인해 상당량의 하수 찌꺼기가 수면 위를 떠다니며 박테리아 수치를 높였고, 침전물에 포함된 중금속은 해저를 오염시켰다.

그런 상황에서 연방 정부는 1970년대에 혁신적이고 의미 있는 법제(수질오염관리법, 해양 포유류보호법, 멸종위기종보호법, 매그너슨-스티븐스 어장보존관리법 등)를 연이어 제정했다. 이때 마련된 법제들이 미친 영향은 지금도 뉴욕시 곳곳에서 확인할 수 있다. 수질오염관리법에서는 하수처리장과 공장이 항구로 배출할 수 있는 물질을 엄격히 규제하도록 했다. 1992년에는 연안에 하수 찌꺼기를 투기하는 행위가 중단되어 수질이 크게 개선되었다.

카네오헤만의 사례에서도 확인했듯이, 새로 도입한 관리 방식은 놀라운 효과를 발휘했다. 강이 깨끗해지고 어업 방식이 지속 가능한 형태로 바뀌자, 민물과 바다 먹이망의 기초를 이루는 사료

뉴욕시 앞바다에서 물 위를 살피는 혹등고래
아티 래슬리히 / 고덤웨일

성 어류인 멘헤이든청어가 돌아오기 시작했다. 그러자 수십 년 동안 뉴욕 인근에서 보이지 않던 혹등고래가 이 먹이를 쫓아 나타났고 참고래와 긴수염고래, 귀상어도 다시 출현했다. 참돌고래는 브롱크스강에서 사냥을 하고, 흰머리수리와 물수리는 허드슨강에서 자주 모습을 드러낸다.

현재 뉴욕항 주변에는 수천만 마리의 굴이 산다. 이들 대부분은 **빌리언 오이스터 프로젝트**Billion Oyster Project를 통해 이식된 개체들이다. 이 프로젝트는 원래 이곳에 서식했던 10억 마리 규모의 굴 생태계를 2035년까지 복원하기 위해 시행되고 있다.

흔히 미국 동부 해안의 하구는 플랑크톤이 많아서 물이 탁한 곳으로 알려져 있지만, 실상은 굴 암초가 줄어들면서 만 전체를 여과하는 데 걸리는 기간이 3일에서 1년으로 늘어났기 때문에 벌어진 현상이다.

그동안 이 프로젝트에서는 고등학생과 자원봉사자의 도움으로 복원 지점 18곳에 7500만 마리의 굴을 이식했다. 굴은 바닷물을 하루에 190리터씩 여과할 수 있을 뿐 아니라 폭풍에 밀려오는 파도를 완화하고 바닷게, 따개비, 갯가새우 같은 토착종을 위한 암초를 형성한다. 보스턴만을 비롯한 다른 도시 지역에서도 비슷한 노력이 이어지고 있어, 한때 연간 수백억 리터의 하수가 방류되던 바다에서 사람들은 이제 수영과 서핑을 즐길 수 있게 되었다. 아직 진행 중인 과정이지만, 이런 지역의 해안 경제는 채취(상업 어업)과 해양투기(하수 등 오염 물질)에 의존하던 단일 경제에서 보호 활동, 야생동물 관찰, 휴양을 아우르는 복합 경제로 전환되고 있다.

20세기 내내, 그리고 그 이전부터도 우리는 대대로 물고기와 새를 비롯한 여러 야생동물의 평균 크기가 작아지고 개체 수가 줄어드는 모습을 지켜보았다. 1960년대에 연구를 시작한 생물학자라면, 아마 연구 인생의 후반기보다 초기에 보던 물고기가 더 크고 야생동물도 풍부했다고 기억할 것이다. 하지만 같은 시기, 그의 부모 세대 역시 어린 시절 보던 것보다 물고기의 수와 크기가 줄었다고 느꼈을 것이다. 생물학자 대니얼 파울리는 한 세대가 이전 세대보다 기준선을 더 낮게 설정하는 이러한 현상을 **기준선 이동 증후군**shifting baseline syndrome이라 명명했다.

하지만 기준선은 거꾸로 '높아질' 수도 있다. 생태계와 그 생태계를 구성하는 동물을 복원하기 위해 전 세계 정부 기관과 선주민 단체, 비영리단체, 지역 자원봉사자가 함께 노력해 온 덕분이다. 21세기의 젊은 생물학자는 부모나 조부모 세대가 본 것보다 훨씬 더 많은 칠면조와 독수리, 도요새, 고래, 물범을 볼 수 있을 것이다.

이들 야생동물이 서식지로 돌아오면 생태계만 회복되는 것이 아니라, 우리의 신체와 정신에도 이로운 변화가 일어난다. 새로운 세대에게 기준선을 끌어 올리는 작업은 곧 자연을 우리 곁으로 되돌리는 일이다. 항구에서 고개를 내미는 혹등고래, 고층 빌딩 사이를 가로지르는 송골매, 운하에서 유유히 헤엄치는 악어를 익숙하게 받아들이는 세대가 등장하도록 말이다.

일상에서 만나는 동물들의 움직임을 떠올려 보자. 우리가 고래나 물소 같은 거대한 동물을 마주칠 일은 거의 없다. 설령 본다고 해도, 휴가 중 먼 거리에서 잠시 구경하는 정도에 그칠 뿐이다.

집 근처라면 어떨까? 철조망 울타리를 재빠르게 가로지르는 다람쥐나, 봄철에 모습을 드러내는 개미 정도가 눈에 띌 것이다. 싱크대에서 썩어가는 복숭아를 파고들다 부엌 창틀 틈새로 줄지어 이동하는 정원개미, 보도 위 개미집 주변에서 떼 지어 몰려다니는 도로개미, 숲 바닥에 구멍을 파는 가위개미. 개미는 개체 수가 무려 수천조 마리에 이를 만큼 어마어마하게 많다. 그들은 추수꾼이자 농부이며, 하나의 '초개체superorganism'다.

어떤 개미들은 균을 활용해 대기 중 질소를 유기물로 바꿔놓는다. 말하자면, 절지동물판 하버-보슈법인 셈이다. 가위개미는 둥지 속 나뭇잎 틈새에 균류 텃밭을 가꿔, 균과 박테리아가 만들어내는 식량과 질소를 손에 넣는다.

개미는 숲속 식물의 씨앗을 퍼뜨리는 데도 중요한 역할을 한다. 곤충학자 네이트 샌더스는 숲 하층 식물종의 절반 이상이 개미를 통해 씨앗을 널리 확산시킨다고 설명한다.

"한번은 땅에 씨앗을 뿌려놓고 관찰하는 실험을 한 적이 있어요. 거의 99퍼센트에 가까운 씨앗을 개미가 가져가더군요." 그 말을 듣자 머릿속에 금세 그림이 그려졌다. 개미들은 그렇게 운반한 씨앗을 어디에 쓰는 걸까?

"둥지로 돌아간 개미들은 씨앗에서 영양가 있는 부분을 떼어내 자매 개미나 유충에게 나누어 줍니다. 그런 다음 씨앗을 둥지 밖에 있는 찌꺼기 더미에 버려두죠. 결국 모체 식물이 흩뿌린 씨앗이 개미 덕분에 비옥한 땅에 묻히게 되는 겁니다. 개미는 생태계의 진정한 운반자이자 연결자예요."

도시에 사는 우리에게는 생명체가 활발히 움직이는 자연의 중심 무대가 다소 멀게 느껴진다. 하지만 생명력이 역동적으로 펼쳐지는 순간들은 가까운 곳에서도 접할 수 있다. 방충망 너머로 들려오는 소리만으로도 충분하다. 동물이 만들어가는 생태계를 보기 위해 머나먼 화산섬이나 외진 국립공원을 찾을 필요는 없다. 모든 생태적 현상은 집 뒷마당이나 골목 어귀, 몇 블록 떨어진 공원에서도 얼마든지 벌어진다.

이 책을 쓰기 시작할 무렵, 지구상에서 가장 크고, 어쩌면 가장 시끄러운 동물 무리가 움직이려 하고 있었다. 그 무대는 우리 집에서 불과 몇 시간 거리에 있었다.

2021년 매미가 출현하기를 기다리던 언론의 관심은 매미 울음소리만큼이나 요란했다. 매미 대란을 다룬 기사가 매일 쏟아졌고, 미국 전역의 아침 뉴스와 주간지, 일간지 헤드라인을 매미가 차지했다. PBS에서 한 과학 기자는 마소스포라Massospora 균에 감염된 매미의 처지를 두고 이런 글까지 썼다.

"한평생 땅속에서 살다가 겨우 햇살 아래로 나와 고작 몇 주 동안 먹고 짝짓기하는 영광을 누린다고 생각해 보라. 그런 다음에는 그만 바닥으로 곤두박질치고 마는 것이다."

2021년 5월, '브루드 텐'이라는 주기매미가 17년간의 잠복을 끝내고 인디애나주에서 뉴저지주, 조지아주에 이르기까지 광범위한 지역에 거대한 파동을 일으키며 일제히 쏟아져 나왔다. 당시에는 코로나19로 인해 수백만 명이 14개월째 다양한 형태의 '봉쇄'를 겪고 있었다. 매미들의 출현은 나에게도 세상에 다시 나설 기회처럼 느껴졌다. 나는 그들을 직접 보러 가기로 했다.

매미는 수명이 가장 긴 곤충이다. 내가 보고자 했던 매미 성충은 지금 10대가 된 내 딸이 태어나기도 전인 2004년에 날개 없는 약충 상태로 땅속에 들어갔다. 그들은 거의 평생을 지표면에서 30~60센티미터 아래, 아마도 설탕단풍나무나 흰떡갈나무였을 나무의 뿌리에서 영양분이 섞인 수액을 빨아 먹으며 살아왔을 것이다. 그러다 17년 후, 낮이 길고 습도가 높으며 흙의 온도가 섭씨 18도까지 오르는 초여름이 되면 스스로 찰흙 통로를 뚫거나 모래성처럼 보이는 '굴뚝'을 세우며 땅 위로 올라온다.

2004년, 연구자들은 목욕 수건 크기(1제곱미터)의 땅에서 무려 356마리의 매미 성체가 올라온 것을 확인했다. 몸길이가 5센티미터 남짓한 이 작은 곤충이 축구장 절반만 한 땅에서 100만 마리씩 뚫고 나오는 곳도 있었다.

메릴랜드로 향하기 전에 나는 캘리포니아대학 데이비스 캠퍼스에 있는 루이 양에게 전화를 걸었다. 양은 2004년 주기매미가 마지막으로 출현한 직후 《사이언스》에 매미가 일으키는 자원 파동resource pulse에 관한 논문을 발표한 인물이다. 우리는 흔히 매미나방이나 메뚜기처럼 개체 수가 폭발적으로 늘어나 숲의 나뭇잎을 갉아 먹고 농작물을 싹쓸이하는 현상에 익숙하다. 그러나 대량 폐사한 곤충이 생태계에 어떤 영향을 미치는지는 잘 알려져 있지 않다. 보통 곤충은 개체 수가 늘거나 줄면서 서서히 생태계에 변화를 남기지만, 양은 매미가 이런 일반적인 공식을 거꾸로 뒤집는다고 설명했다.

매미는 17년이라는 긴 세월 동안 천천히 양분을 섭취하며 살아간다. 양은 이를 '만성적 초식 활동'이라고 표현했다. 이처럼 오랜 시간 나무 뿌리의 수액을 빨아 먹는 모습이나 이따금 발생하는 죽음 같은 미세한 변화를 관찰하는 생태학자는 극히 드물다. 갑자기 우르르 나타나 가시적인 피해를 주는 현상은 모두의 관심을 끌지만, 곤충 사체가 땅 위에서 비료가 되는 현상은 그다지 주목받지 못한다.

"죽은 곤충들이 계속해서 땅에 떨어져 비료가 되지만 그 영향은 점진적으로 나타나기 때문에 눈에 잘 띄지 않아요." 양은 허리케인보다는 오래 이어지는 이슬비에 가까운 현상이라고 설명했다. 하지만 매미는 이런 양상과는 사뭇 다르다.

매미가 죽으면서 남기는 극적인 비료 공급 효과는 지구상 다른 어떤 곤충과도 구별되는 특징이다. 한꺼번에 막대한 양의 영양분을 생의 마지막 순간에 쏟아낸다는 점에서, 매미는 진딧물이나 개미보다는 연어에 가까운 존재다. 주기매미의 출현은 1665년에 발간된 세계 최초의 과학 저널 《런던왕립학회철학회보Philosophical Transactions of the Royal Society of London》 첫 호에 이미 기록되어 있다. "이상한 곤충 떼"로 묘사된 그들은 지금의 브루드 텐의 21대 조상 세대쯤 된다. 당시에는 죽은 매미가 침대와 식탁에 8~10센티미터씩 쌓였다고 한다. 양은 이 사체 더미가 토양에 미쳤을 영향을 궁금해했다.

"그런데 땅에 떨어진 매미 사체가 토양에 어떤 작용을 하는지 연구하는 사람이 거의 없더라고요."

양은 매미의 '낙하 찌꺼기'가 토양 속 미생물의 총량과 질소 가용성을 늘려 숲속 식물의 성장과 번식을 촉진하는 보충제 역할을 한다는 사실을 알아냈다. 즉 주기매미는 숲 생태계의 지상과 지하를 긴밀히 연결해 주는 존재였다. 나는 그 장면을 직접 확인하고 싶었다.

생태 현장을 찾아 나선 이번 여정은 코로나19 팬데믹 이후 처음 떠난 여행이었다. 14개월 만이었다. 땅속 매미에게는 그저 찰나 같은 시간이었겠지만.

나는 차에 올라 새로 발매된 19세기 작가 마샤두 지 아시스의 소설 《브라스 꾸바스의 사후 회고록The Posthumous Memoirs of Brás Cubas》 오디오북을 틀었다. 책은 이렇게 시작한다.

차가운 내 시체의 살점을 처음 갉아 먹은 벌레에게,
이 사후 회고록을 애정 어린 추억으로 바칩니다.

나는 첫 문장부터 단숨에 빠져들었다.

메릴랜드대학의 곤충학자 댄 그루너는 실버스프링의 애너코스티아강과 메릴랜드대학에서 멀지 않은 지역의 평범한 벽돌집에 살고 있다. 나는 6월 초 무덥던 어느 오후에 그의 집에 도착했다. 마기키카다(주기매미의 종명)라는 글자가 새겨진 티셔츠를 입고 야구모자를 쓴 그루너가 집 뒤쪽 현관으로 나를 이끌었다. 주변은 마치 붐비는 술집처럼 시끄러웠다. 그가 반쯤 소리치며 말했다.

"첫 주에는 대로변 가로수 밑에서 매미들이 떼로 몰려나와 난리가 났어요. 가로수는 도로와 인도 포장 아래로 뿌리를 뻗으니 아늑하고 따뜻한 데다 햇빛도 잘 들어서 매미들이 더 일찍 나타난 거죠. 그늘진 땅에서는 그보다 2주쯤 늦게 매미가 나오기 시작해 지금도 계속 지상으로 올라오고 있고요."

우리는 뒷마당으로 걸어 들어갔다. 그루너는 오솔길에 난 매미 굴뚝을 보여주려 했지만 대나무에 가로막혀 다가갈 수 없었다. 그의 제안으로 우리는 가볍게 울타리를 넘었다.

나무가 우거진 오솔길에 울려 퍼지는 매미 합창은 JFK 공항의 활주로만큼이나 시끄러웠다. 브루드 텐에 속하는 매미종은 세 가지가 있는데, 셉텐데심이 가장 먼저 땅 위로 나오고, 그다음은 카시니, 셉텐데쿨라 순으로 모습을 드러낸다. 이 순환은 17년마다 되풀이된다. 그루너가 매미종의 이름을 하나하나 알려주었지만, 사방에서 매미가 윙윙거리는 바람에 모두 같은 종의 소리로 들렸다.

그는 낙엽 더미를 헤집어 매미들이 막 빠져나온 굴뚝 몇 개를 찾아냈다. 땅 위로 갓 나온 매미 유충은 빨간 눈에 하얀 몸과 날개, 두껍고 진한 눈썹 때문에 조커나 그라우초(짙은 눈썹과 콧수염으로 유명한 미국 희극 배우)⁺처럼 보였다. 그런 모습을 하게 된 데는 나름의 사연이 있다. 멜라닌 색소는 생성하는 데 많은 에너지가 들기 때문에 어떤 색도 보이지 않는 땅속에서는 굳이 만들어낼 이유가 없다. 지상으로 올라온 매미는 나뭇가지에 매달려 빈 갈색 껍데기만 남긴 채 검고 매끈한 새 몸으로 변신한다. 머리 꼭대기에서 선홍색으로 빛나는 두 눈은 먼 곳을 응시하는 듯했다. 나는 주위를 둘러보다가, 문득 이들이 지하에서 온 메시지 같다는 생각이 들었다. 오랜 지하 생활과 탈피를 거쳐 새로운 모습을 드러내는 그 과정이, 마치 무언가를 전하려는 행위처럼 느껴졌다.

매미는 비행에 영 소질이 없다. 붐비는 고속도로는 고사하고 조용한 도로를 건너는 일만 해도 매미에게는 큰 도전이다. 그날 그루너의 집으로 가는 길에 고속도로에서 매미 몇 마리가 내 차에 부딪혔다. 매미는 움직임이 느려 포식자를 쉽게 피하지 못한다. 그래서 17년이라는 긴 주기는 매미만의 독특한 생존 전략으로 여겨진다. 오랜 주기를 유지함으로써 포식자들이 매미의 출현 시점을 예측하지 못하게 한다는 가설이 유력하다.

처음 매미가 쏟아져 나왔을 때는 넘쳐 나는 먹이에 현지의 잡식동물과 식충동물이 즉각 반응했다. 박새와 다람쥐, 거미, 뱀이 뷔페를 즐겼다. 고양이는 매미를 통째로 덥석 물었다가 만화 속 알람 시계처럼 수염이 덜덜거리자 입을 벌려 보내주었다. 나는 찌르레기가 날아들어 매미의 날개를 낚아채는 장면도 보았다. 과거 사례를 보면 이렇게 추가로 공급된 영양분은 한여름 새들의 번식을 촉진하기도 한다.

한편, 매미가 들끓는 시기가 되면 그 수가 워낙 많아 배가 부른 포식자들이 더 이상 매미에게 관심을 두지 않았다. 양의 추정에 따르면 포식자에게 먹히는 매미의 비율은 전체의 10분의 1도 되지 않으며, 사실상 무시해도 될 만큼 적은 수준이다. 살아남은 매미들은 나무에 붙어 각자의 삶에 집중한다. 나뭇가지에 걸치기 좋은 길고 검은 발톱 덕분에, 매미는 몇 시간씩 거의 에너지를 소모하지 않고도 매달린 자세를 유지할 수 있다.

그루너의 집으로 돌아가던 중 우리는 은단풍나무 앞에 멈춰 섰다. 높이가 25미터쯤 되는 나이 든 나무가 녹슨 철조망 울타리에 기댄 채 서 있었다. 그 동네는 붉은 벽돌조 단층주택이 수천 채쯤 늘어서 있는 목가적인 곳이었다. 여느 미국 주택의 뒷마당과 다를 바 없는 어느 집 뒤편에 '노래하는 나무'가 자리하고 있었다. 이따금 너무 큰 소음에 묻혀 잘 들리지 않을 때도 있었지만, 그루너는 내가 세 가지 매미종의 울음소리를 구별할 수 있도록 도와주었다.

M. 셉텐데쿨라는 일본식 레이저총처럼 "퓨, 퓨, 퓨!" 하는 소리를 낸다. M. 카시니의 울음소리는 묘사하기가 더 어려운데, 한 마리가 느리게 딸깍거리는 소리를 내면 수백 마리의 매미가 합세해 시끄럽게 윙윙대는 소리가 커진다. 제일 으스스한 소리를 내는 M. 셉텐데심은 오후 시간대에 "휘이이이-오오" 하고 이상한 비명을 지른다. 새소리와 오후의 도로 소음을 모두 압도할 만큼 요란한 매미 소리에 우리의 대화는 거의 묻혀버렸다. 박자랄 것도 없이 입체적으로 몰아치는 소리였다. 그야말로 매미 울음이 만들어낸 세계 속에 들어온 기분이었다. 그들이 서로 주고받는 가락이

뿌리에서 가지까지 나무 전체를 한낮의 푸른 하늘로 들어 올리는 듯했다. 그루너가 휴대폰을 확인하고는 80데시벨이라고 알려주었다. 번화한 거리나 소란스러운 식당의 소음 수준이었다.

우리는 흔히 자연이 고요하다고 생각하지만 건강한 지구는 원래 소란스럽다. 쉬르트세이의 공기는 갈매기와 풀머가 바다에서 영양분을 건져 나르는 소리로 가득하다. 안개 속에서 고래가 숨을 내쉬는 소리는 너무나 압도적이어서, 그 소리가 나는 방향이나 배설물의 흔적을 찾기 힘들다. 비늘돔이 산호를 갉아 먹는 소리는 하와이의 산호초 지대를 가득 채운다. 한밤중 스와니강에서 들려오는 올빼미 울음소리는 어찌나 날카로운지 두려움을 넘어 경외감을 느끼게 된다. 내가 사는 버몬트주에서는 개구리가 계절을 알려준다. 겨울이 끝나고 땅이 녹기 시작할 때면 송장개구리가 오리처럼 꽥꽥거리고, 봄에는 청개구리가 웅덩이에서 높은 소리를 내며, 무더운 여름밤에는 목청껏 우는 회색청개구리 소리가 침실 방충망을 뚫고 들려온다.

실버스프링은 마사이마라나 옐로스톤과는 달랐지만 어떤 면에서는 그보다 더 아름다웠다. 우리가 마주쳤던 단풍나무는 오후 햇살을 받아 반짝이는 청동빛 매미 날개의 진동으로 흔들리고 있었다. 사람들은 거대한 수염고래를 연구하거나 사자, 호랑이, 코끼리처럼 매력적인 동물을 찾아다니는 일을 당연하게 여긴다. 그러나 이 조그만 소리꾼들이야말로 우리의 존중과 관심을 받아야 할 존재다. 경외심은 낯선 곳뿐만 아니라 가장 익숙한 곳에서도 일어난다. 허물어지는 방파제에서 솟아나는 초록빛 섬광이나 교외에 서 있는 노래하는 나무를 목격하는 순간에.

여름 오후. 문득 이 말이 머릿속을 맴돌았다. 헨리 제임스가 '영어에서 가장 아름다운 두 단어'로 꼽았다는 표현인데 무척 공감이 간다. 매미들은 우리가 감상에 젖든 말든 아랑곳하지 않고, 지상에서의 짧은 삶을 살아가느라 바빴다. 그들의 관심사는 오직 요란한 음악과 사랑을 나누는 일에 쏠려 있었다.

"사람으로 치면 열일곱 살 청소년이 할 법한 행동이죠." 메릴랜드 공영방송에 출연한 곤충학자 마이크 라우프가 농담처럼 던진 말이다.

사실 매미들이 떠들썩하게 우는 데는 이유가 있다. 소리를 내면 신진대사가 활발해져 더 많은 물과 당분을 소비하게 된다. 매미는 오랫동안 땅속에서 해오던 대로, 나무 뿌리에서 새순과 잎까지 물과 영양분을 운반하는 통로인 물관을 이용한다. 물관을 흐르는 액체는 묽은 설탕물에 가까운데 매미는 이 수액을 증발시켜 몸을 식힌다. 사람이 땀을 흘리고, 개가 헐떡이며 체온을 낮추는 것과 비슷한 원리다. 노래를 많이 할수록 수분이 더 많이 배출되고 당분도 더 많이 소화된다.

"저 방금 매미 오줌을 맞았어요." 그루너가 웃으며 말했다.

해를 향해 고개를 들자 오후 햇살에 굴절되어 빛나는 오줌 무지개가 보였다. 모하비 사막처럼 건조한 곳에서도 매미는 메스키트(멕시코 북부와 미국에 자생하는 콩과 식물)⁺의 물관을 통해 깊은 땅속 지하수면에 닿을 수 있다. 수액을 많이 흡수할수록 수분 배출량도 증가한다. "곤충학적인 스프링클러인 셈이죠." 그루너가 말했다.

내가 아는 한 매미 오줌이 생태계에서 어떤 역할을 하는지는 아직 밝혀진 바가 없다. 그런데 실버스프링에서는 초여름 내내 오줌이 비처럼 쏟아졌다. 이윽고 암컷들은 연필만 한 잔가지에 600개에 이르는 하얀 알을 가지런히 낳는다. 알에서 부화한 약충은 날개도 없이 약 24미터 높이에서 떨어져 두어 번 튀어오른 뒤, 땅속으로 들어가 17년을 보내게 된다.

그루너의 집을 방문한 뒤 나는 길가의 작은 공원에 들렀다. 사람들이 모두 매미 이야기를 하고 있었다. 눈보라나 천둥 번개처럼 매미가 쏟아져 내렸다는 것이다. 들판 한가운데는 거대한 호두나무가 있었는데, 아이들이 나무 주변을 돌며 매미의 소리와 날갯짓, 그리고 이들이 얼마나 오래 머물지에 대해 떠들고 있었다. 다시 차에 오르는데 갑자기 찢어질 듯한 고음이 들렸다. 나는 운전석에서 튀어 나가 셔츠 깃을 마구 흔들어댔다.

"휘이이이-오오!!" 또다시 큰 소리가 났다.

알고 보니 매미 한 마리가 차 안에 들어와 있었다. 소리로 보아 앞서 배운 세 가지 종의 매미 중 가장 크고 시끄러운 셉텐데심인 게 틀림없었다. 내가 구별법을 확실히 숙지하게 된 걸 보면 그루너는 꽤 실력 있는 멘토였다.

"휘이이이-오오!"

북쪽으로 달려가는 동안, 일부 지역에서는 매미가 나타나지 않았다는 보도가 나왔다. 1987년 롱아일랜드에서 귀가 터질 듯한 마기키카다의 울음소리를 들었던 기억이 떠올랐다. 그 소리는 2020년에 들어서 거의 사라졌다. 뉴저지주 엥글우드에 사는 한 친구는 2004년 6월에 바비큐 파티를 열 계획이었는데, 7~8센티미터씩 쌓이는 매미 사체와 극심한 악취 때문에 취소해야 했다고 말했다. 그런데 올해는 어디에서도 매미를 볼 수 없었고 울음소리도 들리지 않았다고 한다. 필라델피아와 롱아일랜드 인근의 매미들도 땅 위로 올라오지 못했다.

조지워싱턴 다리 건너편을 지날 즈음, 렌터카 앞쪽에서 구슬픈 울음소리가 들려왔다. 내 어깨에 붙어 있던 녀석인지 아닌지는 몰라도 이번에는 매미가 통풍구로 기어든 모양이었다. 그릴 뒤에서 약하게 진동하던 소리가 점차 잦아드는 것을 느끼며 나는 뉴욕에 도착했다.

이 책에서는 수만 킬로미터에 걸쳐 바다를 건너고 강을 거슬러 오르며 대륙을 넘나드는 장거리 이동을 주로 다룬다. 하지만 매미처럼 가까운 거리를 이동하는 사례도 있으며, 이 역시 중요한 내용이다. 플로리다대학 대학원에 다닐 때 나는 포유류학자 존 아이젠버그의 수업에서 나무늘보에 관해 배운 적이 있다. 그는 나무늘보가 일주일에 한 번 정도 배변을 하러 땅으로 내려간다고 말했다.

잎을 먹고 사는 나무늘보에게 이것은 보통 일이 아니다. 풍요롭고 안전한 나무 꼭대기에서 숲 바닥의 화장실로 내려가는 여정은, 인간의 시각으로 보면 고통스러울 만큼 느리고 길게 이어진다. 보통 꼬리가 없는 종은 닉 업 더미에 배변하고, 꼬리가 있는 종은 낙엽이 깔린 바닥에 구멍을 파서 그 안에 똥을 싼다.

나무늘보의 몸에는 흡혈파리와 진드기 같은 수많은 절지동물이 서식하는데 그중 상당수는 나무늘보에 특화된 종이다. 나무늘보 한 마리의 털에서는 1000마리에 가까운 풍뎅이가 발견되며 이들은 대개 팔꿈치와 무릎 주변에 모여 산다. 성체 나방은 포식자를 피해 대부분의 시간을 나무늘보의 털 속에 숨어 지내며, 피부와 털에서 자라는 미세 조류를 먹고 산다. 이들 중 상당수는 생의 한때를 나무 아래 떨어진 나무늘보의 똥에서 보낸다. 풍뎅이와 나방은 그 똥에 알을 낳고, 부화한 유충은 그 분변을 먹고 자란다.

　나무늘보가 위험을 감수하면서까지 수직 이동을 하는 이유는 아직 밝혀지지 않았다. 영역을 표시하기 위한 행동일까? 그렇지는 않은 듯하다. 나무늘보는 수목성arboreal 동물로, 해마다 이동 범위가 달라지기 때문에 표식을 남긴다 해도 다시 그 자리를 찾을 가능성이 낮다. 일부에서는 분변을 땅에 숨김으로써 포식자에게 들키지 않으려는 행동으로 해석하기도 한다. 혹은 자신이 매달려 사는 나무 밑동을 비옥하게 만들기 위한 행동일 수도 있다. 어쩌면 그저 땅으로 내려가는 김에 흙을 조금씩 먹으며 자연스럽게 영양분을 섭취하려는 여정일지도 모른다.

　바다에서는 커피잔 하나에 수백만 마리가 들어갈 정도로 작은 요각류부터 15센티미터 크기의 모래뱀장어 같은 물고기까지, 심해의 많은 수중생물이 밤마다 해수면으로 이동한다. 이곳에서 요각류나 크릴 같은 초식성 동물성플랑크톤은 식물성플랑크톤을 먹고, 까나리나 청어처럼 육식을 하는 사료성 어류는 동물성플랑크톤을 먹는다. 매일 수십 미터를 오르내리는 이 수직 이동은 지구상에서 가장 거대한 이동으로, 개체 수와 생물량을 따지면 대왕고래나 누를 훨씬 뛰어넘는다. 밤에는 수면에서 먹이 활동을 하고 낮에는 심해 무광대에서 휴식을 취하며 살아가는 이들은 이동 중에 배설을 하고 죽기도 한다.

이러한 수직 이동은 생물 펌프 기능을 촉진하며 탄소순환에도 영향을 미친다. 특히 이동 경로의 하단, 즉 해저 부근에서 배변하거나 죽는 개체가 늘어날수록 더 많은 양의 탄소가 심해에 저장되거나 격리될 수 있다. 이주성 어류가 한 해 동안 이동하며 똥을 쌀 때 해수면에서 해저로 옮겨지는 탄소의 총량은 약 15억 톤에 달한다. (참고로 항공 산업에서 연간 배출하는 탄소 총량은 약 10억 톤이다.) 물론 이렇게 운반된 모든 탄소가 심해에 100년간(최적의 탄소 격리 기간) 머무르는 것은 아니겠지만, 적어도 인류가 기후위기에 대응하기 위해 본격적으로 행동에 나서기 전까지는 이산화탄소가 대기로 다시 방출되는 것을 막아줄 수 있을지도 모르겠다. 어쩌면, 정말로.

"혹시 제 입에 붙은 게 날개인가요?"
"아니에요." 주목받는 곤충 요리사 번 라이가 CNN 진행자를 향해 고개를 저으며 말했다. "그건 다리죠."
진행자는 잠시 말을 멈추고 이 사이에 낀 것을 빼내려 했다.
매미 출현에 열광하는 분위기가 최고조에 달할 무렵, 번은 '핫한 셰프'가 되어 있었다. 포식자들이 슬슬 포만감을 느낄 때였지만 미디어는 여전히 매미 이야기에 목말라 있었다. 번은 밤새 차를 몰고 이동해 〈뉴욕 타임스〉에 실릴 매미 요리를 준비했고, 아침 일찍 일어나 CNN 생방송에 출연한 뒤 라디오의 한 코너에 초대되어 오후 내내 스튜디오에 머물렀다. CNN에서 번은 입가에 붙은 매미 다리를 떼어내며 이렇게 말했다.
"곤충을 먹는다는 발상은 지속가능성에 바탕을 두고 있어요.

우리는 동물을 먹는 방식을 바꿔야 할 거예요."

나는 메릴랜드에서 매미 탐사를 끝낸 뒤 잠시 쉬어갈 겸 번을 찾아갔다. 내가 제일 좋아하는 '식충동물'인 번은 최근 가족과 뉴헤이븐에서 운영하던 초밥집을 정리하고 집에서 일하기 시작했다. 그의 새 프로젝트인 '숲속의 미야네Miya's in the Woods'는 요리 아이디어를 실험하고 키워가는 유동적인 공간이었다. 동료들과 친구들, 인턴들이 수시로 이곳을 드나들며 활기를 더했다. 농장도 식당도 아닌 이곳은 그야말로 열려 있는 실험실 같았다.

함께 마당으로 나가던 길에 번은 자신이 정원사로서 영 소질이 없다고 말했다. 우리는 삼나무로 훈연한 매미가 걸려 있는 곳을 지나 왼쪽으로 휙 돌아섰다. 두 발로 걷는 초식동물 두 마리가 어수선한 마당을 어슬렁거리는 셈이었다. 번이 황새냉이를 조금 뜯었다. 우리는 철망 사이로 아무렇게나 자라고 있는 케일 앞을 지나갔다.

"가끔은 씨앗을 그냥 흩뿌려 놓죠." 그가 웃으며 말했다.

그런데 번은 울타리를 넘어와 마당 한 켠을 차지한 명아주와 돌소리쟁이 같은 자생식물에게 더 애정을 보였다.

"최고의 음식은 정원에만 있는 게 아니라 사방에 퍼져 있어요."

우리는 황새냉이와 케일에 이어 마늘냉이, 쑥, 박하도 캤다.

"곧 준비할 국은 잡초로만 끓일 거예요."

사무실과 강의실로 쓰이는 어수선한 주방으로 들어가자, 번이 페로산 연어와 우리가 딴 잡초를 듬뿍 넣은 된장국으로 서둘러 식사를 준비했다. 샐러드에 들어간 채소에서는 강한 쓴 맛과

날것의 풍미가 느껴졌다.

번은 내게 '번스플레이밍콕Bun's Flaming Cock'이라는 이름의 술을 한 잔 따라주고는 집에 가져가라며 병 하나를 건네주었다.

"안에 보리수 열매가 들어 있어요."

침입종 나무의 열매였다. 식사를 즐기면서도 내 관심은 주요리에 쏠려 있었다.

"매미는 어떻게 됐어요?" 내가 물었다.

"하마터면 아예 까먹을 뻔했네요." 번이 웍을 불에 올리며 말했다. 그는 일본 규슈에서 어린 시절을 보냈다.

"일본인은 곤충을 신성시해요. 매미와 잠자리는 여름을 상징하죠. 우리는 커다란 그물을 들고 나무 위에서 매미를 잡아 채집통에 넣고는 한참을 들여다보다 놓아주곤 했어요. 일본에서는 개발이 한창 진행되고 있는데도 여전히 매미가 많이 나타나요."

곤충을 먹는 데서 시작해 지속가능성과 건강을 강조하는 새로운 초밥을 개발하는 데까지 확장된 번의 작업은 지금껏 우리가 이야기해 온 주제, 즉 생태적 순환고리의 재생을 향해 한 걸음 나아가려는 뜻깊은 시도다. 곤충 식단을 늘리고, 공장식 축산과 통제되지 않는 어업을 줄이는 방식을 지향하는 것이다.

한편 번은 곤충식을 열렬히 지지하면서도 17년에 한 번 출현하는 매미를 정식 메뉴에 올릴 수는 없다는 점은 인정했다. 그는 아프리카의 전통적인 곤충 요리법을 응용해 매미를 살짝 데친 다음 소금과 올리브유로 볶았다. 바삭한 식감을 유지하기 위해서는 껍데기를 남겨두는 것이 중요하다고 한다. 번이 시리얼 그릇에 한 가득 담아 가져온 매미 튀김에도 날개가 그대로 붙어 있었다.

"맛있어요?" 내가 물었다.

"끝내줘요." 그릇을 건네며 번이 말했다.

우리는 팝콘을 먹듯 매미 튀김을 집어 먹었다. 다리가 여섯 개 달린 팝콘은 짭짤하고 바삭했다. 먹다 보면 어느 순간 살짝 느껴지는 견과류 맛이 아주 독특했다.

때로는 바삭한 식감과 맛을 끌어내어 사람들이 혐오감을 극복하도록 도와주는 것도 셰프의 역할이다. 그가 곤충식을 홍보하고 얻은 효과는 어땠을까? 번은 언론이 주제를 자극적으로 다루는 경우가 많다고 지적했다. 방송에서는 "매미로 초밥도 만들어보자!"라는 식으로 곤충식을 가볍고 이색적인 소재로 소비하는 경향이 두드러졌다. 그러나 그는 공포심을 자극하는 마케팅에는 관심이 없었다. "저는 단지 곤충식에 관한 대화를 시작하고 싶은 거예요. 매미를 어떤 유행이나 지속 가능한 식재료로 포장하려는 게 아니고요."

과연 그의 바람대로 매미는 대화의 포문을 여는 계기가 될 수 있을까?

~~~

"견딜 만한 더위인가요?"

"밖에 안개가 심해요."

"비가 억수같이 쏟아지네요."

사람들은 누구나 날씨를 의식한다. 농부는 기상 상태를 살펴 작물 수확량을 예측하고, 조종사는 항로를 정하기 위해 일기를 관찰한다. 우리도 창밖을 내다보거나 휴대폰으로 기상예보를 확인해 그날 무슨 옷을 입을지 결정하곤 한다.

노래하는 나무 아래 서 있을 때 그루너가 흥미로운 이야기를 들려주었다. 그달 초 무덥고 습했던 어느 날, 메릴랜드주 중부와 버지니아주 라우든 카운티의 숲 위에서 특이한 물체가 기상 레이더에 포착되었다는 것이다.

"기상 관계자들은 매미의 신호가 잡힌 것으로 보고 있어요."

실제로 그것은 경로를 이탈한 폭풍 구름도, 안개도 아닌 벌레 구름이었다. 동물이 일시적으로 급증하면 마치 날씨처럼 생태계에 영향을 미치기도 한다. 구름이 물을 옮기듯, 동물들은 영양소와 씨앗을 퍼뜨린다. 1883년 크라카타우화산이 폭발했을 때, 과일박쥐와 새들이 인도네시아에서 씨앗을 품고 바다를 건너 황폐한 섬에 새로운 열대림을 조성한 일이 있었다. 이들은 구아노를 통해 땅에 영양분을 뿌렸다. 매미 열풍이 한창이던 매릴랜드주 교외 지역을 거닐며 나는 생각했다.

세상은 원래 이런 곳이어야 하지 않을까? 천둥번개처럼 강렬하고 사방을 가득 채우며, 계절에 따라 움직이지만 예측할 수 없는 존재들이 사는 곳.

우리가 지금과 달리 야생동물이 넘쳐 나던 시대로 돌아간다면, 동물은 일상에서 생태적·문화적·사회적으로 날씨와 다름없는 영향을 미치는 존재였을 것이다. 어쩌면 이런 현상을 **동물기상학**meteorzoology이라고 부를 수도 있겠다.

"비둘기가 말 그대로 공중에 가득했다. 한낮의 햇빛은 마치 일식 중인 것처럼 가려졌고, 눈송이가 녹아내리듯 새똥이 점점이 떨어졌다."

오하이오강 부근에서 대규모 나그네비둘기 떼를 본 존 제임스 오듀본이 쓴 글이다. 19세기 당시 북미 지역의 하늘에는 30억~50억 마리의 비둘기가 날아다녔는데, 이는 토착 조류 4분의 1에 해당하는 규모였다. 알도 레오폴드(20세기 초반에 활동한 미국의 작가이자 생태학자)+는 나그네비둘기를 이렇게 묘사했다.

"단순히 새라기보다는 생물학적 폭풍이었다. 땅의 양분과 대기의 산소를 연결하는 번개였다."

그들은 허리케인처럼 강력한 자연의 일부였다.

예전만큼의 규모는 아니지만 새들은 지금도 대륙을 건너다닌다. (사냥에 취약한 종인 나그네비둘기는 무분별한 포획으로 결국 멸종했다.) 어느 날 코넬대학 조류학연구소에서 운영하는 웹사이트 '버드캐스트Birdcast'에 접속해 보니 겨울 서식지에서 돌아오는 개개비, 딱새, 지빠귀, 풍금조 등 8만 2700마리의 새들이 내가 사는 지역을 가로질러 해발 500미터 상공을 날고 있었다. 그날, 하늘은 새로 가득했다.

2000년대 초, 회색물범이 돌아오면서 케이프코드는 '상어의 바다'가 되었다. 먹잇감인 물범을 따라 백상아리가 북쪽으로 이동해 온 것이다. 어느새 케이프코드의 술집에서는 모든 대화가 상어 이야기로 이어지곤 했다. 손주를 위해 바닷가에 가는 대신 집에 수영장을 설치해야겠다는 이도 있었고, 해변에 머무는 시간을 조정했다는 이, 낚싯줄이나 그물에 걸린 물고기를 물범에게 빼앗겼다고 하소연하는 이도 있었다. 한편, 물범의 복귀를 환영하는 이들은 인간이 초래한 사고로 다친 물범을 구조하는 활동에 참여했다.

알래스카에서는 불곰이 연어 떼를 쫓거나 쓰레기통을 뒤지기 위해 해안으로 내려오면서 곰을 조심해야 하는 시기가 찾아온다. 해안에서는 운이 좋으면 눈 깜짝할 사이에 고래가 내뱉는 자욱한 안개에 휩싸일 수도 있다.

나는 그루너와 꾸준히 연락을 주고받았다. 그는 내가 떠나자마자 하늘이 완전히 아수라장이 되었다고 했다. 매미가 하늘을 뒤덮으면서 몇 시간 동안 귀를 울릴 정도로 시끄러웠다는 말도 덧붙였다. 매미 떼가 처음 출현했을 때 정신없이 포식을 즐기던 새는 이제 매미를 거들떠보지도 않는다. 뷔페의 인기가 식어버린 것이다. 그래도 사람들은 계속 매미 이야기를 나누었다.

얼마 후 아나폴리스에 사는 사촌이 편지를 보내왔다.

"매미에게도 죽음이 찾아왔어."

자연의 순리를 따라 우리도 결국 마지막 순간을 맞이하게 된다. 한바탕 소란을 일으켰던 수조 마리의 매미는 이내 땅으로 떨어져 숲 바닥에서 분해되었다. 생태계에 엄청나지만 흔치 않은 '자원 파동'을 일으키며.

언젠가 양이 내게 한 말이 떠올랐다.

"이런 작용은 늘 일어나고 있어요. 우리 눈에 잘 띄지 않을 뿐이죠."

그루너에 따르면, 지난번 매미가 등장했을 때만 해도 언론은 "윽, 이 성가신 것들이 대체 언제쯤 사라지려나." 하는 반응을 보였다고 한다. 하지만 이번에는 곤충학자 라우프와 그루너, 그리고 요리사 번의 활약 덕분에 분위기가 달라졌다.

혐오와 두려움은 사라지고 관심과 감탄이 그 자리를 대신했다.

"올해는 정말 많은 사랑을 받았어요." 그루너가 감회에 젖어 입을 다물자 사무실은 정적에 휩싸였다.

"이제 저는 다음에 나타날 매미를 보기 전까지 16년의 시간을 어떻게 채울지 고민해 봐야겠어요."

아이슬란드의 여름은 깔따구의 계절이다. 호수와 개울과 습지에서 수없이 솟아오르는 깔따구 떼가 자전거 여행객, 등산객, 관광객을 가리지 않고 괴롭힌다. 하지만 이 존재들을 반기는 이들도 있다. 바로 그 지역에 터를 잡은 거미, 곤충을 먹는 새와 물고기 그리고 일부 생물학자다.

쉬르트세이로 떠나기 몇 주 전, 나는 그중 한 명인 위스콘신 대학 곤충학자 클라우디오 그라톤을 만났다. 그는 내게 흥미로운 이야기를 들려주었다.

"2004년, 제가 조교수였을 때입니다. 어느 날 한 동료가 아이슬란드에서 온 친구 아르니 에이나르손을 소개해 주었어요. 그는 불쑥 노트북을 펼쳐 보이며 인사했습니다. '저는 아이슬란드 북부의 미바튼Myvatn 호수에서 연구하고 있어요. 아이슬란드어로 미my는 깔따구, 바튼vatn은 호수를 뜻하죠. 깔따구가 어마어마하게 출현하는 곳이에요.'"

흥미로운 이야기였다. 그라톤은 곧바로 관심을 보였다. 오랫동안 깔따구의 출현과 그것이 포식자에게 미치는 영향을 연구해 왔다는 에이나르손에게 그는 깔따구의 생물량이 호수를 벗어나 주변 육지로 어떻게 퍼져나가는지 물었다. "그랬더니 그가 아이슬란드인 특유의 무심한 표정으로 저를 보면서 말하더군요. '그건 잘 몰라요. 깔따구가 풀숲으로 들어가 버리면 제 관심도 거기서 끝나거든요.'"

하지만 그라톤에게는 오히려 그 지점부터가 흥미의 시작이었다. 그곳에 출현하는 깔따구들은 생태계에 상당한 영향을 미치는 듯 보였다. 그라톤은 큰맘 먹고 얼마 남지 않은 연구 자금을 아이슬란드 탐사에 쏟아붓기로 했다.

"생각해 보면 정말 무모했죠. 근거가 빈약하기 짝이 없는 아이디어 하나만 들고, 그것도 낯선 외국 땅에서 완전히 새로운 연구를 시작했으니 말이에요."

에콰도르의 산골짜기부터 북극의 외진 호수까지, 세계 곳곳의 생태계는 영양분을 분해하고 퍼뜨리는 곤충의 활동에 의존하고 있다. 개체 수와 무게로 따지면, 지구상 동물의 대다수는 곤충과 갑각류 그리고 이들의 친척인 절지동물이다. 이들은 대부분 구두점보다 클까 말까 할 정도로 아주 작다. 어떤 것은 쉼표만 하고, 어떤 것은 느낌표만 하다.

!

호수 밑바닥에서 몇 달간 유충으로 지내다 밖으로 나온 깔따구 한 마리는 주변 풍경이나 포식자 무리에 큰 변화를 일으키지 못한다.

"하지만 그곳에는 깔따구가 너무 많아서 포식자가 전부 달려들어도 감당할 수 없을 정도예요. 그중 대다수는 호수 주변의 땅에 떨어져 죽고 이내 분해되죠. 그 순간이 바로 마법이 시작되는 시점입니다."

그라톤은 깔따구에서 유래한 영양분이 어떻게 작용하는지 알고 싶어졌다. 그 영양분은 수목 공동체와 미생물, 분해자에게 어떤 영향을 미칠까?

그가 미바튼을 처음 방문한 해는 2006년이었다. 그곳에서 발견된 깔따구 30종 중에서 타니타르수스 그라실렌투스가 대거 출현한 해였다. 사진 속에서 포충망을 들고 깔따구로 자욱한 공기 속을 걷는 그는 무척 즐거워 보였다. 한편 에이나르손은 해가 긴 한여름의 마법 같은 시간대에 찍은 셀카를 보여주었는데, 마치 척 클로스(미국의 시각 예술가로, 다채로운 조각을 격자로 이어 붙여 초상화를 완성한다.)[+]의 작품처럼 얼굴이 깔따구로 뒤덮여 있었다.

"깔따구 떼 안으로 들어가 소리를 듣고 냄새를 맡으며, 풀밭 위를 물결치듯 움직이는 모습을 가만히 지켜본 건 살면서 처음 겪는 특별한 경험이었어요." 그는 이후 12년 동안 매년 여름 그곳을 찾아 몇 주씩 머물렀다. "미술 애호가가 미술관에 가는 거나 마찬가지예요. 미바튼은 제게 메트로폴리탄이자 루브르죠."

쉬르트세이처럼 접근조차 쉽지 않은 곳에도 가본 나로서는 깔따구가 뛰노는 미지의 박물관에 가는 일쯤은 별일도 아닐 것 같았다. 하지만 시작부터 난관에 부딪혔다. 당시 아이슬란드에서는 코로나19가 급속히 퍼지고 있었다. 여기저기 연락해 봐도 렌터카를 구할 수 없었고, 다들 휴가 중이거나 시골집에 피신해 있었다. 에이나르손 역시 현장에 나가기 쉽지 않은 상황이었다(그는 그해에는 깔따구가 많지 않을 거라고 미리 일러주었다). 심지어 현지 연구센터도 봉쇄 중이었다. 그나마 운이 좀 따라줘서 나는 온라인으로 레이캬비크에서 마지막 남은 렌터카를 빌릴 수 있었다. 뒤쪽에 잠잘 공간이 있는 차종이었다. 그렇게 나의 장거리 자동차 여행이 시작되었다.

쉬르트세이에 있을 때, 시구르드손은 깔따구 떼 사이를 뚫고 지나가는 느낌이 꼭 두꺼운 벨벳 커튼 여러 겹을 통과하는 것 같다며 몸짓까지 곁들여 설명해 주었다. 하지만 막상 현장에 도착하니 그런 '곤충 커튼'은 한 겹도 보이지 않았다. 깔따구가 별로 없을 것이라는 에이나르손의 예측은 정확했다. 나는 차로 호수를 한번 둘러보고 아이슬란드의 키 작은 자작나무가 늘어선 길을 따라 걸었다. 바람을 피하려고 무릎을 굽히자 바닥 쪽에서 벌레가 몇 마리 날아다니는 것이 눈에 띄었지만, 떼 지어 몰려다니는 모습은 어디에도 없었다.

나는 또다시 호수를 한 바퀴 돌아보았다. 미바튼은 약 2300년 전 화산 폭발로 형성된 곳으로, 호수 가장자리에는 뾰족한 현무암 기둥들이 서 있었고 광활한 용암 벌판이 멀리까지 펼쳐졌다. 길이가 약 8킬로미터에 달하는 이 호수는 수심이 4.5미터 안팎으로 꽤 얕았다. 호수를 돌던 중 기름을 넣기 위해 차를 세웠다. 까마귀 몇 마리가 쓰레기통을 뒤지고 있었고, 파리 떼가 주유소 주변을 잠시 맴돌았다. 그런데도 깔따구는 단 한 마리도 보이지 않았다.

문득 피터 매시슨의 책 《눈표범Snow Leopard》(한국어판 제목 《신의 산으로 떠난 여행》)⁺이 떠올랐다. 제목에 적힌 맹수를 책이 끝날 때까지 만나지 못하는 이야기다. 지구상에 존재하는 눈표범이 수천 마리에 불과하니 실제로도 그럴 법하다. 하지만 깔따구가 수조 마리나 산다는 아이슬란드에서 정작 내 눈에 보이는 건 빗방울뿐이었다. 깔따구로 북적거리는 곳으로 유명한 미바튼도 내가 갔을 때는 이상하리만치 한산했다.

그날 밤 시구르드손이 내게 메일을 보냈다. "아이슬란드에서 깔따구가 잘 보이지 않는다고 슬퍼하는 사람은 아마 당신밖에 없을 거예요."

깔따구가 많이 나타나는 해에는 유충들이 봄 내내 호수 바닥에서 조류와 생물 찌꺼기를 긁어 먹으며 지낸다. 유충기의 깔따구는 작은 비단 고치를 짜서 그 안에 머물다가 이따금 먹이를 찾으러 밖으로 나온다. 초기에는 주로 죽은 유기체 조각을 섭취하지만 점차 자라면서 조류도 먹기 시작한다.

"고치 안에서 똥도 싸고 몸속 노폐물도 내보내요. 작은 고치는 조류가 급속도로 성장하기 좋은 곳이기도 하죠." 그라톤의 말이다.

유충이 만드는 영양분 가득한 이 은신처는 호수 밑바닥을 바꿔놓는다. 우리가 산호, 비늘돔, 들소, 고래를 통해 보았듯 깔따구도 마치 정원을 가꾸거나 춤을 추듯 섬세하게 생태계에 영향을 미친다. 유충은 고치에서 나와 외벽에 자라난 조류를 긁어내 먹어 치운다. 똥을 싸고 탈피도 하며 일련의 단계를 거치는 사이 몸집이 점점 커지고 먹는 양도 많아진다.

이 시기가 되면 미바튼의 깔따구 유충은 초식동물 생물량의 3분의 2를 차지할 만큼 성장해 호수 생태계를 좌우하며, 물고기와 새들의 먹이가 된다. 5월 말이 되면 성체가 수면을 뚫고 날아오른다. 그라톤은 이 일련의 과정을 자세히 설명해 주었다.

"수면을 뚫고 나오자마자 껍데기가 갈라집니다. 성체가 된 깔따구는 준비를 마치는 대로 재빨리 날아올라요. 수면에 오래 머물수록 물살에 휩쓸리거나 새들에게 잡아먹힐 수 있기 때문에 아주 서둘러 움직이죠. 제비갈매기가 날아들어 깔따구를 잡아채는 모습도 볼 수 있습니다."

처음에는 개체 수가 천천히 늘어난다. 호수 밑바닥에서 조류를 먹고 자란 깔따구가 솜털과 더듬이를 단 느낌표처럼 하나둘 공중으로 솟아오른다.

!
!!
!!!

성충이 된 깔따구는 주변 벌판과 풀밭으로 이동한다. 수컷은 짝짓기 무리를 이루는데, 그렇게 해야 암컷 눈에 잘 띄고 더 매력적으로 보이기 때문인 듯하나. 수컷이 계속해서 수면을 뚫고 올라오면서, 미바튼에서 우세한 종인 타니타르수스는 마치 양털 담요를 펼쳐놓은 듯한 안개를 형성해 땅을 뒤덮는다.

그라톤은 깔따구가 그리 잘 날지 못한다고 말했다. 그래서 그들은 바람이 잦아들면 무리를 짓는다. "드라마 〈로스트〉에서 풀

숲에 솟아난 연기 괴물이 바람의 방향에 따라 떠다니던 장면이 떠올라요. 정말 으스스하면서도 포근한 느낌이죠. 곤충학자가 머물기엔 딱 좋은 곳이랄까요."

또 다른 우점종인 키로노무스 아이슬란디쿠스는 최대 3~4.5미터에 달하는 짝짓기 기둥을 형성한다. 그라톤에 따르면 그 기둥은 "들불이 날 때 하늘로 솟아오르는 악마의 혀 같은 모습"으로 소용돌이친다.

"바람이 불면 와르르 무너져 풀밭에 가라앉아 있다가 잠잠해지면 다시 모여들기 시작해요. 드론 소리를 내면서요. 멀리서 들으면 꼭 누군가 잔디깎이를 돌리는 것 같지만 막상 어디에서 나는 소리인지는 알 수 없죠."

확실히 벌레가 많기는 했지만, 그 현상이 과연 생태계에 영향을 줄 만한 문제였을까? 그라톤과 동료들은 깔따구의 출현과 맞물려 호수 주변의 경관과 동물에게 어떤 변화가 일어나는지 살펴보기로 했다. 그라톤의 연구팀이 설계한 야외 실험에서 거미는 원래 즐겨 먹던 멸구에 집중하지 못했다. 깔따구는 열 마리든 백 마리든 그 수와 상관없이 존재 자체만으로도 거미의 주의를 분산시켰다. 거미는 평소 주식을 사냥하는 데 들이던 시간을 줄였고 미바튼 주변 풀밭에 생겨난 균일한 무늬에 시선을 빼앗겼다.

!!
!!
!!
!!

"거미는 깔따구의 날갯짓 소리에 홀리는 듯해요." 그라톤이 말했다. 일단 그 소리가 들리면 거미는 지면에 있는 다른 벌레를 외면한 채 깔따구가 나타나기를 기다렸다. 그 결과 톡토기와 진드기, 진딧물의 개체 수가 늘어났다.

쉬르트세이에서는 풀밭을 밟을 때 느껴지는 탄력으로 새가 있는지 없는지를 알 수 있었다. 발밑에서 풀이 아닌 용암이 바스러지는 느낌이 들면 주변에 새가 없다는 뜻이었다. 미바튼의 깔따구도 비슷한 방식으로 환경을 바꿔놓는다. 호수에서 자란 작은 깔따구가 모이고 모이면 결국 큰 변화를 만든다. 깔따구 사체가 썩기 시작하면 특유의 냄새가 난다. 그라톤은 그것을 "썩은 참치 통조림 같은 냄새"라고 표현했다.

그의 추정에 따르면, 깔따구가 번성했던 해에는 호수에서 불과 90미터 떨어진 지대에만 해도 제곱미터당 45킬로그램이 넘는 깔따구가 세찬 비처럼 쏟아져 내렸을 것이다. 호숫가에서 180미터 정도 떨어지면 그 양이 훨씬 줄어, 이슬비처럼 가볍게 내려앉는다. 깔따구가 더 먼 곳까지 날아가는 일은 드물기 때문에 그 경계를 지나면 초원 대신 척박한 벌판이 드러나며 차이가 뚜렷해진다. 깔따구가 닿지 않는 지역은 황량하고 생명이 느껴지지 않는다. 이 조그만 벌레가 모여드는 장소는 계절에 상관없이 금세 알아볼 수 있다. 깔따구들이 있는 곳은 풀이 무성하고, 없는 곳은 시들시들하다.

"저는 이 풍경이 하나의 태피스트리, 그러니까 정교하게 짜인 직물 조각 같다고 생각해요. 깔따구는 호수의 정수를 땅 위로 옮기는 역할을 하죠. 거미를 잡아 분석해 보면 몸속에 호수에서 비롯된 영양분이 들어 있어요. 말하자면 자신이 태어난 곳이 아닌 전혀 다른 세계에서 온 물질로 구성된 셈이죠. 미바튼은 우리가 생각만큼 개별적인 존재가 아니라는 사실을 깨닫게 해 줬어요."

깔따구가 가장 많이 몰려들 때 호수 주변으로 떨어지는 작은 벌레들의 무게는 120톤이 넘는다. 빅맥 버거 50만 개 또는 미트볼 200만 개 이상이 호숫가에 굴러다니는 것과 맞먹는 양이다.

그라톤과 동료들은 깔따구가 에이커당 연간 5킬로그램 정도의 질소를 육상 생태계에 공급한다는 사실을 알아냈다. 이는 쉬르트세이의 물범이 남기는 양과 비슷한 수준이지만, 미국 캔자스주의 매미(약 14킬로그램)나 연어 사체(약 30킬로그램)보다는 적었다.

연구 결과에 흥분한 그라톤은 미바튼 주위를 둘러싼 사유지 농장을 방문해 깔따구가 해온 일을 알리고 싶었다. 그런데 막상 만나보니 농부들은 이미 그 사실을 알고 있었다.

"그분들과 식탁에 둘러앉아 깔따구에 대해 뭔가를 알고 있는지 물었어요. 그랬더니 이렇게 말하더군요. '아, 그럼요. 대대로 전해 내려오는 옛 지식이 있죠. 5월 말에서 6월 초 사이 깔따구가 출몰하고, 그러다 비가 내리면 그때 풀이 가장 잘 자랍니다. 깔따구가 적은 해보다 많은 해에 건초를 훨씬 더 많이 수확할 수 있어요. 우린 그것을 미그라스mygras(깔따구풀)이라고 부르죠.'"

농부들은 양에게 건초를 더 많이 먹일 수 있는 해를 풍년으로 여겼다. 이 이야기를 들은 그라톤은 실제로 깔따구 사체가 어떤 영향을 미치는지 실험해 보기로 했다. 그는 풀이 발목에 겨우 닿을 만큼 영양분이 부족한 황무지에 냉동된 깔따구를 흩뿌렸다. 2년이 지나자 그 효과는 뚜렷하게 나타났다.

"깔따구 사체가 많이 뿌려진 구역의 풀이 확실히 더 많았어요. 통계를 낼 필요도 없을 정도였죠." 4년 뒤에는 풀이 거의 무릎 높이까지 자랐다. 깔따구 몸에 들어 있던 질소와 인, 탄소가 식물의 생장을 촉진한 것이다.

그라톤이 실험 결과를 농부들에게 전하자 그들은 "그럴 줄 알았어요."하며 웃었다. 대대로 관찰해 온 현상이 과학적으로 입증된 셈이니 모두가 반가워했다. 사실 농부가 과학자보다 먼저 자연의 패턴을 알아채는 일은 드물지 않다. 농사는 본디 자연을 미리 읽어야 할 수 있는 일이니까. 그라톤은 아이슬란드가 외부와 단절되고 비교적 가난했던 시절에는 겨울에 건초를 충분히 비축하지 않으면 가축을 잃기 십상이었다는 이야기를 들려주었다. 필요할 때 바로 시장에서 살 수 있는 환경이 아니었기 때문이다. "어떻게 보면 깔따구는 혹독한 겨울을 버티게 해 준 생명의 끈이었죠."

미바튼을 떠나기 전날 밤, 나는 호숫가에 차를 세웠다. 뜻밖에도 아비새 울음소리가 들려 깜짝 놀랐다. 그 울음소리는 내가 사는 버몬트 인근 애디론댁산맥에서 맞이하던 긴 저녁을 떠올리게 했다. 뾰족한 펜 모양 부리를 가진 아비새가 유유히 수면을 가르며 헤엄치고 있었고, 북극도둑갈매기 한 마리가 머리 위를 스쳐 지나갔다. 풀숲과 도로 위에는 하늘거리는 거미줄이 걸려 있었다. 그때 눈앞에 특별한 장면이 펼쳐졌다. 저녁 9시의 햇살을 등진 깔따구 무리가 기둥처럼 솟아올랐다. 아주 미세한 군집이었다. 키 작은 덤불 위로 노을이 내려앉자, 깔따구 무리는 부드러운 바람을 타고 숨 쉬듯 모였다가 흩어지기를 반복했다. 깔따구들이

동물의 활동과 인간의 농경 활동에 의한 질소 운반 또는 자원 보급 사례

서식지/위치	경로	원천	에이커당 질소(파운드)
쉬르트세이 풀밭	바다에서 섬으로	바닷새	60
쉬르트세이 바닷가	바다에서 섬으로	물범	12
플로리다 해변	바다에서 모래언덕으로	붉은바다거북	27
알래스카 숲	바다에서 강과 숲으로	연어	70
마사이마라	초원에서 강으로	하마	624
마사이마라	초원에서 강으로	누	294
농경지 일반	인간 농경	산업 비료, 닭 또는 소 거름	100
영년초지	인간 농경	산업 비료, 닭 또는 소 거름	25~50
산책로	인간의 보조	반려견	110
캔자스	땅 밑에서 땅 위로	브루드 포 Brood IV 매미	6
미바튼	호수에서 땅 위로	깔따구	11

농경지와 초지에 관한 대략적인 추정치는 에이나르손 외(2021)·서벌러스키 외(2019)의 연구를 기반으로 하였으며, 야생동물 관련 정보는 앞서 살펴본 본문 내용을 바탕으로 정리하였다. 하마와 누의 측정치는 원래 제곱미터당 그램으로 표기된 것을 파운드로 변환했기 때문에 비교치가 정교하지는 않다.

차 유리에 가랑비처럼 내려앉았다. 아름다운 풍경이었다. 만약 루브르가 문을 닫는다면 나는 아이슬란드의 국립 깔따구미술관을 찾아갈 것이다.

차창 너머로 두 종류의 깔따구가 기어오르고 있었다. 하나는 몸이 두툼하고 짤막했지만, 다른 하나는 다리가 길쭉했고 버킹엄궁의 근위처럼 커다란 머리에 반투명 더듬이가 달려 있었다. 나는 깔따구들이 유리창에 부딪혀 점점이 찍히며, 점차 풍경의 일부가 되어가는 모습을 가만히 바라보았다.

이 국지적인 돌풍 앞에서 나는 허리케인을 떠올렸다. 차 문을 열고 나가자 벌레들이 눈 주위로 몰려들었고 귀에도 기어들어 왔다. 바람이 잦아들자 뭉쳐 있던 소용돌이가 커튼처럼 사방으로 펼쳐졌다. 곧바로 지평선에 걸린 해를 향해 고개를 돌린 순간, 수십만 마리쯤 되어 보이는 벌레 떼가 눈앞에 나타났다. 다음 날 시설이 잘 갖춰진 미바튼연구소에 들렀을 때는 마음이 조금 무거워졌다. 보통 해마다 30여 종의 깔따구가 호수 주변에 출몰하는데, 내가 원래 관찰하려 했던 타니타르수스 종의 개체 수가 그해 여름 유난히 줄어들었다는 소식을 들었기 때문이다.

미바튼의 깔따구는 17년 주기로 나타나는 브루드 텐 매미와 달리 정해진 주기를 따르지 않고, 호수에 먹이가 얼마나 있는지에 따라 유동적으로 출현한다. 이번에 깔따구가 적게 나타난 현상이 이상 징후인지, 아니면 미바튼의 농부들이 수 세기 동안 지켜본 대로 매년 달라지는 자연스러운 변화의 일부인지 아직 알 수 없었다.

그날 내가 본 반들반들하고 땅딸막한 곤충은 먹파리blackfly였다. 피를 빠는 습성이 있는 먹파리는, 초원처럼 너른 차창 위를 질주하던 작은 하이에나 같았다. 그런데 내 몸을 물지 않은 걸로 보아 수컷이었던 모양이다. 그라톤의 설명에 따르면 사람 주변을 맴돌며 눈과 귀에 달라붙는 것은 먹파리의 전형적인 행동이지만, 피를 빨아 먹는 쪽은 번식을 해야 하는 암컷이라고 했다. 어쨌거나 그들은 내 관심 대상이 아니었다. 먹파리라면 집 근처에도 널려 있으니까. 그라튼은 한마디 더 보탰다. "피를 머금은 암컷 먹파리를 짓누르면 톡 하고 터지면서 꽤 큼직한 얼룩이 생겨요."

그나마 위안이 된 건, 같은 날 잠깐 보았던 작은 깔따구가 키로노무스였다는 점이다. 물론 깔따구가 대거 나타난 시기였다면 미바튼을 대표하는 종인 타니타르수스가 가장 많은 비중을 차지했을 것이다. 하지만 그해에는 깔따구가 적었다. 비록 규모가 작고 금방 사라지긴 했지만, 2미터 남짓한 깔따구 기둥을 볼 수 있었던 것은 나름 행운이었다.

호수를 떠날 무렵, 깔따구 무리와 몇 차례 더 마주쳤다. 아마 그중에는 먹파리가 더 많았을 것이다. 한때 가장 흔했던 타니타르수스는 끝내 모습을 드러내지 않았다. 만약 내가 19세기의 양치기였다면, 깔따구의 감소로 양분이 부족해진 땅에서 가축과 함께 굶어 죽었을지도 모른다.

버몬트주 벌링턴의 한 오래된 들판에서 예일대학 교수 오스 슈미츠가 커다란 흰색 포충망을 들고 이곳저곳을 살피고 있었다. 주택가와 삼림지대가 맞닿아 있는 허버드 공원은 미바튼이나 옐로스톤처럼 이국적인 곳은 아니지만, 알고 보면 생태계의 온갖 극적인 장면을 포착할 수 있는 곳이다. 왕포아풀 새순과 길게 뻗은 미역취 줄기 사이를 찬찬히 들여다보면 그렇다.

슈미츠와 연구실 동료들은 '잠복형' 포식자인 피사우리나 미라를 찾는 중이었다. 그들은 이 거미를 '미라'라고 불렀다. 미라는 날렵한 몸매에 길쭉한 다리를 가진 닷거미로, 머리와 배(정확히는 머리가슴)에 걸쳐 짙은 갈색 줄무늬가 길게 나 있다.

여름날 오후, 우리는 샘플레인호수와 애디론댁산맥이 내려다 보이는 교외 들판의 연구 현장 주변을 샅샅이 뒤졌지만 아무것도 손에 넣지 못했다. 슈미츠가 말했다. "잔디를 깎으면 구조물이 사라져 숨을 곳이 없어져요. 교외 지역 잔디밭의 문제죠. 사람들이 자꾸 잔디를 깎아대니 곤충의 다양성이 사라지고 있어요."

그래서 우리는 버려진 부지와 공동묘지, 그리고 벌링턴국제공항 활주로 아래 자리한 작은 공원까지 살펴보았다. 북미 동부의 잔디밭, 키 큰 잡초밭, 낮은 관목에서 발견되는 피사우리나 미라는 그날따라 고요히 몸을 숨긴 채 좀처럼 모습을 드러내지 않았다.

챙이 넓은 모자와 연한 하늘색 셔츠 차림의 슈미츠는 들판을 이리저리 누비며 거미를 찾아다녔다. 마치 복권을 긁는 심정이라고 했다. 그와 동행한 박사후연구원이 아이내추럴리스트iNaturalist 웹사이트를 뒤적이며 사진과 위치를 확인했다. 캘리포니아 과학 아카데미와 내셔널지오그래픽이 공동 운영하는 이 플랫폼에는 날짜와 위치가 표시된 동식물 사진이 9000만 장 넘게 올라와 있다. 학생들과 아마추어 동식물 연구가들이 주로 활용하며 세계적인 생태학자들이 감수에 참여한다. 오후 무렵이 되어서야 우리는 마침내 미라 몇 마리를 찾아낼 수 있었다.

슈미츠는 아프리카 사바나의 코끼리, 아마존의 고함원숭이,

북극 툰드라의 사향소에 관한 글을 써왔다. 하지만 최근에는 뉴잉글랜드의 어수선한 들판에 조성한 '공포의 공간', 즉 메뚜기들이 느끼는 거미 공포증에 관한 연구로 알려져 있다. 쉬르트세이나 브리스틀만처럼 접근하기 어려운 장소에서 이루어지는 동물생태학 연구에 비하면 흔해 빠진 메뚜기와 거미, 잡초 등을 다루는 그의 연구는 다소 평범하게 느껴질지도 모른다. 하지만 이렇게 동물을 인위적으로 투입하거나 제거해 조성하는 소규모 생태계 실험에는 나름의 강점이 있다. 먹이그물 꼭대기의 포식자가 미치는 '하향조절top-down control'과 그로 인한 영양 폭포 효과는 옐로스톤이나 마사이마라 같은 거대한 생태계 못지않게 교외 잔디밭 가장자리에서도 뚜렷하고 강력하게 나타나기 때문이다.

며칠 동안 채집을 다닌 끝에 슈미츠와 연구진은 마침내 미라 개체를 충분히 확보해, 그들을 위한 일종의 유토피아인 '격리생태계'를 조성했다. 철망과 얇은 망사로 만든 이 구조물들은 검은색 바인더 클립으로 고정된 채, 아이슬란드 현무암 기둥의 축소판처럼 들판 한가운데에 우뚝 서 있었다. 다만 이 구조물을 둘러싼 것은 현무암이 아니라 왕포아풀과 갈퀴덩굴, 그리고 내가 그곳을 방문했을 무렵 꽃망울을 터뜨리기 시작한 미역취였다. 이 격리생태계는 다리가 짧은 잡식성 곤충인 붉은다리메뚜기와 두 종의 육식성 최상위 포식자를 함께 수용하도록 설계되어 있었다. 그 주인공들은 거미계의 퓨마로 불릴 만큼 강력한 잠복형 포식자인 피사우리나 미라와 방랑하는 깡충거미인 피딥푸스 클라루스였다.

깡충거미는 전형적인 방식으로 메뚜기에게 영향을 미쳤다. 이들이 초식동물인 메뚜기를 잡아먹자 개체 수가 줄었고, 덕분에 식물이 무성해졌다. 생태학자들은 이를 하향강제top-down forcing라고 부르는데, 포식자가 먹잇감에 끼치는 영향이 먹이그물 전체로 퍼지는 일종의 '소비성 상호작용consumptive interaction'이다. 늑대의 사례에서 보았듯 이러한 영양 폭포 효과는 곳곳에서 일어난다. 바다에서 벌어지는 대표적인 사례도 곧 살펴볼 것이다. 다만 이런 형태의 상호작용에는 다소 모호한 측면도 있다.

미라의 경우는 조금 달랐다. 처음에 슈미츠는 메뚜기들이 자신을 포식자로부터 가려줄 미역취를 뜯어 먹는 모습을 보고 당혹스러워했다. '저런, 멍청하기도 하지. 자기 은신처를 왜 먹는 거야?' 그는 이런 의문을 품었지만 곧 깨달았다. 다리가 두 개든 여섯 개든 공포는 모든 생물에게 동일한 방식으로 작용한다는 사실을 말이다. 잠복해 있는 미라의 시선을 의식한 메뚜기들은 스트레스성 폭식을 시작했다. 탄소 비율이 높은 미역취는 단시간에 포만감을 주는 식물이었고, 이들은 불안에 짓눌린 나머지 허겁지겁 탄수화물을 섭취했다. 슈미츠는 이렇게 말했다. "우리도 스트레스를 받으면 탄수화물에 끌리잖아요." 후폭풍은 차치하고서라도 말이다.

그는 말 그대로 공포의 환경을 만들어냈다. 이것은 '비소비성 상호작용nonconsumptive interaction'의 한 형태로, 실제로 포식까지 가지 않아도 포식자의 존재만으로도 피식자의 행동과 생리에 변화가 생기는 현상을 가리킨다. 입이 묶여 있어 상대를 죽일 수 없는 거미조차도 메뚜기의 일상을 크게 뒤흔들었다. 슈미츠가 '위험 거미risk spiders'라고 명명한 이 거미의 존재만으로도 메뚜기의 행동은 하루 종일, 나아가 일생 동안 지속적으로 바뀌었다. 메뚜기들은 탄수화물 덩어리인 미역취를 더 많이 먹게 되었고, 이로 인해 몸속 화학조성도 달라졌다. 똥과 사체도 이전과는 다른 양상을 보였다.

이처럼 사소해 보이는 요인이 쌓이면 생태계 전반에까지 파장을 미칠 수 있을까? 이를 알아보기 위해 슈미츠와 동료들은 포식자에게 시달리다 죽은 메뚜기 사체와 포식자 없이 비교적 평온하게 살다 죽은 개체를 나란히 묻고 차이를 관찰했다. 그 결과 스트레스를 받은 메뚜기 사체에는 탄수화물이 더 많아 탄소 비율도 높았고, 반대로 질소와 같은 영양분은 부족했다. 즉 공포 분위기라는 개념이 생태계에서도 실제로 작용한다는 사실이 과학적으로 확인된 것이다. 슈미츠는 〈포식에 대한 공포가 식물 찌꺼기 분해를 늦춘다〉라는 논문에서 이러한 탄소와 질소 비율의 변화가 메뚜기에 그치지 않고 식물에도 영향을 미친다는 점을 밝혔다. 포식자는 먹이를 직접 잡아먹지 않고도 탄소 순환에 깊이 개입하고 있었던 것이다.

스트레스를 받은 메뚜기 사체 주변의 흙은 포식자의 위협 없이 조용한 환경에서 지내온 메뚜기가 묻힌 지역의 흙보다 질소 함량이 낮았다. 이러한 영양분 결핍은 초지 생태계에 큰 변화를 불러왔다. 그 결과 식물 군집의 변화 과정이 크게 지연되었다. 거미와 그 먹잇감인 메뚜기가 함께 존재할 때는 숲이 뿌리를 내리는 데 15~20년 정도 걸릴 수 있다. 반면 거미가 없는 환경이라면 오래된 들판은 6~7년 만에 풀과 나무가 빠르게 자라나는 초기 후계림successional forest으로 바뀔 수 있다.

이보다 더 큰 변화도 눈에 띄었다. 거미가 있을 때는 식물의 생물량에 포함된 탄소가 40퍼센트 정도 늘어났는데, 이는 주로 풀과 땅속 뿌리 체계에 탄소가 더 많이 축적된 결과였다. 이러한 탄소의 흡수·분배·저장 과정의 변화는 무엇보다 '공포'에서 비롯되었다. 슈미츠는 이렇게 말했다. "초목을 주의 깊게 살피면서 걷지 않고서는 보기 힘든 이 미세하고 작은 생명체들이 생태계에 엄청난 영향을 미친답니다."

이후 슈미츠와 동료들은 이 책의 핵심 내용이기도 한 동물지구화학이라는 개념을 제시했다. 슈미츠는 이렇게 지적했다. "식물과 토양 미생물의 상호작용이 이 분야에서 주연을 맡고 있기 때문에 그것이 곧 생물지구화학이라는 인식이 일반적이지요."

그러나 동물 역시 핵심적인 역할을 담당한다. 고래에서 거미에 이르기까지 동물은 압도적인 '승수 효과 multiplier effect'(한 가지 변수의 변화로 인해 관련된 여러 변수가 함께 변화해 결과적으로 몇 배의 효과를 얻는다는 경제학 용어)*로 식물과 토양, 바다의 생물지구화학에 중대한 영향을 미친다. "저희가 동물지구화학이라는 개념을 강조해 지구화학자들의 관심을 끌려는 이유가 바로 여기에 있어요."

실제로 이 개념은 생태학자들의 주목을 받았다. 대표적인 잠복형 포식자인 퓨마는 수백 가지 방식으로 다른 종과 상호작용한다. 퓨마는 자신이 선호하는 사냥터에서 엘크나 다른 먹잇감을 사냥하면서, 그곳에 질소와 탄소가 풍부한 '영양 집약 지점'을 만들어낸다. 영양분은 사체에서 흘러나오거나, 퓨마와 그곳을 찾은 청소동물의 배설물을 통해 퍼진다.

이런 사냥터는 결국 '죽음의 정원 kill garden'이라 할 만한 비옥한 땅이 된다. 질소가 풍부한 식물이 무성하게 자라나 초식동물이 몰려들고, 그들이 먹고 싸고 죽음을 맞이하면서 순환이 이어진다.

퓨마는 마치 생태계를 일구는 농부처럼 행동한다. 영양분이 넘치는 대지를 마련해 놓으면 이를 좇아 더 많은 엘크와 사슴이 모여든다. 이처럼 몸집이 큰 포식자들은 단지 먹이를 쫓는 존재가 아니라 풍경 전체를 조율하는 역할을 한다.

동물은 숫자와 이동 경로 이상의 의미를 지닌다. 그들의 성격과 선호도, 행동양식이 생태계에 불러오는 변화는 매우 다양하다. 침팬지와 돌고래뿐 아니라 메뚜기와 가재 역시 마찬가지다. 마사이마라에서 나와 이야기를 나누던 중 서벌러스키는 한 동료의 실험을 들려주었다. 가재의 성격이 생태계 기능에 영향을 미친다는 내용이었다. 공격적인 가재는 수조 안의 침전물을 자꾸 걷어차 물이 혼탁해졌고, 같은 종이지만 온순한 개체가 있는 수조의 물은 맑게 유지되었다. "현실은 꽤나 복잡하죠." 서벌러스키의 말에 남편인 더턴이 덧붙였다.

"연구 기지에 작은 난쟁이몽구스가 있는데 10년째 그곳에 살고 있어요. 다른 개체랑 싸우다 잃은 건지, 꼬리가 없어서 한눈에 알아볼 수 있죠. 이 친구가 여기서 중요한 역할을 해요. 누가 뭐라도 떨어뜨리면 재빨리 치워서 개미 한 마리 안 보일 정도로 깨끗하게 관리하거든요. 그런데 작은 개체 하나가 이렇게 중요한 역할을 한다는 사실을 과학적으로는 어떻게 실명할 수 있을까요?"

이를 모형화하는 한 가지 방법은 성격을 몇 가지 특성으로 나눠보는 것이다. 대담성, 공격성, 그리고 개인적으로 가장 흥미롭게 여기는 '탐색 성향' 같은 특성들이 있다. 공격적인 생쥐부터 탐험가 기질의 바닷새까지, 동물 개체들은 저마다 전통을 따르거나 위험을 감수하면서 생태계를 움직인다. 늑대와 퓨마, 오소리 중 일부 개체는 비버를 먹이로 선호하는데 그들이 생태계 엔지니어라 불리는 비버를 사냥하는 순간 생태계 전체에 엄청난 파장을 일으키게 된다. 성격이 대담한 설치류는 참나무에서 도토리를 멀리까지 옮겨 숨기지만 주변에 포식자가 많을 경우 그 여정에 위험이 따르기도 한다. 반면 소심한 다람쥐는 집 근처에 견과류를 숨기기 때문에 오래 살아남을 가능성이 높다.

나무 개체군은 사실상 오직 동물을 통해서만 이동할 수 있다. 대담한 성향의 설치류와 수줍은 성격의 설치류가 함께 사는 숲은 기후 이변에도 적응할 가능성이 높다. 씨앗을 퍼뜨리는 설치류의 네 발에 그 숲의 미래가 달려 있다.

동물들 사이에서도 감정 상태, 혹은 그와 비슷한 반응이 관찰되며, 이는 해당 개체의 경험에 따라 달라지기도 한다. 예를 들어 꿀벌은 몸통을 과격하게 흔드는 등의 자극을 받으면 일종의 '비관적' 상태에 빠진다. 이후에는 새로운 자극에도 최악의 상황을 예상하는 반응을 보인다. 반면 호박벌에게 뜻밖의 보상을 주면 그 개체는 평소보다 낙관적인 태도를 보인다. 철학자 피터 고드프리스미스는 그의 책 《후생동물》에서 "기분 좋은 상태는 물고기에게서도 나타난다"라고 썼다.

바다를 오르내리며 이동하는 무수한 동물을 보면, 모두가 하나의 생명체처럼 보일 때도 있다. 그러나 이들은 저마다 배고픔과 위험을 느끼는 기준이 달라 각자의 성향에 따라 움직인다. 우리가 반려동물이나 가족, 친구를 보며 성격과 식성의 차이를 느끼는 것처럼 말이다. 실제로 모든 개체가 반드시 이동을 하는 것은 아니다. 이를 두고 슈미츠는 이렇게 설명했다. "밤에는 해수면으로, 낮에는 안전하고 어두운 심해로 매일 수직 이동을 반복하게 하는 중요한 요소는 공포예요."

그런데 어떤 개체들은 이동 자체를 포기하기도 한다. 배가 고프지 않다면 굳이 위험을 무릅쓰고 바다 표면까지 올라가 포식자에게 잡아먹힐 이유가 없기 때문이다.

이 같은 공포 요인은 인간에게도 작용한다. 자신이 먹잇감이 될 수 있다고 생각하면 세상이 전혀 다르게 보인다. 상어 옆에서 수영하거나 불곰이 출현하는 산을 오를 때면 신경이 예민해진다. 에코페미니스트이자 철학자인 발 플럼우드는 호주의 북부 준주 Northern Territory에서 악어에게 습격당한 순간 '이건 현실이 아니야' 라고 생각했다. 나중에 그는 다음과 같은 기록을 남겼다.

"악어에게 '죽음의 회전'을 당하고도 살아남아 그 경험을 직접 묘사할 수 있었던 사람은 거의 없다. 정말이지 말로 표현할 수 없는 압도적인 공포였다. 악어는 호흡과 심장의 대사가 장기전에 적합하지 않기 때문에 사냥감의 저항을 재빨리 제압하려고 집중적으로 힘을 실어 회선한다."

플럼우드는 단순히 살아남는 데 그치지 않고, 죽음과 생태적 질서에 관한 새로운 통찰을 얻었다. "나는 내 세계 너머를 잠깐 엿보았다. 그곳에는 냉혹한 필연성이 지배하는 세계가 있었고, 나는 다른 먹이 생물들보다 결코 더 특별하지 않았다."

생명의 유한함과 생태계의 냉혹함을 온몸으로 겪은 그 순간, 철학자의 곁에 메뚜기가 있었다면 이렇게 속삭였을지도 모른다.

"어서 와, 이런 세상은 처음이지?"

슈미츠는 연구에 투입된 메뚜기들이 거미를 마주했을 때 저마다 다른 반응을 보였다고 설명했다. 바닷새나 회색곰, 고래, 과학자 모두가 그렇듯 메뚜기도 각자 성격이 뚜렷하다. 개체에 따라 대담하거나 소심하기도 하고, 탐험을 즐기거나 혼자 있기를 더 선호하기도 한다. 거미가 다가와도 죽음을 두려워하지 않고 자기 할 일을 하는 메뚜기가 있는가 하면, 겁이 많아 몸을 움츠린 채 은신처를 벗어나지 않는 개체도 있다. 심지어 거미가 보이지 않을 때조차 경계 태세를 유지하는 메뚜기도 있다.

"주변에 늘 포식자가 있는 환경이라면 외상후스트레스장애에서 나타나는 경계 반응이 오히려 생존에 유리할 수도 있어요." 슈미츠는 덧붙여 설명했다. 곰이 있을지도 모른다는 생각만으로도 "이봐, 곰!" 하고 외치게 되는 것처럼 말이다.

C-130 허큘리스 수송기의 출입구가 닫히기도 전에, 화물칸에서 악취가 나기 시작했다. 본래 하늘을 나는 응급실로 설계된 항공기라 구조용 들것을 100개 가까이 실을 수 있었지만, 이날은 들것 대신 욕조 크기의 우리에 갇힌 해달 52마리가 그 자리를 차지하고 있었다. 이들은 알래스카의 알류샨 다시마숲에서 공수된 해달들이었다. 한때 "부드러운 황금"으로 불리며 지구상 가장 값비싼 모피로 여겨졌던 그들의 갈색 털가죽은 배설물로 끈끈해진 채였다.

동쪽을 향해 날아오른 수송기가 도착한 곳은 알래스카주 싯카였다. 이 도시는 18세기 말부터 19세기 초까지 해달 가죽 덕분에 성장했지만, 당시 싯카 만에서는 50년이 넘도록 해달을 단 한 마리도 볼 수 없었다. 사실 해달은 알래스카주 남동부에서 브리티시컬럼비아주, 오리건주, 워싱턴주에 이르기까지 수천 킬로미터에 달하는 해안에서 자취를 감춘 지 오래였다. 전체 개체의 99퍼센트가 사냥으로 인해 사라졌다. 국제조약에 따라 상업적 포획이 금지된 1911년에 남아 있던 해달은 캘리포니아, 알래스카, 러시아, 일본의 고립된 몇몇 지역에 서식하는 수백 마리가 전부였다. 그로부터 반 세기 뒤인 1960년대 후반, 미국 원자력위원회는 자국 역사상 최대 규모의 지하 핵폭발 실험을 앞두고 있었고, 그 계획은 해달들에게 또 다시 치명적인 위협이 될 참이었다.

해달 공수 작전이 벌어지기 200년 전, 러시아의 표트르 대제는 아시아와 북미 사이를 탐사하는 원정을 꿈꿨다. 그는 러시아 동쪽 해안과 이어져 있다고 믿었던 미 대륙을 유럽 열강이 식민지화하는 과정을 주시해 온 인물이었다. 1724년, 세상을 떠나기 직전 대제는 덴마크 출신의 지휘관 비투스 베링에게 캄차카 원정을 명령했다. 그러나 첫 번째 탐사는 실패로 끝났다. 베링이 따라가고자 했던 북미로 향하는 육교는 이미 1만 년 전 플라이스토세 말기에 북태평양의 차가운 바닷속에 잠겨 있었다.

베링은 1739년에 다시 항해에 나섰다. 이때 독일 출신의 젊은 동식물학자 게오르크 슈텔러가 합류했는데, 그는 서양 과학계에 처음 소개되는 여러 생물을 기록해 참수리, 쇠솜털오리, 어치 등에 자신의 이름을 남겼다. 캄차카에서 여유 시간을 활용해 북태평양 연어 다섯 종의 학명을 정리하기도 했다.

유럽 선박으로는 최초로 알래스카 대륙에 도착한 탐험대는 고래와 물범, 그리고 훗날 스텔러바다소로 불리게 되는 동물 등 다양한 해양 포유류의 존재를 보고했다. 스텔러바다소는 매너티의 친척으로, 몸길이가 9미터에 달하고 몸통 둘레는 길이와 비슷할 만큼 비대해 잠수를 하지 못하는 동물이다. 슈텔러는 동식물학자인 동시에 상인이기도 했는데, 18세기에는 드문 일도 아니었다. 그가 발견한 동물 중 러시아의 투자자들이 가장 관심을 보인

것은 현지에 넘쳐 나는 해달의 존재였다. 슈텔러는 저서에서 해달을 이렇게 묘사했다. "이 동물은 매우 아름답고, 그 아름다움으로 인해 대단히 가치가 높다. 털이 무척 부드럽고 촘촘해 칠흑처럼 광택이 난다."

다른 해양 포유류와 달리 해달은 비계층이 두껍지 않다. 그 대신 사람 머리카락보다 여덟 배나 더 조밀한 털가죽 덕분에 체온을 유지하고 물에 떠오를 수 있다. 나는 알래스카에서 해달을 만져본 적이 있는데 촉감이 정말 특별해서 지금도 생생히 기억날 정도다.

베링은 귀환 도중 사망해 다른 선원들과 함께 얕은 무덤에 묻히게 되는데, 그마저도 얼마 안 가 여우에게 파헤쳐지고 만다. 훗날 그가 횡단한 드넓은 지역에는 그의 이름을 딴 베링육교Beringia라는 이름이 붙는다. 탐험 이후 20여 년이 지난 1760년대에는 해달 모피가 중국 광둥의 귀족 사이에 전해져 큰 인기를 끌었다. 해달 모피 한 장의 값어치가 북미의 모피 무역을 떠받치던 비버 가죽 열 장과 맞먹을 정도였다. 그 때문에 수십만 마리의 해달이 죽어 나갔고, 러시아 기업들은 모피를 거래하며 막대한 이익을 챙겼다.

수많은 모피가 당시 러시아가 지배하던 알래스카 남동부 틀링깃족의 터전인 싯카를 거쳐 갔다. 시간이 흘러 알래스카에서는 미국의 존재감이 점차 커졌다. 뉴잉글랜드에서 출발한 작은 선박들이 태평양 북서부에 머물며 틀링깃족, 누차눌트족, 하이다족으로부터 모피를 사들인 뒤 광저우로 향했다.

모피 무역이 정점에 달할 무렵 유럽인과 선주민 사냥꾼의 손에 죽은 해달은 100만 마리가 넘었다. 1840년대에 이르러서는 거의 모든 서식지에서 해달이 사라졌고, 태평양 북서부 선주민 사이에서 수년간 이어진 전쟁과 질병으로 사냥꾼의 수도 감소했다. 모피가 줄어들자 러시아에서는 해외 영토에 별로 관심을 두지 않았다. 그런 가운데 미국의 사냥꾼들이 얼마 남지 않은 해달을 계속 포획하고 있었기 때문에 미국 정부는 러시아 측에 땅을 매입할 의사를 밝혔다. 알래스카의 해양포유류학자 잰 스트렐리는 이렇게 언급했다. "이 땅이 캐나다에 팔리지 않은 이유는 해달 때문이에요."

"지구상에서 권력에 맞서 진실을 말할 수 있는 사람은 존 베이니아밖에 없었어요." 싯카의 한 서점 뒤편에 자리한 카페에서 제리 데파가 내게 말했다. 데파는 1960~1970년대에 알래스카 주정부의 현장 생물학자로 존 베이니아와 함께 일했다. 그는 당시 상황을 이렇게 설명했다. "네바다주에서는 정치권과 범죄 집단이 결탁해 원자력위원회를 쫓아냈어요. 그 시절에는 그리 드문 일도 아니었죠."

한 식물학자는 미국 정부가 핵실험을 할 외딴 지역을 새로 물색하게 된 것은 라스베이거스의 도박 테이블이 흔들리는 것을 막기 위해서였다고 우스갯소리로 말했다. 실제로 개발중이던 수소폭탄의 위력이 너무 커져 더는 대륙에서 안전하게 터뜨릴 수 없는 상황이었다.

"알래스카에서라면 아무도 소란을 피우지 않을 거라 생각한 거죠." 데파가 말을 덧붙였다.

당시 대통령이었던 린든 존슨은 여론에 이상이 없을 거라는 고문들의 확답을 받은 뒤 1965년에 시행 예정이던 새로운 핵실험 계획을 승인했다.

"주지사, 의회 대표단, 어류수렵부장관 모두 이의가 없다는 의견을 냈어요. 감히 원자력위원회에 맞서 반대하는 사람이 아무도 없었어요. 길들여진 개처럼 납작 엎드리기만 했죠."

데파의 말에 따르면 알래스카주의 생물학자 존 베이니아는 초대받지 않았음에도 앵커리지에서 열리는 원자력위원회와 알래스카주 대표단의 회의장에 찾아갔다. 위원회 측은 이전에 실험한 것보다 더 큰 폭탄 세 개를 알류샨열도의 서쪽 끄트머리에 있는 앰치트카섬에서 터뜨리겠다는 계획을 밝혔다. 베이니아는 위원회 대표단에게 그들이 미처 생각조차 해본 적 없는 문제를 제기했다. 그 무렵 텔레비전 다큐멘터리를 통해 공개되어 주목받던 동물, 바로 도구를 쓸 줄 아는 사랑스러운 앰치트카 해달들에게 미칠 영향에 관한 내용이었다.

"압력파가 도달할 때 물속에 있을 해달은 피를 흘리며 끔찍한 고통 속에 죽음을 맞이할 겁니다. 많은 시민이 그 장면을 목격할 거고요. 나쁜 소식이죠. 좋은 소식이 있다면, 이 해달들은 갈 곳이 있고 우리에겐 이들을 옮길 기술이 있다는 사실입니다. 이송 작업은 우리가 할 테니 여러분은 자금만 마련해 주세요."

당시 앰치트카는 지구상에서 해달이 가장 많은 곳이었다. 해달이라면 누구보다 잘 알고 있던 미국 어류 및 야생동물관리국의 생물학자 칼 케니언은, 해상 모피 무역의 참혹한 결과가 반복되지 않도록 앞장서서 앰치트카의 해달들을 알래스카 남동부로 이송하려는 계획을 밀어붙였다. 이전에도 몇 차례 시도한 적이 있었지만 산발적이었고 자금도 부족해 대체로 별 성과가 없었다. (알래스카에서 석유가 발견되기 전, 상대적으로 가난하고 개발이 되기 전 시절의 일이다.)

원자력위원회는 베이니아가 들여다보기 전부터 앰치트카에서 작업을 하고 있었다. 섬에는 수심이 깊은 항구와 제2차 세계대전 당시의 활주로, 수많은 퀸셋 막사(비닐하우스 형태의 조립식 경량 막사)⁺가 남아 있었다. (미 육군이 알류샨열도에 주둔한 일본군을 공격하기 위해 비행장으로 사용한 곳이다.)

1965년에 실시된 첫 폭발 실험은 1971년으로 예정되어 있던 세계 최대 규모의 캐니킨 핵실험의 발판이 되었다. 이 계획을 앞두고 원자력위원회는 섬의 지질과 자연사를 전면적으로 조사하도록 지시했다. 외딴곳에서 진행될 핵실험을 위해 해양학자와 육수학자limnologist(육지의 물을 연구하는 학자)⁺, 식물학자, 조류학자, 어류학자 등 800여 명의 과학자 집단이 한데 모였다. 이 중에는 연구 책임자, 학생, 지원 인력도 있었다. 당시 대학원생이던 생태학자 짐 에스테스는 조사단이 상당히 끈끈하게 엮인 공동체였다고 회상했다.

그런데 앰치트카 바깥에서는 상황이 달라지고 있었다. 베이니아의 말에 선견지명이 담겨 있었다는 사실이 뒤늦게 드러난 것이다. 2차·3차 핵실험에 반대하는 대대적인 시위가 일어나면서 원자력위원회와 연방정부는 허를 찔렸다. 밴쿠버를 기반으로 활동하는 신생 환경단체 '파장을 일으키지 말라 위원회Don't Make a Wave Committee'도 이 섬에 주목하고 있었다. 이 단체의 젊은 활동가들은 '그린피스'라고 이름 붙인 2미터 크기의 넙치 어선을 타고 미국 정부에 맞서 폭파 실험을 저지할 계획을 세웠다.

피투성이가 된 해달 사체 수천 구는 원자력위원회 입장에 전혀 도움이 되지 않았다. 알래스카 주지사 월터 히켈은 앰치트카 해달을 다른 지역으로 옮겨달라는 요청이 담긴 베이니아의 편지를 원자력위원회에 보냈다. 소중한 모피 자원을 지키려는 의도이기도 했다.

얼마 후 알래스카주의 작은 부서인 모피국에 세계에서 가장 강력한 기관으로부터 백지수표가 날아들었다. 베이니아의 친구이자 동료인 스킵 월렌은 내게 이렇게 말했다. "해달 보호 사업에 날개가 달렸죠. 앰치트카에서 알래스카 남동쪽으로 해달을 옮기려면 비행기가 필요했거든요." 원자력위원회는 즉시 한 번에 50마리 이상의 해달을 운송할 수 있는 C-130 허큘리스기를 제공했다. 그보다 작은 비행기였다면 해빙기 내내 비행해야 했을 것이다.

당시에는 아무도 몰랐지만, 앰치트카 해달 공수 작전은 지구상에서 최초이자 가장 성공적인 재야생화 사례가 된다. 이 포식자의 귀환은 동물이 어떻게 야생의 해양 생태계를 복원할 수 있는지를 보여주는 계기가 되었다.

1968년 여름, 자금을 확보한 존 베이니아와 동료들은 물고기를 낚을 때 주로 쓰는 단섬유 그물망인 자망을 앰치트카의 다시마숲 위에 설치했다. 해달은 수면에서 오래 머물며 털을 고르는데, 그물에 걸리면 몸을 빙글빙글 돌려 더 깊이 얽혀들게 된다. 그렇게 물 밖으로 끌어 올려진 해달은 두 개의 커다란 지상 수조에서 대기하다가 허큘리스기의 화물칸에 실려 동쪽 지역으로 옮겨졌다.

데파는 싯카에 도착한 해달들을 그루먼구스Grumman Goose기에 실어 옮겼다. 그루먼구스기는 날개 달린 보트처럼 보이는 수륙양용 비행기로 장거리 도로가 별로 없는 알래스카에서 실용적인 운송수단이었다. 기체가 싯카 해협의 거울 같은 수면에 내려앉으면 데파는 이동장의 문을 열어주는 특권을 누렸다. 초록색 호주 군모에 두꺼운 검은색 안경을 쓰고 붉은오리나무 지팡이에 기댄 데파는 40년도 더 지난 그때의 일을 방금 일어난 것처럼 생생히 들려주었다.

"그 해달들은 지옥에서 막 빠져나온 참이었죠. 원자폭탄의 재앙 속에서 죽을 뻔했으니까요." 스트레스에 시달린 해달들은 아름다운 털가죽에 배설물을 잔뜩 뒤집어쓰고 있었다. 방사를 앞두고 몇몇 과학자는 해달이 알류샨열도로 헤엄쳐 돌아갈지도 모른다며 염려했다.

데파는 해달들이 일단 물에 들어가면 고향 생각을 하지 않을 거라고 보았다. "눈이 휘둥그레질 걸요. 털을 고르며 바닥을 내려다보면 붉은빛이나 보랏빛을 띤 성게가 거대한 융단처럼 펼쳐져 있을 테니까요. 실제로 방사 후 비행기에 올라 창밖을 보니 바다에 해달들이 둥둥 떠 있었어요. 가슴에는 커다란 성게를 하나씩 안고서요. 그야말로 천국에 도착한 듯한 모습이었죠."

1965년에서 1972년 사이 모피국이 앰치트카 및 인근 섬에서 알래스카주, 워싱턴주, 오리건주로 이송한 해달은 모두 710마리였다. 앰치트카 해달 43마리는 캐나다 수산업연구위원회와 브리티시컬럼비아주 어류 및 야생동물국의 지원으로 밴쿠버섬에 방사되었다. 이렇게 옮겨진 해달과 새끼 무리는 이후 수십 년에 걸쳐 초기 방사 지점에서 수천 킬로미터 떨어진 곳까지 퍼져나갔다.

글레이셔만국립공원의 과학자 그레그 스트레블러는 1968년 싯카 북쪽의 딕스암만에 해달 25마리를 내려주었던 그루먼구스기에 타고 있었다. 그는 이렇게 말했다. "해달로 인해 어떤 혁명이 일어날지 당시에는 그 누구도 짐작조차 하지 못했어요."

원자력위원회는 5년 동안 수많은 해달을 대피시키고 준비 과정을 거친 뒤 1971년 11월 6일, 앰치트카 지표면 1.6킬로미터 아래에 캐니킨 탄두를 터뜨렸다. 미국에서 실시한 지하 핵폭발 실험 중 가장 규모가 컸던 이 폭발은 히로시마에 떨어진 폭탄보다 250배나 강력했다. 릭터 규모 7.0을 기록하며 폭이 1.6킬로미터, 깊이가 18미터 이상인 분화구를 만들어냈다.

실험의 안전성을 강조하기 위해 원자력위원회 위원장 제임스 슐레진저는 아내와 두 딸을 섬으로 데려갔다. 폭발 현장에서 37킬로미터 떨어진 요새에서 그의 아홉 살 난 딸은 당시 기차를 탈 때와 비슷한 진동을 느꼈다고 말했다. 그러나 주변 해역 생물들의 안전은 그다지 보장되지 않았다. 터져 나온 흙과 바위가 거의 5000제곱미터 면적을 뒤덮어 조간대의 해양생물들을 질식시켰다. 가자미, 대구, 볼락이 충격파로 폐사했다.

대피 작전 이후에도 폭탄이 터지기 전까지 섬에는 해달이 3000마리 정도 남아 있었다. 폭발 후 에스테스가 섬을 찾았을 때는 개체 수가 불과 155마리밖에 되지 않았다. 그는 많은 해달이 폭발로 죽었다고 말했다. 해변에 널린 해달 사체를 보면 사인이 압력파임을 알 수 있었다. 대부분이 강한 폭발력으로 두개골이 부서져 안구가 뒤쪽 뼈를 뚫고 들어간 상태였다. 수많은 해달이 흔적도 없이 사라졌고, 열 마리 중 한 마리꼴로 살아남았다.

소설가 코맥 매카시는 한때 "핵의 발명으로 변해버린 세상에서 역사란 자멸을 위한 예행연습"이라고 언급한 바 있다. 현재 원자과학자회보Bulletin of the Atomic Scientists 웹사이트에 걸려 있는 **운명의 날 시계**Doomsday Clock는 자정까지 90초가 남은 상태로 설정되어 있다. 그래도 맨해튼 계획, 히로시마와 나가사키에 투하된 원자폭탄, 핵 군비 경쟁 등 **원자 시대**Atomic Age가 남긴 수많은 잔재 중에서 해달 개체 수 복원은 대단히 빛나는 성과다.

앰치트카의 사례는 생태학 분야에도 큰 영향을 미쳤다. 당시 에스테스는 워싱턴주립대학의 대학원생이었는데, 원자력위원회의 한 통계생태학자가 그를 고용해 캐니킨 폭발 전후로 해달을 관찰하는 임무를 맡겼다. 그는 어떤 날은 해안에서 해달의 수를 세었고, 또 하루는 군용 헬기를 타고 약 45미터 상공에서 항공 측량을 하기도 했다. 가장 어려웠던 작업은 해양 포유류를 포획해 무선 추적기를 다는 일이었다. 해달에게 기기를 달 때도 어려운 건 마찬가지였지만 적어도 손가락을 물릴 걱정은 하지 않아도 되었다. 그 작업으로 입은 상처는 50년이 지난 지금도 남아 있다.

앰치트카에 머물며 해달의 수를 세러 쫓아다니던 와중에도 에스테스의 머릿속은 박사학위 연구 주제에 대한 고민으로 가득했다. 나중에 그는 이렇게 회상했다. "어떤 주제를 연구할지 확실하지 않았어요. 그때 저는 바다나 생태학에 대해 잘 알지 못했거든요."

폭발 전 섬에서 일하는 동안 에스테스는 서식지가 해달에게 미치는 영향에 관한 연구를 구상했다. 앰치트카 주변에는 다시마가 왕성하게 자라 있어 성게가 서식하기 좋은 환경이었다. 해달이 선호하는 먹이가 있다는 것은 해양 포유류의 존재 비율이 높은 이유를 설명하는 데 도움이 될 것 같았다. 다시마가 풍부하니 성게도 넘쳐 나고, 따라서 해달도 많다는 전형적인 상향식 연구였다.

그런데 앰치트카를 방문한 워싱턴대학 교수 밥 페인은 아예 다른 접근법을 제시했다. 페인은 이전에 홍합을 비롯한 여러 먹이종의 독점을 막는 불가사리의 역할에 관한 논문을 발표했다. 다리가 긴 포식자가 해조류와 딱지조개류 등의 여러 유기체가 서식할 공간을 열어주기 때문에 다양성이 높아진다는 내용이었다. 45년이 지난 후 에스테스는 당시 페인의 조언을 이렇게 회상했다. "그는 다시마숲이 해달에게 어떤 영향을 주는지를 알아보는 뻔한 시각에서 벗어나 해달이 다시마숲에 일으키는 변화를 탐구해 보라고 제안했죠."

그래서 에스테스는 그의 조언에 따라 1970년대 초에 알류샨 열도를 돌며 앰치트카처럼 해달이 많은 섬과 해달이 살지 않는 섬의 차이를 살펴보았다. 조사 결과 가파른 절벽, 검은 모래, 풀밭 등의 육지 경관은 비슷했지만 해수면 아래의 사정은 놀라울 만큼 달랐다. 해달이 서식하는 섬에는 갈조류인 다시마숲이 거의 뜯어 먹히지 않은 상태로 널리 퍼져 있었고 성게, 따개비, 홍합의 수가 적었다. 반면 해달이 없는 섬에는 다시마가 드물고 해조류가 차지하던 자리에 홍합 군락, 딱지조개, 따개비, 성게가 많이 보였다.

대체 어떻게 된 일일까? 에스테스는 후일 영양 폭포 효과로 알려지는 과정을 통해 해달이 연안 서식지를 구축한다고 가정했다. 실제로 해달이 없어지면 성게의 개체 수가 급증하는 현상이 나타났다. (우리가 앞서 살펴본 늑대와 거미의 사례와 유사한 과정이다. 에스테스가 《사이언스》에 게재한 초기 연구는 이 분야의 많은 후속 연구에 토대를 제공했다.)

성게는 보통 바닥에 떨어지는 다시마 엽상체(줄기나 잎이 뚜렷이 분화하지 않은 양치류, 조류 등에서 잎과 비슷하게 생긴 부위)+를 먹지만, 포식자가 없을 땐 암초의 균열이나 틈새에 마련한 은신처를 벗어나 살아 있는 다시마를 적극적으로 갉아 먹는다. 이때 조류의 몸을 해저에 고정하는 부착부도 먹어 치우는데, 다시마는 부착부가 떨어지면 죽고 만다. 그래서 극피동물echinoderm(성게, 불가사리, 해삼 등의 바다생물)+이 있는 곳은 무척추동물이 많고 다시마는 찾아보기 어려운 성게 불모지가 된다.

해달은 성게를 잡아먹음으로써 대형조류가 줄어드는 것을 막고 다시마숲을 번성하게 한다. 해달이 있는 섬에서는 다시마가 해저에서 최대 수백 미터 높이로 거대하게 자라나 어류·및 무척추동물 수백 종의 보금자리가 되는 바다의 우림을 형성했다. 해달의 존재가 모든 것을 변화시켰다.

앰치트카에서의 경험이 아니었다면 이 상징적인 해양 포유류에 관한 에스테스의 연구는 진행되지 않았을 것이다. 에스테스는 폭발 전에 원자력위원회 기금을 받아 연구를 수행했고, 폭발 이후 해달의 개체 수는 다시 늘어났다. 에스테스는 이렇게 말했다. "원자력위원회는 학문과 보존 활동을 진전시키는 데 많은 역할을 했어요. 선의로 한 일은 아니었죠. 그렇게 움직이는 것이 정치적으로나 사회적으로 옳은 일이었기 때문이에요."

지구 반대편의 쉬르트세이가 엘링과 보르토르의 경력에 도움이 된 것처럼, 캐니킨 폭발은 에스테스가 본격적으로 경력을 쌓기 시작한 계기가 되었다. 원자력으로 끔찍하게 죽을 운명에 처한 개체군을 위한 이송 작전은 하나의 생물종을 복원하는 일이 어떤 생태적 전환을 일으킬 수 있는지를 보여주는 사례가 되었다. 에스테스는 다른 누군가가 해달을 연구해 이런 발견을 했을 수도 있지만, 아예 발견하지 못했을 수도 있다며 이렇게 말했다. "영양생태학이라는 방대한 분야가 앞으로 어떻게 발전할지 누가 알겠어요?"

한편 태평양 북서부에 있는 해양생태학자들은 이전과는 다른 양상으로 해달이 일으킨 생태적 변화를 고찰하게 되었다. 해달이 생태계 엔지니어로서 수행하는 역할과 바다소 멸종에 미치는 영향, 해초의 번식을 촉진하는 현상 등 관련 주제를 다룬 온갖 논문이 주요 학술지에 격월로 실리고 있다.

세계의 극히 일부에 불과한 지역에서 남획으로 인해 멸종 직전까지 내몰렸던 이 포유류는 이제 동물이 어떻게 세계를 형성하는지를 보여주는 상징적인 존재가 되었다.

데파와 동료들이 알래스카 남동부에 해달 517마리를 방사한 뒤, 북태평양의 해달 개체 수가 약 12만 5000마리로 늘어나면서 해달은 해안선 전체를 관리하는 엔지니어가 되었다. 에스테스가 알류샨열도에서 처음 관찰했던 해달의 생태적 영향은 이후 훨씬 더 넓은 지역에서 실시간으로 재현되었다. 한때 성게 불모지가 알래스카주에서 워싱턴주까지 광범위하게 퍼져 있었지만, 알류샨 공수 작전 이후 많은 지역이 무성한 다시마숲으로 탈바꿈했다. 1988년에서 2003년 사이에 해달이 싯카 해역의 성게를 100마리 중 99마리꼴로 제거했고, 이 지역의 다시마숲은 99퍼센트 이상 증가했다. 이러한 형태의 숲은 바다사자, 점박이물범, 범노래미, 망둑어, 곰치, 문어, 게, 말미잘, 거미불가사리 등 800종 이상의 생물에게 먹이와 서식지를 제공한다. 바닷가재와 해달과 불가사리를 비롯한 여러 동물은 질소를 주변 바다로 배출하는데, 이는 인간이 배출하는 영양분과 함께 다시마의 생장을 돕는다. 성게 불모지에서는 같은 작용이 일어나지 않는다.

에스테스조차 예측하지 못했던 놀라운 현상도 나타났다. 해안을 따라 해달의 영역이 늘어나고 물고기 수도 증가하면서 새로 조성된 다시마숲에 흰머리수리가 날아들었다. 글레이셔만의 플레전트섬에 해달이 돌아오자 늑대도 나타났다. 그 결과 섬 내 사슴 개체 수가 급감했는데, 늑대는 섬을 떠나는 대신 해달을 사냥하거나 청소동물처럼 사체를 먹는 방식으로 생존 전략을 바꾸어 사슴이 사라진 뒤에도 살아남을 수 있었다. 이 역시 '바다에서 육지로 향하는 자원 보급marine subsidy'의 한 사례였다.

안타깝게도 베링과 슈텔러가 알류산열도를 항해한 직후 끊어져 버린 고대의 연결고리는 이미 복원할 수 있는 시기가 지나고 말았다. 슈텔러가 이름을 붙인 바다소는 그가 목격하고 불과 27년 뒤인 1768년에 멸종했다. 상업적으로 포획된 적은 없었지만 해달을 잡으러 간 선원들의 식량이 되면서 죽어갔다. 그리하여 기록으로 남은 최초의 해양동물 멸종 사례가 되었다.

2016년에 에스테스와 동료들은 바다소가 죽은 원인이 작살 때문만은 아니었다는 사실을 밝혀냈다. 해달이 잡혀가면서 성게가 늘어나고 다시마가 줄어들었다. 먹이가 사라지자 부력을 지닌 초식동물 바다소는 수면 위에 떠서 굶주릴 수밖에 없는 처지에 놓였다. 유럽의 동식물학자로서는 유일하게 북태평양에서 살아 있는 바다소를 목격했을 슈텔러는, 역설적이게도 그들의 종말을 재촉한 인물이 되었다.

알류샨에서 알래스카 남동부로 이송된 후 해달은 성게를 주식으로 삼았다. 그러다 성게가 줄어들자 말군부, 게, 전복, 코끼리조개에도 눈을 돌렸다. 한 마리에 1킬로그램이 넘는 코끼리조개는 이 지역의 가치 있는 무척추동물 어업 자원 중 하나다. 해달은 약 18미터 깊이까지 잠수해 조개를 채취한다. 1990년대가 되자 싯카 주변의 어부들이 긴장하기 시작했다. 처음 해달을 본 어느 주민은 이렇게 말했다. "저 망할 해달들이 해협을 다 차지할 거예요. 순식간에 마을과 항구, 집 앞에까지 나타날 거라고요. 조개도 전복도 싹 다 먹어버리겠죠."

짧게 깎은 은발에 회색 눈을 가진 마이크 밀러는 싯카족의 일원으로, 데파가 싯카에 해달을 방사하기 직전에 태어났다. 그는 자라면서 해달을 한 번도 보지 못했지만, 1990년대에 싯카 북쪽에서 항해 중에 특이한 존재를 발견한 일을 기억했다. 우리는 싯카항 인근 알래스카대학에 있는 잰 스트레일리의 해양 포유류 연구실에서 만나 이야기를 나누었다. "잔잔하고 고요한 날에 나타날 리 없는 커다란 물체가 레이더에 잡히곤 했어요. 어찌나 많던지 깜짝 놀랐지 뭡니까."

그는 암초 따위의 위험한 것이 있는지 살펴보았지만, 알고 보니 물 위에 떠다니던 정체불명의 물체는 거대한 수컷 해달 무리였다. 밀러는 해달 개체 수가 급증하기 시작한 1990년대에 사람들이 어떤 반응을 보였는지 회상했다. "다들 상황이 악화될 거라며 걱정했어요. 패류 산업에 종사하는 이들 중 상당수가 싯카를 떠나는 쪽을 택했죠."

하지만 해달을 사냥하는 방안에 찬성하는 이들도 있었다. 미국에서는 1972년 제정된 해양포유류보호법에 따라 해달을 포함한 모든 해양 포유류의 사냥이 금지되어 있다. 그러나 알래스카 선주민은 연방정부와 부족 간의 공동관리협정에 따라 해달, 고래, 물범 등을 사냥할 수 있는 권리를 보유하고 있다. 선주민이 주도한 해달 사냥은 초기에는 게나 조개 같은 현지 무척추동물의 복원을 목표로 이루어졌다.

"90년대 후반에서 2000년대 초반에 저희는 경제 발전을 도모하면서도 해달 사냥이 정당한 도살로 악용되는 일을 막을 방안을 모색했어요."

당시 알래스카 남동부는 벌목 산업이 위축되고 지역 어가공장이 하나둘 문을 닫으면서 정부 보조금에 의존하는 상황이었다. 곳곳에서 해달 가죽을 활용한 수공예품 제작 수업이 열리기 시작했고, 모피를 처리하는 무두질 공장도 세워졌다(가공되지 않은 수달 가죽은 부족 외부에 판매할 수 없다).

그 후 수년에 걸쳐 싯카족 구성원들은 해달 사냥을 늘려갔다. 모피 한 장의 가격은 약 250달러에 이르렀고, 전통 수공예품에 대한 관심도 높아지고 있었다. 해달이 줄자 자생 무척추동물이 다시 늘었다. "매년 40~50퍼센트까지 해달 사냥을 늘린 것이 (던지네스게와 코끼리조개 같은) 중요한 자생 무척추동물이 되살아나는 데 직접적인 영향을 주었다고 생각해요."

해달을 전멸시키지 않아도 생태학적 반응은 나타날 수 있지만 사냥 압력으로 변화가 일어난 것은 분명하다. 밀러는 이렇게 말했다. "저희는 역사를 다시 쓰고 있어요."

나는 2014년에 현장 연구를 하던 중 싯카의 해달을 보러 간 적이 있다. 그때 탁한 갈색 조류 속을 떠다니는 스무 마리 이상의 수컷 해달 무리와 마주쳤다. 그 해달들은 근심을 모르는 듯한 눈으로 우리 배를 빤히 쳐다보았다. 우리는 BBC 다큐멘터리 〈블루 플래닛〉의 한 장면처럼, 모피에 둘러싸여 평온하게 떠다니는 해달들을 쌍안경과 망원렌즈로 지켜보았다.

8년 만에 다시 찾은 싯카에서 내 눈에 띈 수컷들은 이동 중인 우리의 작은 배를 지나쳐 수면으로 튀어 오른 뒤 물속으로 사라졌다. 우리가 접근하면 언덕 위로 뛰어가거나 숲으로 몸을 숨기던 네르카의 불곰을 떠올리게 하는 장면이었다. 인간이 자연계에 들어설 때 동물이 황급히 시야 밖으로 빠져나가는 일은 그리 드물지 않다. 사냥의 위험을 인식하고 있는 동물이라면 더욱 그렇다. 밀러에 의하면 해달은 사냥꾼이 쓰는 개방형 소형 보트는 피하지만, 사진을 찍으러 잠시 멈추는 커다란 선박 주변에서는 비교적 여유롭게 반응한다고 한다. 그는 이렇게 덧붙였다. "해달이 얼마나 똑똑한지 놀랍다니까요."

밀러는 싯카족이 이루어낸 변화를 '싯카 효과'라 불렀다. 내가 보기에 싯카 효과란 인간을 생태계 파괴의 요인으로만 보지 않고, 그 안에서 조화를 이루며 살아갈 수 있는 존재로 보는 관점이다. 지역에 따라 한쪽에는 해달이 많이 서식할 수 있는 환경을 조성하고, 일부 지역에서는 사냥으로 개체 수를 조절하는 등 인간이 책임감 있게 동물을 관리한다면, 이는 전통적으로 선주민이 실천해 온 생태적 접근과 매우 유사한 방식이라고 볼 수 있다. 밀러는 의미심장한 말을 덧붙였다.

"해달을 쓸모없는 동물로 여기는 이들이 많아요. 너무 안타까운 일이죠. 어류가 새끼를 양육하기 좋은 환경을 조성하는 해달의 역할과 다시마숲의 이점을 이해한다면 생각이 달라질 수도 있을 텐데요."

야생동물을 복원하는 작업에는 확실한 보상과 함께 과제도 따른다. 캐니킨 공수 작전 이후 인근 브리티시컬럼비아에서는 새로운 해달 경제가 형성되어 지금도 성장세에 있다. 브리티시컬럼비아대학 연구진은 해달이 밴쿠버섬에 다시 안정적으로 자리 잡을 때 얻게 될 경제적·생태적 효과를 연간 4000만 달러로 추산했다. 여기에는 해달을 보러 오는 관광객이 지출할 연간 3100만 달러의 경비가 포함된다. 해달은 다시마숲에서 새끼를 양육하는 대구를 비롯한 여러 어종의 어업 자원을 약 700만 달러가량 증대시키는 데 기여할 것으로 보이며, 탄소 순환에도 중요한 역할을 한다. 다시마숲은 이산화탄소를 흡수하며 성장하니 말이다. 다시마가 죽으면 일부는 먹이가 되어 대기 중에 탄소를 방출하지만, 나머지는 심해로 가라앉아 수십 년간 탄소를 가둬둘 수 있다. 이러한 탄소 격리 현상은 성게 불모지에서는 일어나지 않는다. 해달의 영향으로 조성되는 다시마숲의 탄소 격리 효과는 연간 160만 달러 이상의 가치가 있는 것으로 평가된다.

하지만 손실도 있다. 던지네스게와 홍합, 코끼리조개 등 저서성 무척추동물을 거래하는 수산업이 쇠퇴할 경우 밴쿠버섬의 어부들이 겪을 어획량 손실은 연간 550만 달러에 달할 것으로 예상된다.

싯카에서는 해달 사냥으로 모피를 판매할 수 있게 되었을 뿐아니라 전복과 말군부, 성게의 개체 수도 늘어났다. 또 싯카의 선주민 지역으로 사람들을 끌어들이는 효과도 생겼다. 밀러는 해달을 사냥하거나 털가죽을 갖고 싶어 하는 젊은 세대가 많다고 말했다. 이처럼 관심이 이어지는 가운데 부족 내에서는 조부모 중한 명이 틀링깃족이어야 한다는 혈통 기준을 완화해 인구를 늘리는 방안이 논의되고 있다.

밀러는 해달과 해양 무척추동물의 비율을 조절하며, 해양 포유류를 존중하는 틀링깃 문화로 지켜나가는 싯카 효과에 자부심을 느낀다. 그러면서도 신중함을 잃지 않았다. 해달 사냥이 지나치게 확장되면 개체 수가 급감하고, 해양 생태 관리 기관에 대한 반발이 일어날 수 있기 때문이다.

"항구에 배를 대는 일이나 마찬가지예요. 선착장에 만 번쯤 안전하게 도착했더라도 한 번 기둥을 들이받으면 모두가 그 일만 기억하죠." 밀러가 말했다.

1953년, 유진 오덤은 고전이 된 저서 《생태학의 기초Fundamentals of Ecology》에서 생물학자라면 생태계를 복원하는 일이 고장 난 라디오나 자동차를 고치는 일만큼 흥미롭다는 사실을 보여줄 수 있어야 한다고 언급했다.

이제는 그의 비유가 통하지 않는 시대가 된 걸까? 요즘 우리는 고장 난 라디오는 바로 버리고, 전자제어 시스템이 탑재된 차는 정비소에 맡긴다.

그렇다면, 절박하게 수리가 필요한 지구는 어떻게 할 것인가?

우리는 최대한 빠르고 공정하게 **탄소 중립**net-zero을 이루어야 한다. 하지만 그것만으로는 기후 변화를 막을 수 없다. 지구공학자들 중 상당수는 지구 시스템, 특히 탄소 순환에 섣불리 개입하는 시도는 무모하다고 말한다. 그럼에도 바다가 점점 산성화되고 육지가 과열되는 상황에서 아무것도 하지 않는 것이 더 나쁜 선택이라고 말하는 이들도 있다.

야생동물 개체군을 회복하는 일은 우리가 기후위기에 맞서기 위해 고려할 수 있는 가장 효과적인 해법일지도 모른다. 야생동물은 움직이고 먹고 배설하고, 때로는 죽음을 맞이하는 일련의 행동을 통해 생태계를 복원하고, 영양분을 재활용·재분배하며, 지구를 조금 더 시원하게 유지하는 데 기여한다. 이는 생물다양성 위기를 해소하는 데 도움이 된다.

현재 멸종위기에 처한 동식물 종은 최대 100만 종에 이른다. 새는 열 마리 중 한 마리, 포유류는 네 마리 중 한 마리, 상어와 가오리는 세 마리 중 한 마리가 위험한 상태에 놓여 있다. 지구상에 등장한 후로 인류는 개체 수, 몸집, 분포 범위, 이주 형태 등 모든 면에서 야생동물을 감소시키는 방향으로 영향을 미쳤다. 일부 예외가 있기는 해도 전반적인 양상은 지금도 여전하다.

20세기 중반 이후, 야생동물의 멸종을 막기 위한 국가적·국제적 움직임이 꾸준히 일어났다. 멸종위기종보호법과 야생동물 밀거래를 막기 위한 각종 국제협약은 그 취지 자체만으로도 높이 평가받을 만하며 오늘날에 꼭 필요한 정책이다. 이러한 법과 정책은 '죽이지 않는 것' 이상의 역할을 하기도 한다. 예컨대 캘리포니아 콘도르를 모두 야생에서 포획해 인공 번식시키고, 꼭두각시 인형을 동원해 새끼를 양육한 뒤 자연 서식지로 돌려보낸 사례가 대표적이다. 물론 정책만으로는 한계가 있다.

우리가 사는 이 행성에 새 활력을 불어넣으려면 다양하고 건강한 야생동물 개체군이 존재해야 한다. 포유류, 조류, 양서류, 파충류, 어류, 그리고 곤충과 갑각류를 포함한 무척추동물에 이르기까지 수많은 종이 서로 얽힌 생명의 그물망이 살아 있어야 한다. 그렇다면 다소 이상적으로 들릴지라도 우리가 지향해야 할 목표는 무엇일까?

E. O. 윌슨은 《지구의 절반Half-Earth》에서 지구 표면의 절반을 자연보호구역으로 지정하자고 제안한 바 있다. 지구상의 포유류와 조류 중 3분의 2를 야생 상태로 되돌리는 세상을 상상해 볼 수 있을까? 지금으로서는 가능성이 낮아 보인다. 사람들이 계속 육식을 하고 인구가 80억에서 90억, 100억 명으로 늘어나는 상황에서는 너무 먼 이야기다. 인구가 빠르게 늘어나는 사이에 소, 닭, 양의 개체 수도 급증하고 있기 때문이다.

우리는 어떻게 해야 거대한 자연의 세계로 돌아갈 수 있을까?

가장 손쉬운 출발점은 지금 남아 있는 야생을 지키는 일이다. 쉬르트세이, 하와이제도 혹등고래 국립해양보호지역, 옐로스톤 국립공원, 마사이마라, 브리스틀만 주변의 수많은 공원과 피난처 말이다. 알래스카의 작은 개울 픽크리크 근처에 앉아 있을 때 쉰들러가 이런 말을 했다.

"중요한 서식지라고 해서 반드시 넓을 필요는 없어요. 어떤 건 고작 1제곱미터밖에 안 될 수도 있고, 또 어떤 건 수백 제곱킬로미터까지 커지기도 하죠. 보존 관점에서 우리는 보통 '큰 것'에 주목하지만 실제로 우리가 끼치는 영향은 대부분 '작은 것'을 향합니다."

문제는 작은 개울 하나가 연어나 곰 개체군의 생존에 얼마나 필수적인지를 우리가 제대로 파악하지 못한다는 것이다. 크고 작은 땅과 강, 산호초 하나하나가 다 중요하다.

보호 대상이 아닌 지역까지 보존 활동의 범위를 넓히면, 생물다양성 손실을 막고 기후를 안정시키는 데 도움이 된다. 보존과학자 에릭 디너스타인과 연구진은 생물다양성 보존과 탄소 저장 증대, 야생동물 이동 경로 및 기후변화에 대응하는 생태 통로 복원을 지원하는 **지구 안전망**global safety net 사업을 제안한다. 이 안전망은 현재 전 세계 면적의 15퍼센트에 불과한 보호지역을 46퍼센트까지 넓히는 것을 목표로 한다. 특히 인간의 손이 닿지 않은 대규모 야생지역과 멸종위기종의 마지막 개체군이 남아 있는 지역을 우선 보호 대상으로 삼는다.

복원 작업은 동물의 서식지 회복과 생태계의 탄소 저장 기능 강화에 기여한다. 네팔에서는 심각하게 훼손된 중산간 지역의 숲에 공동체 산림관리 사업을 도입한 결과, 24년 만에 산림 면적이 두 배로 늘어나 약 3억 톤의 탄소를 저장할 수 있게 되었다.

앞서 들소, 거미, 해달의 사례를 통해 먹이 활동의 이점을 이야기했지만, 지구를 다시 야생으로 되돌리려면 우리가 더 적은 식야생동물이 포유류 생물량의 다수를 차지하도록 복원하면 생물다양성 위기에 대응하고, 자연 기반 기후 대책을 강화하며, 전 세계적으로 질소와 인의 순환을 다시 활성화하는 데 기여할 수 있다.

량을 더 나은 방식으로 소비해야 한다.

그러기 위해서는 산업 활동을 줄여나가는 것이 현실적인 해법이다. 매머드가 사라진 뒤 어떻게 빙하기가 찾아왔는지 기억하는가? 오늘날 온실가스의 15퍼센트 이상이 육류 생산 과정에서 배출된다. 과일이나 채소를 재배할 때보다 훨씬 더 많은 에너지와 땅이 필요하기 때문이다. 가축 소비를 줄이면 방대한 방목지와 사료용 농지의 규모가 축소되고, 그에 따라 탄소 배출과 인공 비료

사용도 줄어든다.

머시포애니멀스의 가르세스와 많은 이들은 공장식 축산을 대체할 방안을 촉구한다. 가르세스가 이끄는 '전환농장 프로젝트Transfarmation Project'는 더 이상 사용하지 않는 양계장을 활용해 오이, 딸기, 토마토, 버섯 등 다양한 작물을 재배하는 방안을 모색하고 있다. 한편, 유전자 변형 미생물로 육류와 유제품을 생산하는 '정밀 발효precision fermentation' 기술을 동물성 단백질의 미래로 보는 이들도 있다.

일부 야생동물 관리자들과 축산업자들은 더 총체적인 관점의 방목 방식을 제안한다. 소의 '탄소 발굽 자국carbon hoofprint'을 줄이고, 야생동물과 초지를 공유하는 전략이다. 이를 흔히 **토지공유 전략**land-sharing approach이라고 부른다. 목장과 농장을 야생동물 친화적으로 운영하면, 야생동물은 더 넓은 공간을 돌아다니며 생태계 내에서 영양분을 재분배하는 등 다양한 역할을 할 수 있다. 반대로, 식량 생산을 더 집약적으로 하여 그만큼 더 많은 땅을 야생동물과 자생식물을 위해 남겨두자는 **토지축소 전략**land-sparing strategy을 제안하는 이들도 있다.

"한곳에 집중할 건가요, 아니면 여러 곳으로 분산할 건가요?" 케임브리지대학의 보존과학자 앤드루 밤퍼드가 화상회의에서 내게 이렇게 물었다. 그의 연구에 따르면, 고수확 농업high-yield agriculture은 사람들에게 더 많은 식량을 제공할 뿐 아니라 야생동물을 위한 공간도 늘린다는 특징이 있다. 그는 수확량이 적으면서 야생동물 친화적인 농장을 만드는 것보다는, 일부 농지를 집약적으로 활용하고 나머지 농지는 아예 생산에서 제외해 초지나

숲으로 복원하는 편이 더 효과적이라고 주장한다. 밤퍼드의 연구는 이처럼 토지 분리와 서식지 복원을 병행하면 세금 부담을 줄이고 농업 생산성을 높이며, 탄소 감축에도 기여할 수 있음을 보여준다.

그는 심지어 환경주의자들이 성역처럼 여기는 유기농법에도 의문을 제기한다. 생울타리와 꿀벌 친화 꽃밭은 듣기엔 매력적이지만, 야생동물 보전 측면에서는 기대만큼 효과적이지 않다는 것이다. 유기농은 대체로 수확량이 적은데, 그 이유 중 하나는 녹비 식물에서 추출한 유기 비료에 의존하고 제초제와 항생제 사용을 제한하기 때문이다. 게다가 비용도 많이 든다. "물론 기존의 고수확 농업에도 개선할 점이 많습니다. 하지만 유기농업만으로는 지구 전체를 먹여 살릴 수 없어요."

그렇다고 해도 암모니아 냄새가 진동하고, 항생제를 남용하면서 좁은 공간에 동물을 가두어 동물복지 문제를 일으키는 집약적 농업을 긍정적으로 바라보기는 쉽지 않다. 목초지와 건초더미, 가을이면 알록달록 물드는 언덕 위의 잡목림, 드문드문 개간된 산이 어우러져 아름다운 버몬트의 목가적인 농장 같은 곳과 비교하면 더욱 그렇다.

내 동료들 중에는 건강과 미학적 측면, 그리고 동물복지에 대한 염려 때문에 토지축소에 반대하는 이가 많다. 밤퍼드는 싱긋 웃으며 이렇게 말했다. "환경보호론자는 기존 농업의 맥락에서 본능적으로 토지축소 전략을 꺼려하는데, 그렇다면 저는 관광 관련 정책도 똑같이 봐야 한다고 생각해요."

공원을 예로 들면 특정 구역은 개방되어 있지만 어떤 곳은 접근이 제한된다. 그러나 미국과 유럽에서는 쓰지 않는 농지를 비워 두지 않고 대부분 개발한다. 단기간 내에 더 효과적인 농업으로 전환해 얻을 이익이 뚜렷하지 않다면, 땅을 자연 상태로 되돌려 놓기는 쉽지 않을 것이다.

질소, 인, 탄소, 그리고 생물다양성의 손실 수준은 이미 지구가 견딜 수 있는 범위를 넘어섰다. 게다가 지역에 따라 편차도 심하다. 어떤 지역에는 영양분이 지나치게 많아 유해 조류가 번식하고, 어떤 지역에는 양분이 너무 부족해 생산성이 떨어진다. 이런 경우 동물은 문제의 해법이 될 수 있을까?

그들이 생태계 엔지니어이자 영양분 보급원, 그리고 날씨처럼 일상에 경이로움을 불러오는 중요한 존재가 되도록 세계를 복원하려면, 사람이 아니라 동물이 자유로이 이동하며 조성하는 '동물 경관critterscape'이 필요하다. 이를 위해서는 토지축소 및 토지공유 전략이 모두 필요하다.

재야생화는 동물이 먹고 싸고 죽는 과정과 번식하는 방식을 활용한다는 점에서 효과적이다. 생물학적 과정에는 개체 수가 증가하고 영역이 확장되는 특성이 있기 때문에, 재야생화를 시행하면 복원의 규모가 자연히 커진다. 나는 최근 '동물 순환계'라는 개념을 제안한 크리스 다우티와 그의 박사후연구원 루 에이브러햄과 협업했다. 재야생화를 통해 영양 순환이 어떻게 되살아나는지 계산하는 작업이다.

고래를 비롯한 해양 포유류는 심해에서 먹이 활동을 하고 해수면에서 배설을 하며 영양분을 수직으로 운반한다. 우리가 쉬르트세이에서 보았듯이, 바닷새는 연안의 영양분을 섬과 해안 지대로 옮긴다. 연어를 비롯한 물고기들은 사체가 되거나 배설물을 내보내는 방식으로 해양 영양분을 강 상류로 끌어 올린다. 그 양분은 포식성 곰과 청소동물, 곤충에 의해 주변으로 퍼져나간다. 계절에 따라 이동하는 들소 같은 대형동물은 초원에서 섭취한 영양분을 퍼뜨리며 초록 물결을 일으킨다. 마지막으로 지구의 모세혈관이라 할 수 있는 전 세계 곤충들이 대지를 가로지르며 양분을 옮긴다.

그렇다면 이처럼 동물이 이루는 영양분 보급 과정을 어떻게 복원할 수 있을까? 채굴한 인산염에 세금을 매기거나 탄소 배출권처럼 '인 소비권'을 도입해 기업이 이를 자발적으로 구매하게 하여, 그 자금을 동물 이동 통로 복원 등 생물다양성 사업에 활용하는 방안이 있다. 예를 들어 아마존에서 맥, 패커리, 고함원숭이 같은 대형 초식동물을 복원하면 해마다 운반되는 인의 가치가 9억 달러에 이를 것으로 추산된다. 전 세계적으로 재야생화를 추진한다면 그 양을 열 배까지 늘릴 수도 있다. 이는 초식동물만으로 연구한 결과이지만 곤충과 소형 포유류까지 포함하면 그 수치는 분명 더 커질 것이다.

우리는 동물을 생태계의 동반자이자 동물 경관의 일부로 바라볼 때 토지공유와 토지축소를 둘러싼 논쟁을 넘어설 수 있다. 영국의 작가 존 버거가 말했듯 사람들이 농장을 떠나면서 근대가 시작되었다면, 탈근대·탈산업 생태학은 우리가 고기, 우유, 모피 같은 생산품보다 탄소 저감, 영양분 보급, 재충전, 경외감처럼 동물이 선사하는 가치를 더 높이 평가할 때 새롭게 재정비될 것이다.

이제는 동물과 공간을 공유하면서 인간의 영향력은 줄여야 한다. 그리고 이 두 가지를 서로 연결해야 한다. 서벌러스키는 인간을 배제하는 요새식 보전 방식이 마사이마라와 같은 지역에서는 효과적이지 않을 수 있다며, 마사이 사람들이 식민지 개발에 저항했던 사례를 참고한 새로운 접근법이 등장할 수 있음을 암시했다. "마사이족은 수백 년 동안 이 생태계의 일부로 살아왔어요." 전 세계의 토착 공동체는 대초원, 아프리카 사바나, 아마존 등지에서 수백 세대에 걸쳐 동물의 이동 습성과 경로를 존중하며 그들과 공존해 왔다. 동물 보전의 미래는 이런 관계를 확장하는 방식으로 펼쳐지게 될 것이다.

동물이 다시 자연스럽게 이동하는 환경을 조성하려면 울타리나 도로, 댐, 마을이 동물의 이주를 가로막는 문제를 해결해야 한다. 북미의 경우 들소 수천만 마리가 학살당한 이후로 의미 있는 대규모 이주를 할 만큼 충분한 개체가 남아 있지 않다. 게다가 오늘날 그들은 먼 거리를 자유롭게 이동할 수 없다. 도저히 뚫고 지나갈 수 없는 광대한 장애물이 진로를 차단하고 있기 때문이다.

"앞으로 할 일은 동물 이동 경로를 세밀한 지도와 GPS 정보로 정밀하게 그려내 도로나 철로, 울타리를 어디에 놓을지, 하수관을 지하에 묻을지 지상에 둘지 결정할 때 참고할 수 있죠." 매트 카우프만은 옐로스톤의 들소와 늑대에 관한 연구를 두고 토론하던 중 이렇게 말했다.

이처럼 더 나은 설계에 따라 기반 시설을 마련하는 것은 도로를 공유하는 전략에 해당한다. 하지만 도로가 없는 지역을 보호하고 그 면적을 확대해 도로 자체를 줄이려는 노력도 필요하다.

GPS나 드론 같은 기기로 동물이 어느 지역을 지나갈지 예측할 수 있다면 더욱 개방적인 경관을 유지할 수 있을 것이다. 카우프만은 이미 관련 사업이 일부 진행되고 있지만 훨씬 더 확대되어야 한다고 말했다.

이런 사업의 일환으로 미국에서는 서부 전역의 연방 토지 연결망을 구축해 두 가지 상징적인 야생종을 복원하고 가축이 생태계에 끼치는 부정적 영향을 줄이기 위해 노력하고 있다. 예를 들어 **서부 재야생화 네트워크**Western Rewilding Network는 면적이 약 50만 제곱킬로미터에 이르는 지역에서 비버와 늑대를 복원하는 데 주력하고 있다.

생태계 엔지니어로 잘 알려진 아메리카비버는 댐을 만들어 유속을 줄이고 물을 가두어 유역과 주변 토지를 보호하는 데 도움을 준다. 가을이면 비버는 겨울에 대비해 강변의 초목을 걷어내고 나뭇가지와 돌을 모아 오두막의 벽을 보강한다. 그러는 동안 강의 생태계는 크게 변화한다. 오늘날 미국 본토로 불리는 지역에는 한때 이 수생 설치류가 2억 마리 정도 서식했다. 비버가 만들어낸 습지는 전체 토지 면적의 10퍼센트를 차지했을 것으로 추정된다. 그러나 유럽인들이 서부를 식민지화한 이후 90퍼센트의 비버가 사냥당하거나 덫에 걸리거나 쫓겨났다.

야생에 사는 비버는 해당 지역의 수질을 개선하고, 직접 댐을 쌓아 급격한 홍수 위험을 줄이며 야생동물과 어류의 서식지를 조성한다. 비버가 만든 댐은 호수나 하구로 유출되는 질소와 인의 흐름을 제한해 유해 조류의 대증식과 영양소 손실을 억제하는 데 도움을 준다. 댐 뒤편의 질척한 풀밭에 쌓이는 목재와 퇴적물 속에는 탄소가 수백 년간 격리될 수 있다. (하지만 해달과 마찬가지로 비버가 늘 완벽한 이웃이기만 한 것은 아니다. 비버가 쌓은 댐으로 인해 사람들이 항상 건조한 상태로 유지하려는 들판이나 도로, 나무 농장에 홍수가 날 수도 있다.) 비버는 본래 장거리 이동을 하지 않기 때문에 개체 수를 늘리려면 트럭이나 배, 낙하산 등을 이용해 각 지역 물가로 옮겨야 한다. 하지만 초기에 한 번 정착시키고 나면 별도의 개입 없이도 자연스럽게 자리를 잡는다. 해달과 마찬가지로 비버도 인간이 남획만 하지 않는다면 스스로 잘 살아간다.

복원에 성공한 사례인 비버와 달리, 늑대는 사정이 다소 복잡하다. 수십 년 전 사라졌다가 복원 작업과 멸종위기종보호법 덕분에 서부로 돌아온 회색늑대의 경우, 과거 서식 범위의 14퍼센트 지역에 3500마리 정도가 분포해 있어 수십만 마리를 헤아리던 시절에는 한참 못 미치는 상황이다. 몬태나주에서는 개체 수를 줄이려는 의도로 늑대 450마리를 살처분하자는 법안을 계속 통과시키고 있다.

그러나 희망적인 움직임도 있다. 2020년에 콜로라도주의 유권자들은 대륙 분수령Continental Divide(미국에서 대륙을 동서로 가르는 로키산맥을 가리킨다.)✢ 서쪽 지역의 늑대를 복원하기 위해, 몬태나주를 비롯한 서부 여러 주에서 이 야생갯과동물 30~40마리를 이송하는 계획 등이 담긴 발의안114호를 통과시켰다.

비버나 늑대 개체군을 복원하는 작업은 그나마 쉬운 편이다. 훨씬 더 어려운 과제는 서부의 또 다른 상징적 동물인 소를 줄이는 것이다. 소를 방목하면 물길과 습지의 환경이 악화되고, 화재의 발생 주기와 강도가 달라지며 버드나무 같은 목본식물이 자라기 어려워진다. 또 강변의 완충지대가 망가지면서 전반적인 경관이 변할 수 있다.

　서부 공유지 가운데 방목지로 지정된 지역은 캘리포니아주 면적보다 넓은 62만 제곱킬로미터에 달하는데, 이 지역에서 나오는 소고기는 미국산 소고기 총생산량의 2퍼센트에 불과하다. 그럼에도 멸종위기종보호법에 따라 보호받는 44종의 생물이 가축 방목으로 위협받고 있다. 야생동물 연결망을 구축하는 작업은 토지 축소 접근법이다. 방목 할당 면적의 30퍼센트를 줄이면 수많은 종이 서식할 공간이 생기므로 생태계 회복에 한 걸음 더 다가갈 수 있다.

　마음의 문을 열어보자. 철조망이든 인간의 편견이든, 그동안 둘러친 울타리를 없애고 총을 내려놓아 동물이 뛰어다니게 한다면 과연 어떤 일이 벌어질까? 아무도 상상하지 못할 것이다. 그만큼 복원과 재야생화는 놀라운 결과를 가져온다.

　짐바브웨에서는 수면병을 방지한다는 취지로 사바나의 잔디 깎기와도 같은 흰코뿔소를 수십 년 동안 내몰았다. 체체파리가 옮기는 이 기생충병에 걸리면 피로와 두통 증세가 나타나고, 치료받지 못하면 정신적으로 쇠약해지다 죽음에 이르게 된다. 사람들은 체체파리에게 피를 공급할 동물이 사라지면 병도 사라지리라 생각했다. 그래서 코뿔소와 물소, 다이커영양 등 여러 초식동물이 무참히 사살되었고, 이러한 살처분은 이후 살충제가 파리와 질병을 훨씬 더 효과적으로 제어한다는 사실이 밝혀진 뒤에도 계속되었다. (물론 살충제를 광범위하게 사용하면 이로운 무척추동물에게까지 부정적 영향을 미칠 수 있다.)

초식동물들이 사라지자 사바나의 생태적 균형이 무너졌다. 풀이 무성하게 자라났고, 들불이 일정한 주기로 발생하며 식생을 조절하던 자연의 매커니즘이 깨졌다. 그로 인해 일상적으로 발생하던 들불은 약 5제곱킬로미터까지 번져 과거보다 몇 배나 큰 피해를 남겼다.

1970년대 들어서는 살처분이 중단되면서 코뿔소를 비롯한 초식동물들이 다시 빈 자리를 채우기 시작했다. 이 동물들 덕분에 풀이 짧아졌고, 연료가 부족해지자 사바나 들불이 번지는 면적은 50분의 1 수준인 0.1제곱킬로미터 미만으로 줄었다. 연구자들은 코뿔소의 분변 개수를 세어 개체 수를 파악했는데, 똥이 많을수록 화재가 적게 발생했다. 코뿔소, 코끼리, 들소가 밟고 지나간 길은 불길의 확산을 막는 효과도 있었다. 그런가 하면 이들의 배설물 속 영양분과 씨앗은 풀밭 곳곳으로 퍼져나갔고, 코뿔소와 코끼리의 사체는 초원에 영양분을 흩뿌려 비옥한 지대를 만들었다.

재야생화 작업은 울타리로 둘러싸인 작은 잔디밭에서 옐로스톤처럼 넓은 영역까지 어디에서나 가능하다. 덴마크 북부의 한 재야생화운동 연합체는 폐쇄된 초원과 약 40제곱킬로미터 규모의 옛 농지에 유럽들소 일곱 마리를 방사했다. 이 핵심종은 풀을 뜯고 씨앗을 흩뿌리면서 영양분을 옮기는 방식으로 식물과 동물의 다양성을 증진시킬 것으로 기대된다. 스코틀랜드 고지대에서는 과학자들이 멧돼지의 땅 파는 습성이 숲과 고사리 군락에 미치는 영향을 파악하기 위해 크고 작은 폐쇄 지역에 멧돼지를 방사했다. 울타리를 걷어내면 동물이 다시 초원과 숲을, 강과 하늘을 누빌 수 있을 것이다.

재야생화 과정에는 인간의 개입을 최소화하는 것이 이상적이다. 스위스국립공원 같은 곳에서는 사냥, 관리, 경작을 일절 하지 않는다. 이곳에는 최근 100년 만에 불곰과 늑대가 다시 모습을 드러냈다. 20세기 초에 아이벡스(뿔이 긴 산악 염소)⁺를 들이고 1990년대에는 독수리를 들이는 등 일부 종은 새로 도입하기도 했다. 곡식과 식물 훼손을 염려하는 인근 토지 소유자들이 사슴과 갈등을 빚지 않도록 공원 외부에서는 사냥을 허용한다.

생태계가 변화에 반응하는 과정을 연구하기 좋은 곳은 대체로 섬이었다. 섬은 그 자체로 자연적인 경계를 이루기 때문이다. 가령 인간이 갈라파고스에 도착한 이후, 갈라파고스거북이 사라지자 이들이 형성해 놓은 습지가 소멸했고, 결국 몇몇 식물이 멸종했다. 그러나 갈라파고스거북을 갈라파고스와 인근의 작은 섬들로 다시 옮기자, 이들은 전처럼 씨앗을 퍼뜨리고 습지의 시작점이 되는 웅덩이를 만들어 생태계에 활기를 불어넣었다.

환경보호론자는 대체로 동물 복원 작업에 호의적이지만, 멸종된 종과 유사한 역할을 할 수 있는 다른 종을 도입하는 '생태학적 대체ecological replacement' 방식으로 재야생화를 추진할 때는 의견이 엇갈린다. 예컨대 유라시아 말이 과거 북미 토착종 말이 수행하던 생태적 기능을 되살리는 데 도움이 될지, 아니면 또 하나의 침입종에 불과할지 논쟁이 이어지고 있다.

생태학자들은 대개 특정 종이나 그 인접 종이 사라진 지 5000년 정도 지난 경우에는 재야생화를 지지하지 않는 편이다. 해달은 알래스카 남동부에서 남획당해 사라진 지 한 세기가 채

지나기 전에 복원 작업이 이루어졌기 때문에 크게 논란이 되지 않았다. 회색늑대를 비롯해 비교적 최근 자취를 감춘 많은 종도 마찬가지다.

오래전 사라진 동물을 되살리는 일은 다른 차원의 이야기라고 볼 수 있다. 약 3만 년 전 유럽에서 멸종한 코끼리는 현재로선 철저히 울타리로 둘러싸인 구역 밖에서 다시 볼 가능성이 거의 없다. 덴마크 자연청에서 일하던 생물학자 모르텐 린하르는 코끼리를 자연에 방사해 서식지에 미치는 영향을 실험해 보려 했지만, 코펜하겐동물원 측에서 코끼리를 빌려주지 않았다. 그러자 그는 대안을 찾아 순회 곡예단으로 눈을 돌렸다. 그의 요청으로 2008년, 곡예단에서 은퇴한 코끼리 세 마리가 자작나무와 향나무가 빼곡한 코펜하겐 서부의 통제 구역에 사흘간 방사되었다. 린하르는 코끼리들이 서식지를 교란한 흔적을 발견했고, 이는 생물다양성 관점에서 긍정적인 신호였다. 그는 이렇게 덧붙였다. "코끼리들도 꽤 즐거운 시간을 보낸 듯했어요."

원자 시대의 파장은 오늘날까지도 이어지고 있다. 앰치트카와 인근 섬에서 대피한 해달들의 후손은 현재 약 5만 마리에 이르며, 이는 북태평양에 서식하는 해달 개체 수의 3분의 1에 해당한다.

앰치트카는 이제 야생동물의 피난처가 되었다. 야생동물이 사는 경관이 꼭 원시 상태일 필요는 없다. 미국이 20개가 넘는 핵폭탄을 실험한 태평양 시험장의 외딴섬들은 이제 야생동물이 넘쳐나는 보호지역이 되었다. 비키니 환초Bikini Atoll 등지에 폭발로 생긴 분화구가 지금도 우주에서 보일 정도로 남아 있지만 말이다.

핵 재앙이 야생동물에게 뜻밖의 서식지를 제공한 사례는 또 있다. 1986년 4월, 역사상 최악의 원자력발전소 사고인 체르노빌 참사가 발생한 이후 우크라이나와 벨라루스의 국경 지대 인근에 체르노빌 출입금지 구역이 지정되었다. 이곳은 대부분 방사성 물질로 심하게 오염되었지만 늑대와 스라소니, 불곰의 피난처가 되었고, 유럽들소와 멸종위기종인 프르제발스키말을 재도입하는 장소로도 활용되고 있다. 캐니킨 폭발과 마찬가지로 체르노빌 역시 하나의 기회가 되었다. 이 지역은 유럽 한복판에 자리한 약 5000제곱킬로미터 규모의 '자연 실험장'으로, 상징하는 바가 크다. 방사능보다 더 해로운 존재는 어쩌면 인간일지도 모른다.

문득 이런 의문이 든다. 인류는 막대한 군사 예산이나 원자력 재해 없이도 광범위한 재야생화를 이끌어낼 수 있을까? 잠재적으로 그 어떤 원자 폭탄보다도 훨씬 더 파괴적인 기후위기가 우리 앞에 닥쳐오는 상황에서 말이다.

인간이 남긴 탄소발자국 대신 야생동물의 흔적으로 가득한 세상을 상상해 보자.

야생동물을 보호하고 복원하면 동물의 먹이 활동과 죽음, 배설을 통해 대초원과 사바나, 다시마숲, 산호초, 숲과 바다에 더 많은 탄소가 포집되고 저장된다. 메뚜기와 거미를 연구하며 동물지구화학 개념을 제시한 슈미츠와 동료들은, 탄소 순환을 활성화하는 동물을 보호하고 복원함으로써 해마다 대기 중에 추가로 흡수될 수 있는 이산화탄소 양이 64억 톤에 이를 것이라 본다. 현재 전 세계 연간 배출량의 6분의 1에 해당하는 수치다.

바다에서는 물고기, 고래, 해달, 상어, 바닷새 같은 동물을 보호하고 복원하는 일이 기후 변화에 대응하는 핵심 해법으로 주목받고 있다. 이들은 몸속에 탄소를 저장하고, 죽은 뒤에는 깊은 바닷속에 탄소를 묻으며 다시마숲을 보호하고 식물성플랑크톤의 성장을 돕는다.

육지에서는 대형 초식동물을 복원하는 일이 세 가지 중요한 방식으로 작용한다. 먼저 들불의 원인이 되는 식물의 양을 줄이고, 잎이 어두운 식물을 제거해 지표의 반사율$_{albedo}$을 높임으로써 태양광이 더 많이 반사되게 하며, 토양 속 탄소 저장량을 늘리는 데도 기여한다.

세렝게티 초원에 누 떼가 돌아오자 사바나는 들불이 줄어든 탄소 흡수원으로 바뀌었고, 그 덕에 동아프리카의 연간 화석 연료 배출량을 상쇄할 만큼의 탄소가 저장되었다. 대초원에 들소를 되돌려 놓으면 이산화탄소 흡수량이 매년 6억 톤 늘어날 수 있다.

물론 메탄가스 문제도 있다. 들소, 엘크, 사슴 같은 야생 초식동물도 소화 과정에서 메탄을 방출한다. 그러나 그 배출량은 육류를 생산하기 위한 가축, 특히 소와 비교하면 거의 10분의 1 수준에 불과하다. 가축 수를 조금만 줄여도 야생동물 복원 과정에서 발생하는 메탄을 충분히 상쇄할 수 있다는 뜻이다. 야생동물의 발자국과 배설물이 다시 생태계 전반으로 퍼져나간다면 그 자체가 지구 온난화를 늦추는 '자연에 기반한 기후 해법'이 될 것이다.

우리는 동물을 날씨처럼 일상적이면서도 주목받는 존재로 만들 수 있다. 봄이 오는 것처럼 예측 가능하면서도, 때로는 천둥번개처럼 극적이고 놀라운 면모를 지닌 존재로 말이다.

거센 바람이 불던 4월의 어느 날 아침, 마당에 나가보니 다람쥐 세 마리가 잔디밭을 파헤치고 있었다. 가을에 묻어둔 도토리 몇 알을 잃어버린 모양이었다. 어쩌면 그중 한 알은 깔끔하게 다듬어진 잔디밭 너머 어딘가에서 떡갈나무로 자라날지도 모른다. 설탕단풍나무에 앉아 있던 박새가 내 재킷에 흰 똥을 툭 떨어뜨렸다. 사체를 즐겨 먹는 까마귀 두 마리는 노랫소리를 흘리며 머리 위로 날아갔다.

앞으로 우리는 세상에 어떤 유산을 남기게 될까? 식탁에서 버린 닭 뼈가 인류세의 흔적이 될까? 아니면 고래와 바닷새, 연어, 들소, 매미, 그리고 마당의 새들이 우리가 어떤 존재였는지를 알려주는 영원한 표식이 될까?

감사의 말

이 책을
함께 걸어온 사람들에게

이 책은 내가 풀브라이트-국립과학재단 북극연구기금으로 아이슬란드대학에서 연구하던 중에 구상한 것이다. 제안서를 원고로 발전시키기까지는 오랫동안 내게 지적인 고향이 되어 준 버몬트대학 군드환경연구소에서 보내준 지지와 영감이 큰 힘이 되었다. 더불어, 하버드대학 래드클리프대학원 연구원으로 머무는 동안 동료 연구원들이 나누어 준 눈부신 창의력과 지적인 자극 속에서 어디에도 주의를 빼앗기지 않고 작업에 몰입한 끝에 책을 마무리할 수 있었다. 이 기관들의 실무진과 뛰어난 동료들에게 마음 깊이 감사드린다. 현장 조사와 연구, 집필로 보낸 수개월 동안 생각과 기쁨, 열정을 나누어 주어 고맙다.

쉬르트세이의 보르그토르 마그뉘손, 비야르니 시구르드손을 비롯한 훌륭한 동료들. 하와이의 브라이언과 루스 보언, 마크 힉슨, 크리스 가브리엘레, 폴 베리. 알래스카 싯카의 대니얼 쉰들러와 알래스카언어연구단, 잰 스트레일리. 메릴랜드의 댄 그루너. 플로리다의 제러미 키슈카와 알바로 페레이라. 옐로스톤의 로런 맥가비와 릭 매킨타이어. 현장에서 귀한 도움을 준 여러분께 감사한다. 아이슬란드 해안경비대는 쉬르트세이섬에 들어갈 희망이 꺼지려던 차에 어장 순찰을 멈추고 우리를 섬으로 데려다 주었다. 탁 피리르Takk fyrir(아이슬란드어로 '고맙습니다').

앤드루 밤퍼드, 카렌 비욘달, 줄리아 카비치, 찰리 크리사풀리, 제리 데파, 크리스 다우티, 짐 에스테스, 닉 그레이엄, 클라우디오 그라톤, 짐 헬필드, 고든 홀트그리브, 데이비드 후, 매트 카우프만, 번 라이, 크리스틴 라이드레, 게리 람베르티, 리로이 리틀 베어, 마이크 밀러, 킴 네이스, 밥 네이먼, 엘링 올라프손, 조지 페스, 제프 피어스, 톰 퀸, 테탸나 슈라이버, 빅토르 스메타첵, 크레이그 스미스, 어맨다 서벌러스키, 옌스 스베닝, 롭 투넌, 릭 월렌, 패트 월시, 카위카 윈터, 루이 양, 퍼트리샤 양. 이 책에서 핵심적으로 다룬 대화를 나누어 준 여러분께 감사한다.

루 에이브러햄, 라르스 베이더, 라훌 바티아, 제이미 보츠, 제니 보일런, 코리 브론스틴, 조지프 범프, 스콧 콜린스, 크리스 더턴, 브로디 피셔, 브렌던 피셔, 에이미 귤릭, 제시 헤일, 필립 해밀턴, 에이미 놀턴, 제이미 매카시, 수 매카시, 케빈 밀러, 댄 먼슨, 세라 몰리, 테일러 리케츠, 마크 리프킨, 마리 로먼, 제니 스턴, 그레그 스트레블러, 프레이디스 비그푸스도티르, 나초 빌라, 스킵 월런, 제인 왓슨, 테일러 화이트. 중요한 배경 지식을 나누고 토론해

준 여러분께 감사한다. 크리스 보트라이트, 레이 힐본, 키에코 매티슨, 스테프 마티, 다이앤 스위니, 프랭크 젤코. 현장에서 도와주고 환대해 준 여러분께 감사한다.

캐럴린 사바레제는 소란스러운 시기에 이 책에 잘 어울리는 집을 찾아 주었다. 첫날부터 나를 잘 돌봐주어 고맙다. 이언 슈트라우스는 초기부터 마지막 장에 이르기까지 원고의 형태를 잡는데 도움을 주었다. 트레이시 베하르는 책이 결승점을 지날 때까지 열정적으로 이끌어 주었다. 두 사람과 캐런 랜드리를 포함한 리틀브라운사의 환상적인 팀에게 감사한다. 아름다운 삽화를 그려 준 앨릭스 벌스마에게 감사한다. 퇴고계의 세리나 윌리엄스라 부를 만한 트레이시 로는 첫 장부터 마지막 장까지 책의 완성도를 높여 주었다. 창의적이고 열정적이며 솔직한 나의 연구 파트너 에마 매켄지는 여러 가지 실수를 찾아내어 나를 구해주었다.

버몬트대학의 에마 웻설은 이 책과 관련된 고래 연구 과제를 도와주었다. 책의 초고 및 일부 장을 읽어 준 마크 힉슨, 데이비드 후, 보르그토르 마그뉘손, 빌 패트릭, 하이디 피어슨, 조지 페스, 네이트 샌더스, 어맨다 서벌러스키에게 감사한다. 초기에 영감을 주고 도와준 존 아이젠버그, 엘리자베스 콜버트, 짐 매카시, 캐시 로빈스, 엘런 스코다토, 데이브 와일리에게도 감사한다. 멋진 의견을 아낌없이 내어주고 스크랩과 링크, 서적 등을 보내주어 이 책의 구석구석으로 스며들게 한 데버라 그리거에게 감사한다. 우정을 보여주고 연구 자료를 선사해 준 폴과 린 라탄지오, 윈과 알리

페스코솔리도에게 감사한다.

    이 책은 여럿이 함께 애쓴 결과물이다. 그 과정에서 멋진 동물들을 만났고, 집으로 돌아오면 가족들이 정서적·지적·물질적으로 나를 지지해 주었다. 로라 패럴은 몇 개의 장을 읽고 또 읽어주었고, 니언 패럴-로먼은 제목과 삽화에 도움을 주었으며, 플로 로먼은 애정과 호기심을 보여주었다. 조이는 추운 아침과 뜨거운 오후에 나를 밖으로 이끌어 우리의 하루하루가 꼬리를 흔들 정도로 즐겁고 소중한 시간이자, 우리의 기본적 욕구와 집 앞에서 바로 시작하는 모험이 삶의 리듬을 만들어낸다는 사실을 되새기게 해 주었다.

    모두에게 고마움과 사랑을 전하며.

옮긴이의 말

살아 있는 모든 것과
다시 만나기 위하여

이 책은 제목 그대로 동물이 먹고eat, 싸고poop, 죽는die 과정을 따라가며 우리가 발 딛고 사는 세계가 어떻게 숨 쉬고 순환하는지 보여주는 교양 과학서이다. 오랫동안 고래의 뒤를 쫓아다닌 실력을 발휘해 저자는 연구실 책상 너머를 훌쩍 떠나, 지구 구석구석 생태 탐사 현장으로 종횡무진 독자를 끌고 다닌다. 덕분에 우리는 안락의자에 기대어 책장을 넘기는 사이에 새똥으로 뒤덮인 아이슬란드의 신생 화산섬에서부터 17년 만에 매미들이 부화하는 어느 주택가 뒷마당에 이르기까지 갖가지 생태적 사건이 벌어지는 현장을 실감 나게 체험한다. 더불어 현지에서 분투하는 동료 연구자들과 저자 사이에 오가는 허심탄회하고 심도 있는 대화에도 자연스레 끼어들 수 있다.

지나치게 자세한 정보를 남발하는 경향도 없지 않다. 그간 식물에 비해 별로 주목받지 못했던 동물의 생태적 역할에 관한 흥미로운 연구 성과의 앞뒤로, 웬만하면 피하고 싶은 더럽고 불편한 정보가 난무한다. 먹이에 따라 고래 똥에서 구체적으로 어떤 냄새가 나는지, '거꾸로 강을 거슬러 오르는 저 힘찬 연어들'의 사체 하나에 구더기가 몇 마리나 생기는지, 짝짓기하려는 수컷 들소가 와인처럼 음미하는 것이 무엇인지, 심지어 새로 생긴 섬에 들어간 연구자들은 어디에서 어떻게 똥을 싸야 하는지를 대체 왜 알아야 한단 말인가?

안 그래도 비위가 꽤 약한 편인 나는 이번 작업을 통해 동물과 인간에 관해 굳이 알고 싶지 않았던 사실을 너무 많이 알게 되었다. 그것도 정확한 용어를 확인하기 위해 관련 문헌과 시청각 자료를 적극 섭렵하면서 말이다. 하지만 이렇게 난무하는 정보 TMI가 사실 이 책이 지닌 진정한 매력이다. 인류가 쌓아 온 엄청난 과학적 성과에도 불구하고, 세계의 상당 부분은 여전히 한두 가지 원리로 명쾌하게 해석되지 않는다. 나아가 생물학은 밀폐된 실험실만이 아니라, 온갖 생물이 먹고, 싸고, 죽는 현장을 헤매야 하는 지난한 과업이며, 이 업을 행하는 인간 자신도 연구 대상과 다를 바 없는 동물의 일종이다.

여전히 베일에 싸인 지구의 생태계를 폭넓게 이해하기 위해서는 스스로 한계와 오류를 인정하면서, 겸허하고 사려 깊은 태도로 다가가야 한다. 그렇다고 너무 무겁지는 않게, 들판에서 새똥도 좀 맞고, 매미 튀김도 먹어 보고, 집안에서 '피싸이클링'을 할 것인지를 두고 가족과 입씨름도 해 보면서 말이다. 저자가 과학자로서 정돈된 지식과 이론을 앞세우기보다 시종일관 재치와 유머를 잃지 않으며, 경험에 바탕한 입체적인 서술을 시도한 이유가 여기에 있을 것이다. 이런 노력이 한국어 독자에게도 닿을 수 있도록 번역뿐 아니라 편집 과정에서도 무던히 애를 썼음을 밝혀 두고 싶다.

한편, 이쯤에서 옮긴이도 TMI를 하나 더해 볼까 한다. 처음 이 책을 소개받은 2023년 여름, 미출간 원고를 미리 검토하던 그 2주 동안 나는 공교롭게도 내 생애 첫 반려동물로 11년을 함께 산 첫째 고양이의 투병과 임종을 지켜보아야 했다. 슬프고 두렵기 그지없었지만, 마지막을 직감한 순간부터 나는 내가 할 수 있는 가장 중요한 일을 하기로 했다. 아무 데도 가지 않고 내 고양이 곁에 머물며, 끝이 올 때까지 그 모든 순간을 세세히 목격하는 일을 말이다. 그래서 나는 보름 가까이 작업실에 틀어박혀, 나와 가장 가까운 동물의 먹고 싸는 일상적 의례가 중단되고, 고통과 안도의 국면이 오가다 심장의 고동이 메아리처럼 천천히 멀어져 가는 가차 없는 죽음의 과정을 지켜보았다.

그리고 결국 그때가 왔다. 마지막 숨이 새어 나오고 심장이 완전히 멈춘 순간, 나는 문득 궁금해졌다. 지금 내 품에 안긴 이 고양이는 여전히 따뜻하고, 맑은 눈망울과 탐스러운 털과 보드라운 발바닥도 모두 다 그대로인데, 대체 어디에서, 무엇이, 어떻게 달라진 걸까? 어째서 이것이 죽음이며, 이 순간이 지나면 절대 돌이킬 수 없게 되는 걸까?

우리의 저자 역시 연어를 만나러 간 알래스카의 어느 계곡에서 비슷한 의문을 품었던 모양이다. 모든 기운을 소진하고 산란지에 도착하기 직전의 연어들, 살아 있지만 죽은 것 같고, 죽었지만 아직 살아 있는 것 같은 그 연어들을 묘사하면서, 저자는 데이비드 이글먼의 다음 글을 인용한다.

"우리 몸은 죽음을 앞둔 순간과 죽은 직후에도 여전히 수천조 개의 원자로 구성되어 있다. 유일한 차이는, 죽음 이후 원자들 사이의 사회적 상호작용망이 서서히 사라진다는 것이다. 그 순간, 원자들은 더 이상 인간의 형태를 유지하려는 목표에 묶이지 않고 서로 멀어지기 시작한다."

원자들 사이의 사회적 상호작용망이 사라지는 것. 이것이 죽음이다. 영원히 돌이킬 수 없는 헤어짐이다. 하지만 이 순간은 그저 끝이 아니라, 또 다른 무수한 시작이다. 흩어지거나 쪼개지더라도 물질 자체는 결코 사라지지 않고 어딘가에 쌓이거나, 또 다른 사회적 상호작용망으로 흘러 들어가 새로운 생명의 일부가 되기 때문이다. 우리가 익히 배워 알고 있듯이, 주로 이 과정을 매개하는 존재는 눈에 보이지 않는 무수한 미생물과 식물이다. 그런데 사실은, 동물 또한 이 순환 고리를 이루는 중요한 존재다.

저자는 책의 곳곳에서 동물은 먹이사슬 위에 군림하는 단순한 소비자가 아니라, 이주, 먹이활동, 배설, 죽음과 같은 활동을 통해 지구의 순환을 촉진하는 심장이라고 강조한다. 지금 우리 앞에 닥친 기후 재앙은 야생의 동물들이 사라지면서 이 심장과 혈관에 심각한 문제가 발생한 결과일 수도 있다고 주장한다. 결국 생태계의 사회적 상호작용망이 망가져, 더 이상 아무것도 순환하지 않는 영원한 죽음이 다가오고 있는지도 모를 일이다.

칼 세이건을 비롯한 많은 과학자가 일깨워 주듯, 우리는 모두 별에서 태어난 존재다. 하지만 그와 동시에 칠레 해안의 새똥과, 오래전에 죽은 대형 동물의 뼈와, 고래가 바다 밑에서 퍼 올린 철분으로 자라나 별에 파동을 일으키는 존재이기도 하다. 책을 마무리하는 지금, 내 머릿속은 매일 먹고 싸고 죽으며 지구를 일구는 온갖 동물에 관한 생각으로 소란스럽다. 이제는 뒷마당에 잠든 내 고양이와 다시 만나기 위해서라도, 부지런한 농부이자 광부이며 솜씨 좋은 생태계 엔지니어인 동물들과 더 가까이, 더 많이 부대끼는 세계가 다가오기를 바라는 마음 가득하다.

2025년 여름
장상미

참고한 자료들

1. 처음의 땅에서

- Croft, Betty, et al. "Contribution of Arctic Seabird-Colony Ammonia to Atmospheric Particles and Cloud-Albedo Radiative Effect." *Nature Communications* 7 (2016): 1-10.
- Devred, Emmanuel, Andrea Hilborn, and Cornelia den Heyer. "Enhanced Chlorophyll-a Concentration in the Wake of Sable Island, Eastern Canada, Revealed by Two Decades of Satellite Observations: A Response to Grey Seal Population Dynamics?" *Biogeosciences* 18 (2021): 6115-32.
- Fridriksson, Sturla. *Surtsey: Ecosystems Formed*. Reykjavík: University of Iceland, 2005.
- Graham, Nicholas A. J., et al. "Seabirds Enhance Coral Reef Productivity and Functioning in the Absence of Invasive Rats." *Nature* 559 (2018): 250-53.
- Magnússon, Borgthór, Sigurdur Magnússon, and Sturla Fridriksson. "Developments in Plant Colonization and Succession on Surtsey During 1999-2008." *Surtsey Research* 12 (2009): 57-76.
- Magnússon, Borgthór, et al. "Plant Colonization, Succession and Ecosystem Development on Surtsey with Reference to Neighbouring Islands." *Biogeosciences* 11 (2014): 5521-37.
- Magnússon, Borgthór, et al. "Seabirds and Seals as Drivers of Plant Succession on Surtsey." *Surtsey Research* 14 (2020): 115-30.
- Thórarinsson, Sigurdur. *Surtsey: The New Island in the North Atlantic*. New York: Viking, 1964.

2. 깊은 바닷속으로

- Clements, Christopher F., et al. "Body Size Shifts and Early Warning Signals Precede the Historic Collapse of Whale Stocks." *Nature Ecology and Evolution* 1 (2017): 1-6.
- Hutchinson, G. Evelyn. "The Biogeochemistry of Vertebrate Excretion." *Bulletin of the American Museum of Natural History* 96 (1950): 1-554.

- Lane, Nick. *Transformer: The Deep Chemistry of Life and Death.* New York: W. W. Norton, 2022.
- Lavery, Trish J., et al. "Iron Defecation by Sperm Whales Stimulates Carbon Export in the Southern Ocean." *Proceedings of the Royal Society B* 277 (2010): 3527-31.
- Pearson, Heidi C., et al. "Whales in the Carbon Cycle: Can Recovery Remove Carbon Dioxide?" *Trends in Ecology and Evolution* 38 (2023): 238-49.
- Pitman, Robert L., et al. "Skin in the Game: Epidermal Molt as a Driver of Long-Distance Migration in Whales." *Marine Mammal Science* 36 (2019): 565-94.
- Quaggiotto, Martina, et al. "Past, Present and Future of the Ecosystem Services Provided by Cetacean Carcasses." *Ecosystem Services* 54 (2022): 101406.
- Roman, Joe. *Listed: Dispatches from America's Endangered Species Act.* Cambridge, MA: Harvard University Press, 2011. ("깊은 바닷속으로"와 "심장부"의 일부 단락은 조 로만의 책 《Listed》, 《Whale》과 논문 〈Deep Doo-Doo: You Can Learn a Lot About a Whale from Its Feces,〉 *New Scientist,* December 23, 2006을 고쳐 쓴 것이다.)
- -. *Whale.* London: Reaktion, 2006.
- Roman, Joe, et al. "Whales as Marine Ecosystem Engineers." *Frontiers in Ecology and the Environment* 12 (2014): 377-85.
- Schmitz, Oswald J., et al. "Animals and the Zoogeochemistry of the Carbon Cycle." *Science* 362 (2018): eaar3213.
- Smith, Craig R., et al. "Whale Fall Ecosystems: Recent Insights into Ecology, Paleoecology, and Evolution." *Annual Review of Marine Science* 7 (2015): 571-96.

3. 먹고, 산란하고, 죽다

- Bouchard, Sarah S., and Karen A. Bjorndal. "Sea Turtles as Biological Transporters of Nutrients and Energy from Marine to Terrestrial Ecosystems." *Ecology* 81 (2000): 2305-13.
- Helfield, James M., and Robert J. Naiman. "Effects of Salmon-Derived Nitrogen on Riparian Forest Growth and Implications for Stream Productivity." *Ecology* 82 (2001): 2403-9.
- -. "Keystone Interactions: Salmon and Bear in Riparian Forests of Alaska." *Ecosystems* 9 (2006): 167-80.
- Hilderbrand, Grant V., et al. "Role of Brown Bears (Ursus arctos) in the Flow of Marine Nitrogen into a Terrestrial Ecosystem." *Oecologia* 121 (1999): 546-50.
- Holtgrieve, Gordon W., and Daniel E. Schindler. "Marine-Derived Nutrients,

Bioturbation, and Ecosystem Metabolism: Reconsidering the Role of Salmon in Streams." *Ecology* 92 (2011): 373-85.
- McLennan, Darryl, et al. "Simulating Nutrient Release from Parental Carcasses Increases the Growth, Biomass, and Genetic Diversity of Juvenile Atlantic Salmon." *Journal of Applied Ecology* 56 (2019): 1937-47.
- Merz, Joseph E., and Peter B. Moyle. "Salmon, Wildlife, and Wine: Marine-Derived Nutrients in Human-Dominated Ecosystems of Central California." *Ecological Applications* 16 (2006): 999-1009.
- Naiman, Robert J., et al. "Pacific Salmon, Marine-Derived Nutrients, and the Characteristics of Aquatic and Riparian Ecosystems." *American Fisheries Society Symposium* 69 (2009): 395-425.
- Quinn, Thomas P., et al. "A Multidecade Experiment Shows That Fertilization by Salmon Carcasses Enhanced Tree Growth in the Riparian Zone." *Ecology* 99 (2018): 2433-41.
- Quinn, Thomas P., et al. "Transportation of Pacific Salmon Carcasses from Streams to Riparian Forests by Bears." *Canadian Journal of Zoology* 87 (2009): 195-203.
- Schindler, Daniel E., et al. "Pacific Salmon and the Ecology of Coastal Ecosystems." *Frontiers in Ecology and the Environment* 1 (2003): 31-37.
- Tiegs, Scott D., et al. "Ecological Effects of Live Salmon Exceed Those of Carcasses During an Annual Spawning Migration." *Ecosystems* 14 (2011): 598-614.
- Tonra, Christopher M., et al. "The Rapid Return of Marine-Derived Nutrients to a Freshwater Food Web Following Dam Removal." *Biological Conservation* 192 (2015): 130-34.

4. 심장부 - 동물이 지구를 움직이는 방식

- Alerstam, Thomas, and Johan Bäckman. "Ecology of Animal Migration." *Current Biology* 28 (2018): R968-72.
- Geremia, Chris, et al. "Migrating Bison Engineer the Green Wave." *Proceedings of the National Academy of Sciences* 116 (2019): 25707-13.
- Heinrich, Bernd. *Life Everlasting: The Animal Way of Death*. New York: Mariner, 2013. 베른트 하인리히, 김명남 옮김, 《생명에서 생명으로》, 궁리출판 2015
- Lott, Dale F. *American Bison: A Natural History*. Berkeley: University of California Press, 2002.
- Mueller, Natalie G., et al. "Bison, Anthropogenic Fire, and the Origins of

Agriculture in Eastern North America." *Anthropocene Review* 8 (2021): 141-58
• Punke, Michael. *Last Stand: George Bird Grinnell, the Battle to Save the Buffalo, and the Birth of the New West*. New York: Harper Collins, 2009.
• Ratajczak, Zak, et al. "Reintroducing Bison Results in Long-Running and Resilient Increases in Grassland Diversity." *Proceedings of the National Academy of Sciences* 119 (2022): e2210433119.
• Subalusky, Amanda L., et al. "Annual Mass Drownings of the Serengeti Wildebeest Migration Influence Nutrient Cycling and Storage in the Mara River." *Proceedings of the National Academy of Sciences* 114 (2017): 7647-52.
• Subalusky, Amanda L., et al. "The Hippopotamus Conveyor Belt: Vectors of Carbon and Nutrients from Terrestrial Grasslands to Aquatic Systems in Sub-Saharan Africa." *Freshwater Biology* 60 (2015): 512-25.
• Subalusky, Amanda L., and David M. Post. "Context Dependency of Animal Resource Subsidies." *Biological Reviews* 94 (2019): 517-38.
• Wenger, Seth J., Amanda L. Subalusky, and Mary C. Freeman. "The Missing Dead: The Lost Role of Animal Remains in Nutrient Cycling in North American Rivers." *Food Webs* 18 (2019): e00106.

5. 닭의 행성 - 지구를 뒤덮은 깃털

• Bar-On, Yinon, Rob Phillips, and Ron Milo. "The Biomass Distribution on Earth." *Proceedings of the National Academy of Sciences* 115 (2-18): 6506-11.
• Bennett, Carys E., et al. "The Broiler Chicken as a Signal of a Human Reconfigured Biosphere." *Royal Society Open Science* 5 (2018): 180325.
• Cushman, Gregory T. *Guano and the Opening of the Pacific World: A Global Ecological History. Cambridge:* Cambridge University Press, 2013.
• Doughty, Christopher E., Adam Wolf, and Yadvinder Malhi. "The Legacy of the Pleistocene Megafauna Extinctions on Nutrient Availability in Amazo-nia." *Nature Geoscience* 6 (2013): 761-64.
• Erisman, Jan W., et al. "How a Century of Ammonia Synthesis Changed the World." *Nature Geoscience* 1 (2008): 636-39.
• Flojgaard, Camilla, et al. "Exploring a Natural Baseline for Large-Herbi-vore Biomass in Ecological Restoration." *Journal of Applied Ecology* 59 (2022): 18-24.
• Otero, Xosé L., et al. "Seabird Colonies as Important Global Drivers in the Nitrogen and Phosphorus Cycles." *Nature Communications* 9 (2018): 246.
• Sandom, Christopher, et al. "Global Late Quaternary Megafauna Extinctions Linked to Humans, Not Climate Change." *Proceedings of the Royal Society B*

281 (2014): 20133254.
- Smith, Felisa A., Scott M. Elliott, and Kathleen S. Lyons. "Methane Emissions from Extinct Megafauna." *Nature Geoscience* 3 (2010): 374-75.
- Smith, Felisa A., et al. "Body Size Downgrading of Mammals over the Late Quaternary." *Science* 360 (2018): 310-13.
- Storey, Alice A., et al. "Radiocarbon and DNA Evidence for a Pre-Columbian Introduction of Polynesian Chickens to Chile." *Proceedings of the National Academy of Sciences* 104 (2007): 10335-39.
- Worster, Donald. *Nature's Economy: A History of Ecological Ideas.* 2nd ed. Cambridge: Cambridge University Press, 1994.
- Wulf, Andrea. *The Invention of Nature: Alexander von Humboldt's New World.* New York: Knopf, 2015. 안드레아 울프, 양병찬 옮김, 《자연의 발명 – 잊혀진 영웅 알렉산더 폰 훔볼트》, 생각의힘, 2021.

6. 모두 똥을 싼다, 그리고 죽는다

- Berendes, David M., et al. "Estimation of Global Recoverable Human and Animal Faecal Biomass." *Nature Sustainability* 1 (2018): 679-85.
- De Frenne, Pieter, et al. "Nutrient Fertilization by Dogs in Peri-Urban Ecosystems." *Ecological Solutions and Evidence* 3 (2022): e12128.
- Doughty, Caitlin. "If You Want to Give Something Back to Nature, Give Your Body." *New York Times,* December 5, 2022.
- Rosen, Julia. "Humanity Is Flushing Away One of Life's Essential Elements." *Atlantic,* February 8, 2021.
- Wald, Chelsea. "The Urine Revolution: How Recycling Pee Could Help to Save the World." *Nature* 602 (2022): 202-6.
- Yang, Patricia J., et al. "Duration of Urination Does Not Change with Body Size." *Proceedings of the National Academy of Sciences* 111 (2014): 11932-37.
- Yang, Patricia J., et al. "Hydrodynamics of Defecation." *Soft Matter* 13 (2017): 4960-70.

7. 해변에서 책 읽기

- Bahr, Keisha D., Paul L. Jokiel, and Robert J. Toonen. "The Unnatural History of Kaneohe Bay: Coral Reef Resilience in the Face of Centuries of Anthropogenic Impacts." *PeerJ* 3 (2015): e950.
- Grupstra, Carsten G. B., et al. "Fish Predation on Corals Promotes the Dispersal of Coral Symbionts." *Animal Microbiome* 3 (2021): 1-12.

- Roman, Joe, et al. "Lifting Baselines to Address the Consequences of Conservation Success." *Trends in Ecology and Evolution* 30 (2015): 299-302.

8. 노래하는 나무

- Kaup, Maya, Sam Trull, and Erik F. Y. Hom. "On the Move: Sloths and Their Epibionts as Model Mobile Ecosystems." *Biological Reviews* 96 (2021): 2638-60.
- Yang, Louie H. "Periodical Cicadas as Resource Pulses in North American Forests." *Science* 306 (2004): 1565-67.

9. 흐리고 깔따구가 내릴 것으로 보입니다

- Dreyer, Jamin, et al. "Quantifying Aquatic Insect Deposition from Lake to Land." *Ecology* 96 (2015): 499-509.
- Einarsson, Rasmus, et al. "Crop Production and Nitrogen Use in European Cropland and Grassland 1961-2019." *Scientific Data* 8 (2021): 288.
- Godfrey-Smith, Peter. *Metazoa: Animal Life and the Birth of the Mind*. New York: Farrar, Straus and Giroux, 2020. 피터 고프리스미스, 박종현 옮김, 《후생동물》, 이김, 2023
- Gratton, Claudio, Jack Donaldson, and M. Jake Vander Zanden. "Ecosystem Linkages Between Lakes and the Surrounding Terrestrial Landscape in Northeast Iceland." *Ecosystems* 11 (2008): 764-74.
- LaBarge, Laura R., et al. "Pumas Puma concolor as Ecological Brokers: A Review of Their Biotic Relationships." *Mammal Review* 52 (2022): 360-76.
- Schmitz, Oswald J. "Effects of Predator Hunting Mode on Grassland Ecosystem Function." *Science* 319 (2008): 952-54.

10. 해달과 수소폭탄

- Abraham, Andrew J., Joe Roman, and Christopher E. Doughty. "The Sixth R: Revitalizing the Natural Phosphorus Pump." *Science of the Total Environment* 832 (2022): 155023
- Balmford, Andrew. "Concentrating vs. Spreading Our Footprint: How to Meet Humanity's Needs at Least Cost to Nature." *Journal of Zoology* 315 (2021): 79-109.
- Bown, Stephen R. *Island of the Blue Foxes: Disaster and Triumph on the World's Greatest Scientific Expedition.* New York: Da Capo Press, 2017.
- Collas, Lydia, et al. "The Costs of Delivering Environmental Outcomes with Land Sharing and Land Sparing." *People and Nature* 5 (2023): 228-40.
- Dinerstein, Eric, et al. "A 'Global Safety Net' to Reverse Biodiversity Loss and

Stabilize Earth's Climate." *Science Advances* 6 (2020): eabb2824.

• Estes, James A. *Serendipity: An Ecologist's Quest to Understand Nature.* Berkeley: University of California Press, 2016.

• Estes, James A., and John F. Palmisano. "Sea Otters: Their Role in Structuring Nearshore Communities." *Science* 185 (1974): 1058-60.

• Estes, James A., et al. "Trophic Downgrading of Planet Earth." *Science* 333 (2011): 301-6.

• Gorra, Torrey R., et al. "Southeast Alaskan Kelp Forests: Inferences of Process from Large-Scale Patterns of Variation in Space and Time." *Proceedings of the Royal Society B* 289 (2022): 20211697.

• Gregr, Edward J., et al. "Cascading Social-Ecological Costs and Benefits Triggered by a Recovering Keystone Predator." *Science* 368 (2020): 1243-47.

• Jones, Ryan Tucker. *Empire of Extinction: Russians and the North Pacific's Strange Beasts of the Sea, 1741-1867.* New York: Oxford University Press, 2014.

• Kinney, Donald J. "The Otters of Amchitka: Alaskan Nuclear Testing and the Birth of the Environmental Movement." *Polar Journal* 2 (2012): 291-311.

• Kristensen, Jeppe A., et al. "Can Large Herbivores Enhance Ecosystem Carbon Persistence?" *Trends in Ecology and Evolution* 37 (2022): 117-28.

• Malhi, Yadvinder, et al. "The Role of Large Wild Animals in Climate Change Mitigation and Adaptation." *Current Biology* 32 (2022): R181-96.

• Perino, Andrea, et al. "Rewilding Complex Ecosystems." *Science* 364 (2019): eaav5570

• Ripple, William J., et al. "Rewilding the American West." *BioScience* 72 (2022): 931-35

• Schmitz, Oswald J., et al. "Trophic Rewilding Can Expand Natural Climate Solutions." *Nature Climate Change* (2023). doi.org/10.1038/s41558-023-01631-6.

• Shin, Yunne-Jai, et al. "Actions to Halt Biodiversity Loss Generally Benefit the Climate." *Global Change Biology* 28 (2022): 2846-74.

• Svenning, Jens-Christian, et al. "Science for a Wilder Anthropocene: Synthesis and Future Directions for Trophic Rewilding Research." *Proceedings of the National Academy of Sciences* 113 (2016): 898-906.

인명·생물명 목록

1

생물	Andean condors 안데스콘도르		생물	lesser black-backed gulls 검은등갈매기
생물	blue sedge/Carex flacca 파란사초/카렉스 플라카		생물	lupine 가는잎미선콩
생물	common puffin 퍼핀		생물	meadow grass 왕포아풀
생물	copepod 요각류		생물	meadow pipit 밭종다리
생물	daddy longlegs 유령거미		생물	northern green orchid/ Platanthera hyperborea 제비난초속/ 플라란테아 휘페르보레아
생물	dwarf willow 난쟁이버들			
생물	fulmar 풀머		생물	oysterleaf 갯지치
생물	gannet 흰부비새		생물	petrel 바다제비
생물	gray seal 회색물범		생물	shearwater 슴새
생물	great black-backed gul 큰검은등갈매기l		생물	Portuguese man-of-war 작은부레관해파리
생물	great skua 큰도둑갈매기		생물	puffin 퍼핀
생물	greylag goose 회색기러기		생물	Rattus rattus 애급쥐
생물	guillemot 바다쇠오리		생물	ringed plover 흰죽지꼬마물떼새
생물	herring gull 재갈매기		생물	Rumex/sheep sorrel 루멕스/애기수영
생물	jewel damselfish 보석자리돔		생물	saltbush 갯는쟁이
생물	kittiwake 세가락갈매기		생물	scurvy grass 괴혈병풀

생물	sea rocket 서양갯냉이		인물	Sturla Fridriksson 스툴라 프리드릭슨
생물	sea sandwort/Honckenya 갯별꽃/홍케뉘아		2	
생물	shag 가마우지		생물	blue whale 대왕고래
생물	Solanum lycopersicum/tomato 솔라눔 뤼코페르시쿰/토마토		생물	bowhead whale 북극고래
생물	Sperm whale 향유고래		생물	Calanus finmarchicus 칼라누스 핀마르키쿠스
생물	turf algae 떼조류		생물	Christmas tree worm 크리스마스트리벌레
생물	wader 섭금류		생물	feather duster worm 깃털먼지털이벌레
생물	wilde beest 누		생물	fin whale 참고래
생물	coltsfoot 관동		생물	gray whale 귀신고래
생물	black sedge 검은사초		생물	guanaco 과나코
생물	sea otter 해달		생물	humpback whale 혹등고래
인물	Bjarni Sigurdsson 비야르니 시구르드손		생물	killerwhale/orca 범고래
인물	Borgþór Magnússon 보르그토르 마그뉘손		생물	mackerel scad 풀가라지
인물	Charlie Crisafulli 찰리 크리사풀리		생물	minke whale 밍크고래
인물	Erling Ólafsson 엘링 올라프손		생물	Osedax 오세닥스
인물	Esther Kapinga 에스테르 카핑가		생물	polychaete 다모류
인물	Freydís Vigfúsdóttir 프레이디스 비그푸스도티르		생물	right whale 긴수염고래
인물	George Dunnet 조지 더닛		생물	sleeper shark 잠꾸러기상어
인물	Jeff Pierce 제프 피어스		생물	spinner dolphin 긴부리돌고래
인물	Ólafur Westmann 올라푸르 베스트만		생물	tiger shark 뱀상어
인물	Sigurdur Thórarinsson 시구르두르 토라린손		생물	tube worm 서관충

생물	whale shark 고래상어	인물	Roz Rolland 로즈 롤런드
생물	white shart 백상아리	인물	Scott Kraus 스콧 크라우스
생물	elephant seal 코끼리물범	인물	Susanna Törnroth-Horsefield 수산나 퇴른로트-호르스피엘트
생물	amphipod 단각류	인물	V. S. Summerhayes V. S. 서머헤이스
인물	Adam Frankel 애덤 프랑켈	인물	Victor Smetacek 빅토르 스메타첵
인물	Adrian Glover 에이드리언 글로버	인물	Clive Jones 클라이브 존스
인물	Barbara Davenport 바버라 대븐포트	인물	Craig Smith 크레이그 스미스
인물	Bob Pitman 밥 피트먼		**3**
인물	Charles Elton 찰스 엘턴	생물	American dipper 미국 물까마귀
인물	Chris Gabriele 크리스 가브리엘레	생물	bald eagle 흰머리수리
인물	David Sloan Wilson 데이비드 슬론 윌슨	생물	big sage 산쑥
인물	Dick Barber 딕 바버	생물	black bear 흑곰
인물	George Evelyn Hutchinson 조지 에벌린 허친슨	생물	black cottonwood 검은미루나무
인물	Hennig Brandt 헤니히 브란트	생물	blowfly 검정파리
인물	Jim Estes 짐 에스테스	생물	brown bear 불곰
인물	Jim McCarthy 짐 매카시	생물	bull trout 바다송어
인물	John Martin 존 마틴	생물	Chinook 왕연어
인물	Kristin Laidre 크리스틴 라이드레	생물	chum 첨연어
인물	Larry McEdward 래리 매케드워드	생물	coho 은연어
인물	Paul Ehrlich 폴 에를리히	생물	fireweed 분홍바늘꽃
인물	Richard Neutze 리처드 노이체	생물	Florida scrub jay 플로리다덤불어치

생물	grasshopper sparrow 북미참새		생물	sea turtle 바다거북
생물	grizzly bear 회색곰		생물	currant 까치밥나무
생물	kneeling angelica 왜천궁		생물	baboon 개코원숭이
생물	loggerhead sea-turtle 붉은바다거북		인물	Bob Naiman 밥 네이먼
생물	pink(Salmon) 곱사연어		인물	Daniel Schindler 대니얼 쉰들러
생물	rainbow trout 무지개송어		인물	David Eagleman 데이비드 이글먼
생물	red-cockaded woodpecker 붉은벼슬딱다구리		인물	Gary Lamberti 게리 람베르티
생물	salmon berry 새먼베리		인물	Grant Hilderbrand 그란트 힐데브란트
생물	sea oat 바다귀리		인물	Jim Helfield 짐 헬필드
생물	Sitka spruce 싯카가문비나무		인물	John Waldman 존 월드먼
생물	sockeye 홍연어		인물	Matt Kauffman 매트 카우프만
생물	songbird 명금류		인물	Suzanne Simard 수잔 시마드
생물	turkey vulture 터키콘도르		인물	Tom Quinn 톰 퀸
생물	western hemlock 서부솔송나무		인물	Tom Waits 톰 웨이츠
생물	white spruce 흰가문비나무		인물	Pat Walsh 패트 월시
생물	stone fly 강도래		인물	George Pess 조지 페스
생물	may fly 하루살이		인물	Maureen Dowd 모린 다우드
생물	caddis fly 날도래		인물	Karen Bjorndal 카렌 비욘달
생물	red alder 붉은오리나무		4	
생물	devil's club 땃두릅나무		생물	dead horse arum 데드호스아룸
생물	pacific lamprey 태평양칠성장어		생물	elk 엘크/와피티사슴

인명·생물명 목록

생물	moose 말코손바닥사슴		인물	William F. Cody 윌리엄 F. 코디
생물	mountain lion 퓨마		인물	William Hornaday 윌리엄 호나데이
생물	sumpweed 섬프위드		5	
생물	white stork 홍부리황새		생물	Aepycamelus 아에피카멜루스 낙타
생물	wood buffalo 우드버펄로		생물	anchoveta 안초베타
생물	ibis 따오기		생물	armadillo 아르마딜로
인물	Amanda Subalusky 어맨다 서벌러스키		생물	giant ground sloth/Megatherium 땅늘보/메가테리움
인물	Cam Sholly 캠 숄리		생물	glyptodon 글립토돈
인물	Chris Dutton 크리스 더턴		생물	gomphothere 곰포테리움
인물	Dale Lott 데일 롯		생물	leaf-cutter ant 가위개미
인물	Johan Bäckman 요한 배크만		생물	moa 모아
인물	John Macdonell 존 맥도넬		생물	Moropus 모로푸스
인물	Lauren McGarvey 로런 맥가비		생물	peccary 패커리
인물	Leroy Little Bear 리로이 리틀 베어		생물	red jungle fow 적색야계
인물	Martin Wikelski 마르틴 비켈스키		생물	saber-toothed cat 검치호랑이
인물	Michael Punke 마이클 푼케		생물	tapir 맥
인물	Os Schmitz 오스 슈미츠		생물	toucan 왕부리새
인물	Richard Dodge 리처드 도지		생물	toxodon 톡소돈
인물	Rick McIntyre 릭 매킨타이어		인물	Alexander von Humboldt 알렉산더 폰 홈볼트
인물	Rick Wallen 릭 월렌		인물	Carl Bosch 카를 보슈
인물	Thomas Alerstam 토마스 알레르스탐		인물	Chris Doughty 크리스 다우티

인물	Daniel Pauly 대니얼 파울리		인물	Julia Rosen 줄리아 로즌
인물	Donald Worster 도널드 워스터		인물	Kim Nace 킴 네이스
인물	Felisa Smith 펄리사 스미스		7	
인물	Fritz Haber 프리츠 하버		인물	Liz Goetzl 리즈 괴츨
인물	Gregory Cushman 그레고리 쿠시먼		인물	Luke Bullen 루크 불렌
인물	Jens Svenning 옌스 스베닝		인물	Nicola Davies 니콜라 데이비스
인물	Joseph Bump 조지프 범프		인물	Patricia Yang 퍼트리샤 양
인물	Leah Garcés 리아 가르세스		인물	Peter Godfrey-Smith 피터 고드프리스미스
인물	Louis Vauquelin 루이 보클랭		인물	Robert Sapolsky 로버트 새폴스키
인물	Mark Sutton 마크 서턴		인물	Tatiana Schreiber 태탸나 슈라이버
인물	Norman Borlaug 노먼 볼로그		생물	bullethead bullethead 둥근머리비늘돔
인물	Zora Neale Hurston 조라 닐 허스턴		생물	Common dolphin 참돌고래
6			생물	coralline algae 산호말류
생물	warthog 혹멧돼지		생물	coris wrasse 코리스놀래기
인물	Caitlin Doughty 케이틀린 다우티		생물	frigate bird 군함조
인물	Chelsea Wald 첼시 월드		생물	gold-rim surgeonfish 금테양쥐돔
인물	David Hu 데이비드 후		생물	greenback parrotfish 녹색등비늘돔
인물	David Meyer 데이비드 마이어		생물	hammerhead shark 귀상어
인물	George Saunders 조지 손더스		생물	Hawaiian petrel/'ua'u 하와이슴새(하와이어로 '우아우')
인물	Jeremy Kiszka 제러미 키슈카		생물	humphead parrotfish 혹비늘돔
인물	Julia Cavicchi 줄리아 카비치		생물	Menhaden 멘헤이든청어

인명·생물명 목록

생물	Moorish idol 깃대돔		인물	Kawika Winter 카위카 윈터
생물	Newell's shearwater/'a'o 뉴웰슴새(하와이어로 '아오')		인물	Mark Hixon 마크 힉슨
생물	noddies 갈색제비갈매기		인물	Nate Sanders 네이트 샌더스
생물	parrotfish/uhu 비늘돔(하와이어 '우후')		인물	Rob Toonen 롭 투넌
생물	peregrine falcon 송골매		8	
생물	reef triggerfish/ humuhumunukunukuapua'a 산호초쥐치복(하와이어 '후무후무누쿠누쿠마푸아아')		생물	baleen whale 수염고래
			생물	bitter cress 황새냉이
생물	reticulated butterfly fish 그물무늬나비고기		생물	Brood X 브루드 텐
생물	sea pen 바다조름		생물	dock weed 돌소리쟁이
생물	spectacled bullethead 안경무늬비늘돔		생물	grackle 찌르레기
생물	star-eyed parratfish/ pōnuhunuhu 별무늬비늘돔 (하와이어 '포누후누후')		생물	gray tree frog 회색청개구리
			생물	lamb's quarter 명아주
생물	tern 제비갈매기		생물	Magicicada cassini 마기키카다 카시니
생물	unicorn fish 큰뿔표문쥐치		생물	Magicicada septendecim 마기키카다 셉텐데심
생물	zooxanthellae 황록공생조류		생물	Magicicada septendecula 마기키카다 셉텐데쿨라
생물	coqui frog 코키개구리		생물	Massospora 마소스포라
생물	osprey 물수리		생물	mesquite 메스키트
인물	Nick Graham 닉 그레이엄		생물	passenger pigeon 나그네비둘기
인물	Alfred Russel Wallace 앨프리드 러셀 월리스		생물	periodical cicada/Magicicada 주기매미/마기키카다
인물	Brian Bowen 브라이언 보언		생물	tanager 풍금조
인물	E. O. Wilson E. O. 윌슨		생물	thrush 지빠귀

생물	warbler 개개비		생물	howler monkey 고함원숭이
생물	water buffalo 물소		생물	leaf hopper 멸구
생물	wood frog 송장개구리		생물	loon 아비새
생물	silver maple 은단풍나무		생물	musk oxen 사향소
생물	garlic mustard 마늘냉이		생물	nursery web spider 닷거미
생물	autumn olive 보리수		생물	jumping spider/ Phidippus clarus 깡충거미/피딥푸스 클라루스
인물	Bun Lai 번 라이		생물	Pisaurina mira 피사우리나 미라
인물	Dan Gruner 댄 그루너		생물	red-legged grasshopper 붉은다리메뚜기
인물	Henry James 헨리 제임스		생물	spring tail 톡토기
인물	John James Audubon 존 제임스 오듀본		생물	Tanytarsus gracilentus 타니타르수스 그라실렌투스
인물	Louie Yang 루이 양		인물	Árni Einarsson 아르니 에이나르손
인물	Machado de Assis 마샤두 지 아시스		인물	Claudio Gratton 클라우디오 그라톤
인물	Mike Raupp 마이크 라우프		인물	Peter Matthiessen 피터 매시슨
인물	John Eisenberg 존 아이젠버그		인물	Val Plumwood 발 플럼우드

9			**10**	
생물	arctic skua 북극도둑갈매기		생물	American beaver 아메리카비버
생물	bedstraw 갈퀴덩굴		생물	brittle star 거미불가사리
생물	black fly 먹파리		생물	chiton 딱지조개
생물	Chironomus islandicus 키로노무스 아이슬란디쿠스		생물	duiker 다이커영양
생물	dwarf mongoose 난쟁이 몽구스		생물	Dungeness crab 던지네스게
생물	goldenrod 미역취		생물	eider 쇠솜털오리

생물	Galápagos giant tortoise 갈라파고스거북		인물	Eric Dinerstein 에릭 디너스타인
생물	geoduck clam 코끼리조개		인물	Eugene Odum 유진 오덤
생물	goby 망둑어		인물	Georg Steller 게오르크 슈텔러
생물	Gumboot 말군부		인물	Greg Streveler 그레그 스트레블러
생물	harbor seal 점박이물범		인물	James Schlesinger 제임스 슐레진저
생물	ibex 아이벡스		인물	Jan Straley 잰 스트레일리
생물	jay 어치		인물	Jerry Deppa 제리 데파
생물	lingcod 범노래미		인물	John Berger 존 버거
생물	lynx 스라소니		인물	John Vania 존 베이니아
생물	manatee 매너티		인물	Lyndon Johnson 린든 존슨
생물	moray eel 곰치		인물	Mike Miller 마이크 밀러
생물	Przewalski's horse 프르제발스키말		인물	Morten Lindhard 모르텐 린하르
생물	rock sole 가자미		인물	Roo Abraham 루 에이브라햄
생물	rockfish 볼락		인물	Vitus Bering 비투스 베링
생물	sea eagle 참수리		인물	Karl Kenyon 칼 케니언
생물	Steller's sea cow 스텔러바다소		인물	Walter Hickel 월터 히켈
생물	sugar maple 설탕단풍나무		인물	Skip Wallen 스킵 월렌
생물	white rhino 흰코뿔소			
인물	Andrew Balmford 앤드루 밤퍼드			
인물	Bob Paine 밥 페인			
인물	Cormac McCarthy 코맥 매카시			

인명·생물명 목록

옮긴이 **장상미**

자연과 사람, 도시와 생태의 경계를 천천히 건너왔다. 책방을 꾸리고, 글을 쓰고, 삶을 번역하며 자연이 우리에게 건네는 질문을 오래 붙들었다. 시민단체 활동가, 공예창작자, 저자, 번역자 등 여러 삶의 자리를 거치며 재난과 노동, 역사와 인권, 생태를 이야기했다. 현재 목포에서 카페이자 책방인 〈어쩌면사무소〉를 운영하며 다정하고 느린 호흡으로 사람과 세계를 만난다. 《나무를 대신해 말하기》《휴식은 저항이다》《헬렌 켈러》《재난 불평등》 등 여러 책을 우리말로 옮겼고, 자립·공존·연대의 실험을 담은 《어쩌면 이루어질지도 몰라》를 썼다.

먹고, 싸고, 죽고
: 지구는 어떻게 순환하는가,
동물의 일생이 만드는 생명의 고리

2025년 7월 25일 1판 1쇄 펴냄

지은이	조 로먼
옮긴이	장상미
펴낸이	이미경

펴낸곳 도서출판 슬로비(등록 제2013-000148호)
전화 070.4413.3037   팩스 0303.3447.3037
이메일 slobbiebook@naver.com
블로그 blog.naver.com/slobbiebook
스마트스토어 smartstore.naver.com/slobbiebook

디자인 studio fttg
제작 올인피앤비

isbn 979.11.87135.37.1(03400)

Copyright © 2025

• 이 책에 실린 내용을 이용하려면 저작권자와 도서출판 슬로비의 서면 동의를 얻어야 합니다.

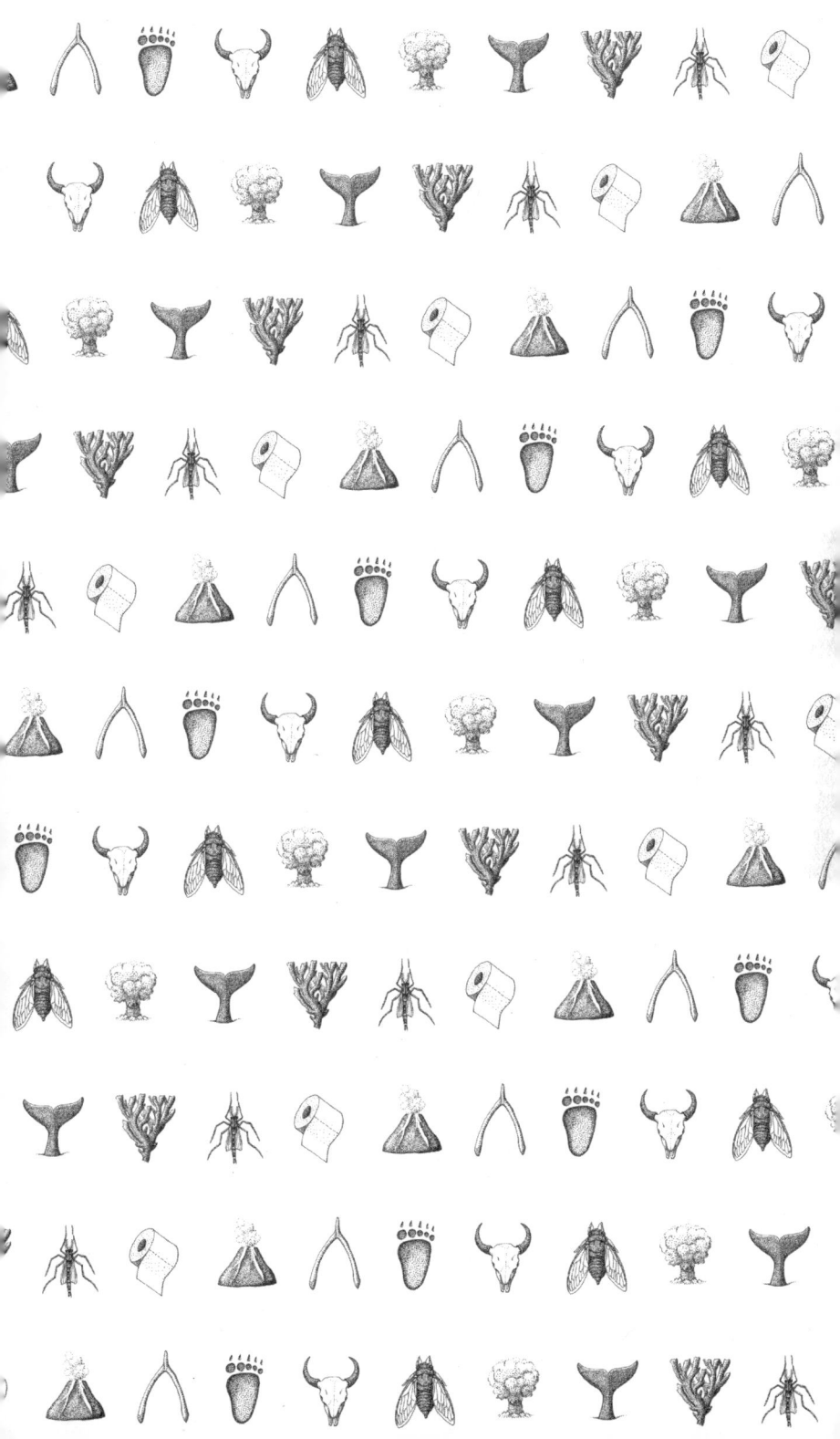

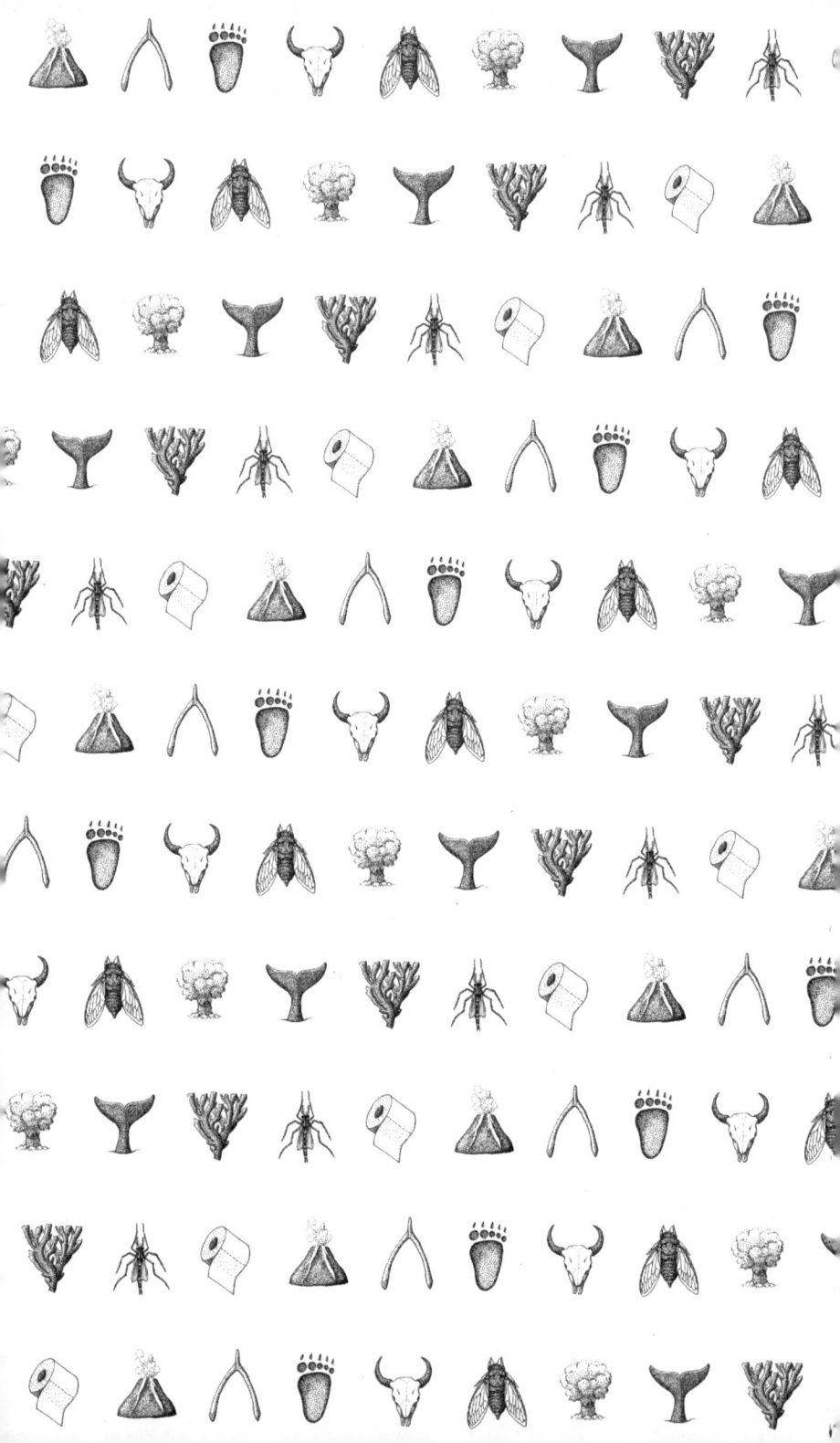